天下文化
BELIEVE IN READING

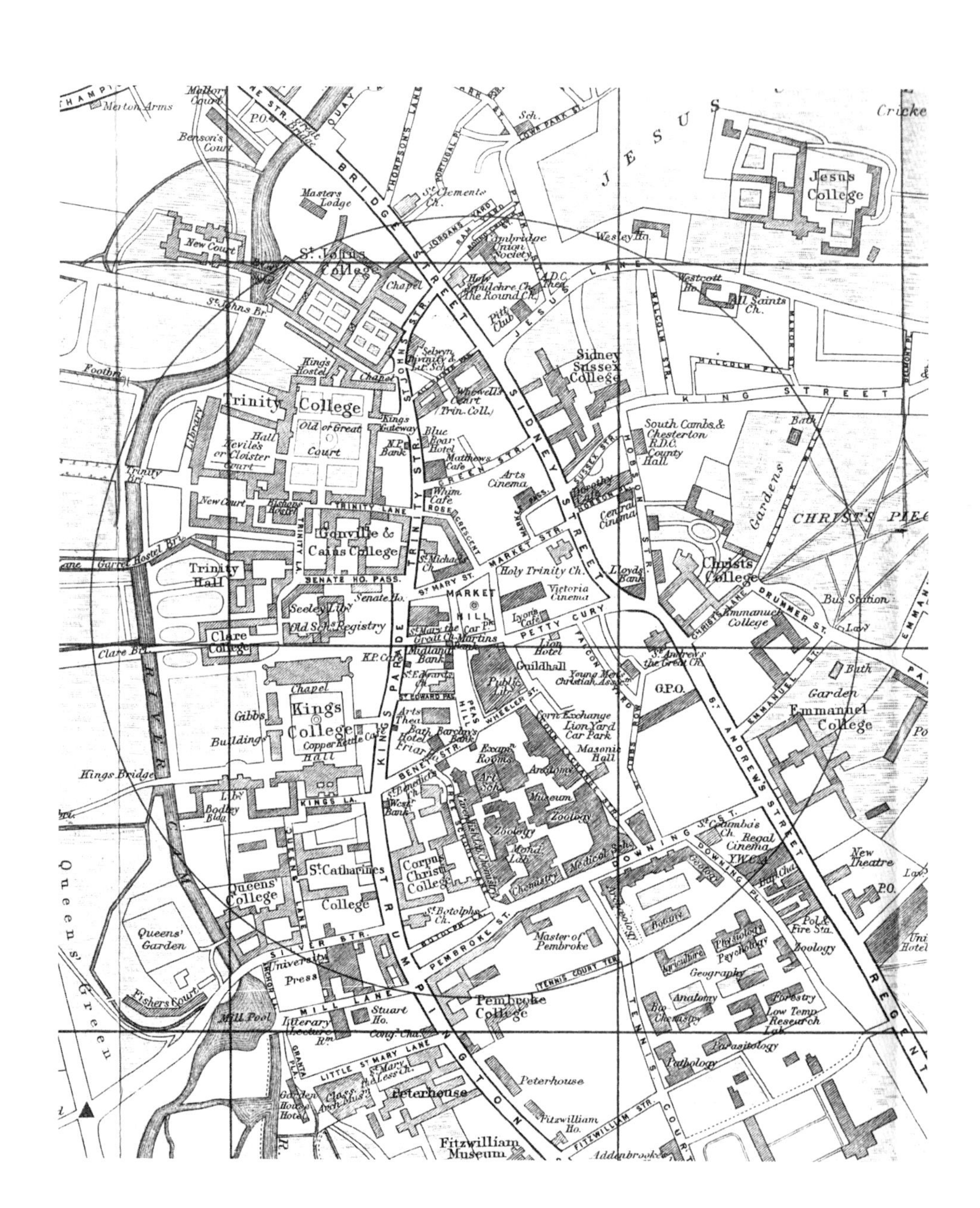
Merton Arms
Mallory Court
P.O.
Benson's Court
Masters Lodge
St. Clements Ch.
Sch.
JESUS
Jesus College
Cricket
New Court
St. Johns College
Chapel
Cambridge Union Society
Wesley Ho.
Westcott Ho.
All Saints Ch.
St. Johns Br.
Holy Sepulchre Ch. The Round Ch.
Pitt Club
JESUS LANE
BRIDGE STREET
Sidney Sussex College
KING STREET
Kings Hostel
Chapel
Whewell's Court (Trin. Coll.)
Trinity College
Old or Great Court
Hall
Nevile's or Cloister Court
Library
Kings Gateway
N.P. Bank
Blue Boar Hotel
Matthews Cafe
Trinity Bri.
Arts Cinema
SIDNEY STREET
South Cambs. & Chesterton R.D.C. County Hall
Bath
Gardens
CHRIST'S PIECE
New Court
Whim Cafe
TRINITY LANE
ROSE CRESCENT
Central Cinema
Gonville & Caius College
St. Michaels Ch.
MARKET STR.
Holy Trinity Ch.
Lloyds Bank
Christs College
Trinity Hall
Garret Hostel Br.
SENATE HO. PASS.
Senate Ho.
ST MARY ST.
MARKET HILL
Victoria Cinema
Bus Station
Seeley Liby
Old Schs. Registry
Lyons Cafe
PETTY CURY
Emmanuel College
DRUMMER ST.
Clare College
Clare Br.
Lion Hotel
Guildhall
St. Andrews the Great Ch.
Young Mens Christian Assn.
G.P.O.
Bath
K.P. Cafe
Midland Bank
Chapel
Public Liby.
Garden
Emmanuel College
Gibbs Buildings
Kings College
Copper Kettle Cafe
Hall
KINGS PARADE
PEAS HILL
WHEELER ST.
Arts Thea.
Bath Hotel
Barclays Bank
Corn Exchange
Lion Yard Car Park
Masonic Hall
Exam. Rooms
Anatomy
RIVER CAM
Kings Bridge
BENET STR.
St. Benedicts Ch.
Art Schs.
Museum
Zoology
Liby.
Bodley Bldg.
KINGS LA.
Zoology
Regal Cinema
Y.W.C.A.
New Theatre
Queens' Green
St. Catharines College
Corpus Christi College
Chemistry
Medical Sch.
DOWNING ST.
DOWNING PL.
Queens' College
Botany
P.O.
St. Botolphs Ch.
Pol. & Fire Sta.
Queens' Garden
SILVER STR.
PEMBROKE ST.
Master of Pembroke
Agriculture
Physiology
Psychology
Zoology
University Press
TENNIS COURT TER.
Geography
Fishers Court
Mill Pool
MILL LANE
Stuart Ho.
Pembroke College
Anatomy
Bio-Chemistry
Forestry
Low Temp. Research Lab.
Literary Lecture Rm.
Parasitology
LITTLE ST MARY LANE
St. Mary the Less Ch.
Pathology
Peterhouse
Garden House Hotel
Peterhouse
TRUMPINGTON
REGENT
ST. ANDREWS STREET
Fitzwilliam Ho.
FITZWILLIAM STR
Fitzwilliam Museum
Addenbrooke's

科學文化 190

解密雙螺旋

DNA 結構發現者華生的告白

Double Helix

The Annotated and Illustrated

華生 James D. Watson —— 著

甘恩 Alexander Gann　維特考斯基 Jan Witkowski —— 編

黃靜雅 —— 譯　周成功 —— 審訂

解密雙螺旋

DNA 結構發現者華生的告白

目錄

Double

Helix
The Annotated and Illustrated

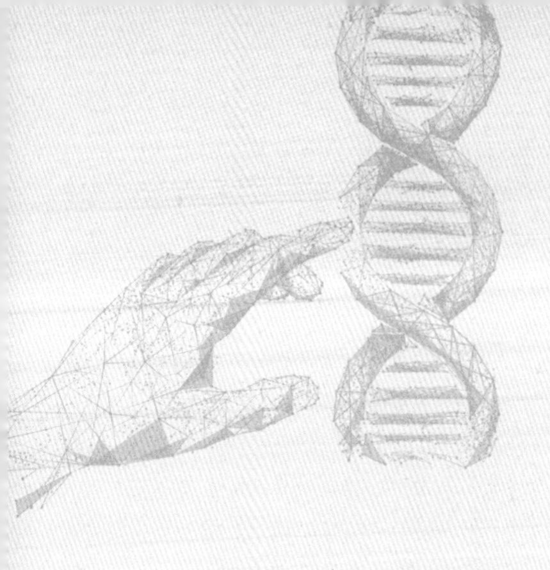

Double

Helix
The Annotated and Illustrated

獻給娜歐蜜．米奇森（Naomi Mitchison）

《解密雙螺旋》序

2010年6月，某天晚上，在冷泉港（Cold Spring Harbor）的布萊克福酒吧裡，布瑞納（Sydney Brenner）建議我去翻閱他最近捐贈給冷泉港實驗室檔案館的文件。

在這些他的文件當中，他清楚有些是克里克（Francis Crick）的信函。他在劍橋與克里克共用了二十年的辦公室，因此克里克的信函跟他自己的全混在一起了。

幾天之後，我們發現，這批珍貴文件包含了克里克的往來信函，時間正是劍橋的克里克與華生、倫敦的威爾金斯（Maurice Wilkins）與富蘭克林（Rosalind Franklin）這兩組人馬分別尋找DNA結構的那段時期。

五十多年前，這些信函被放錯了地方（克里克認為是「被效率過高的祕書隨手一扔」），導致在1960年代，最早開始研究這個新領域的分子生物學史專家，並沒有注意到這些信。這些信函為DNA故事的來龍去脈提供了不少新的見解，尤其是故事主人翁的人際關係。

DNA故事最著名的記述，正是華生的小說體傳記《雙螺旋》。這本書以二十三歲美國人的眼光，描述1950年代初在劍橋大學發生的種種事件。華生筆下的《雙螺旋》，用的既不是正式的自傳口吻，也不是歷史學家的字斟句酌，在1968年出版當時，他辛辣又驚悚的敘述遭到某些人的抨擊，也受到許多人的讚譽。

在撰寫關於克里克遺失信函的文章時，我們自然重新拜讀了《雙螺旋》。令我們震撼的是，對於信函裡所發現的當時人物與事件，華生在書中描述得活靈活現，不僅是對於克里克與威爾金斯的描敘，還有華生對自己的描述。

書中凸顯的活動，例如忙碌的社交應酬、打網球、上法文課、渡假等（克里克一律稱之為「八卦」），都記錄在華生劍橋時期每星期寫給妹妹伊麗莎白的信函中。書中涵蓋的科學內容，在當時寫給戴爾布魯克（Max Delbrück）等友人的信函中也有所討論，不但有 DNA 的研究，還有華生在細菌遺傳學及菸草嵌紋病毒（tobacco mosaic virus）方面的研究，這些在故事中都占了很重要的地位。

在這批當時的信函裡，華生本人的性格表露無遺，一如他書中所描寫的青年——盛氣凌人、自信，但偶爾也自貶。我們所找到的當時紀錄，都令我們深深著迷——不只是華生、克里克、威爾金斯的信函中所披露的內容，就連富蘭克林、萊納斯．鮑林（Linus Pauling）等人的信函也是如此。

我們也注意到，《雙螺旋》書中出現了不少其他的角色——很多都與主要的科學故事不相干。為了保持敘事的流暢性，華生往往只提供最簡要的資訊，有時甚至沒提到最逗趣的小角色的身分。我們無緣得知「當地醫師」的趣事（他竟然把划船槳掛在手術室的牆上），也不知道「雅好古風的建築師」的身分（他的房子裡既沒有瓦斯、也沒有電）。我們對於佛卡德（Bertrand Fourcade）也知之甚少，只知道他是劍橋「第一美男子」。而且我們很想知道，在故事中，華生當時讀到關於「劍橋大學教師不當性醜聞」的小說，到底是哪一本？

於是，《雙螺旋》圖文注釋的想法逐漸成形，此版本將增添一系列的觀點與心聲做為注解，以背景資訊與插圖充實內容。成果正是讀者手上的這本書。除了大量的照片（很多都是首度公開），我們也轉載了許多信函與其他文件的完整或部分摹本。參觀檔案館的樂趣之一，正是可以親眼看見、親手觸摸原始文件。雖然我們無法為讀者提供相同的經驗，但我們希望，讀者會很樂於看到這些信函及手稿，就跟最初收件者見到它們時一樣開心。

我們的注解所使用的素材來源眾多，有發表過的，也有未曾發表的。發表過的資料中，我們用到很多書籍——包括該領域的歷史與傳記，這些都列於書末的參考書目。在未曾發表的資料來源中，華生寫給妹妹及父母的信函，提供了他在劍橋生活的樣貌；而他寫給戴爾布魯克、盧瑞亞（Salvador Luria）等人的信函，則提供了科學方面的內容。

除了華生的文件之外，我們也採用了克里克、威爾金斯、鮑林、富蘭克林等人的文件，並收錄了葛斯林特地為此版本撰寫的回憶錄。葛斯林在當年與威爾金斯、富蘭克林都合作過，最著名且最有影響力的 DNA 繞射照片，事實上正是葛斯林拍攝的。每章注釋的出處，都一一列入書末的「各章注釋出處」。

除了注解與插圖，我們還添加了幾篇別的文章。我們收錄了華生榮獲諾貝爾獎的記載，這篇文章原先發表在他寫的《避免無聊人士》（*Avoid Boring People*）一書中。在華生獲得諾貝爾獎五十週年之際，這樣的故事結尾似乎很合適。

我們還補充了五篇附錄，其中一篇附錄是 1953 年時、最早敘述發現 DNA 的信函摹本，分別來自華生與克里克；另一篇則是首度公開《雙螺旋》手稿中的遺珠章節，正式發表的原版書中刪除了這一章。雖然此章節並未描述任何有關 DNA 研究的新內容，但這篇遺珠章節，填補了華生 1952 年夏天在阿爾卑斯山區避暑的故事。

必要時，我們會以添加注解的方式，訂正某些與事實不符的錯誤，但華生的原文並未更動。

《解密雙螺旋》顯然不是詳盡的學術論文。相反的，我們所選取的史料，都是深深吸引我們的。但願新讀者及熟悉原版《雙螺旋》的讀者，都能從這本略顯古怪的精選文集中獲益，並且獲得樂趣。

亞歷山大 ‧ 甘恩

楊 ‧ 維特考斯基

2012 年寫於冷泉港

小布拉格爵士
為原版《雙螺旋》所寫的序

這本書記載了遺傳基本物質 DNA 結構的發現經過，在許多方面都很獨特。應華生之邀為這本書寫序，我感到非常榮幸。

首先是這本書的科學價值。克里克與華生發現的 DNA 結構，以及此結構對於生物學的全面影響，乃是本世紀科學界最重大的事件之一。受此事件啟發的研究，數量驚人，在生物化學界引發了一場大爆炸，使這門科學整個改頭換面。眾人紛紛敦促作者，應趁記憶猶新時寫下這段往事，我也是其中之一。因為我們深知，這對科學史的貢獻有多重要，而結果竟大大超乎預期。最後幾章對於新概念誕生之描述如此生動，堪稱最高境界的戲劇；緊張氣氛扣人心弦，一步步達到最後高潮。我不知道還有誰能像華生一樣，毫無保留，分享研究人員面臨的掙扎、困惑，以及最後的勝利。

再者，這則故事是研究人員可能陷入兩難的辛酸實例。華生得知某位同儕對於某個問題已經研究了好幾年，並且辛苦累積了大量難得的證據，卻因為成功指日可待而尚未發表。華生看過這批證據，並且有理由相信，自己可以想出解決之道，說不定只要採用新的觀點，便能迎刃而解。若在這個節骨眼尋求合作，很可能會被視為侵犯。他該不該乾脆自己來？

關鍵性的新概念，究竟是一個人獨自想到的，還是與其他人談話時，不知不覺中融會貫通的，這點很不容易斷定。由於意識到這層困難，導致科學家之間建立了模糊的規範，某種程度默認同儕劃分研究地盤的主張。當競爭者眾多時，那就沒有必要猶豫了。這種矛盾情結，在 DNA 的故事裡尤為凸顯。

1962 年諾貝爾獎同時頒給在倫敦國王學院（King's College）長期耐心研究的威爾金斯、以及在劍橋大學敏捷明快找出最後答案的克里克及華生，實至名歸，密切相關人士皆大歡喜。

最後，則是故事中的人情味，例如歐洲（特別是英國）在一名美國青年心中留下的印象。華生寫來有如十七世紀的日記作家佩皮斯（Samuel Pepys）之坦率。書中人物必須以非常寬容的心態來閱讀這本書。務必記住，這本書並非史書，而是對「總有一天會有人寫下的史書」貢獻良多的自傳。如同作者本人所言，這本書記錄的是印象，而非史實。問題往往比當時他所瞭解的更複雜，而那些必須應付這些問題的人，動機也沒有那麼複雜曲折。另一方面，不得不承認，華生對於人性弱點的直覺見解，往往是一針見血。

作者給故事中的部分當事人看過書稿，與史實不符之處，我們都提出了更正，但我個人對於過多的修改不甚苟同，因為印象記述之鮮明與率直，正是本書引人入勝的可貴之處。

W. L. B.

（威廉·勞倫斯·布拉格）

注：小布拉格爵士（Sir Lawrence Bragg，1890-1971）在雙螺旋發現當時擔任劍橋大學卡文迪西實驗室（Cavendish Laboratory）主任。他與父親老布拉格（William Henry Bragg）為X射線晶體學創始人，兩人於1915年共同獲得諾貝爾獎。

原版《雙螺旋》序

在此，我要以個人角度敘述發現 DNA 結構的來龍去脈。我試圖捕捉英國在戰後初期的氛圍，重大事件多半發生在那裡。如同我期盼這本書能展現的，科學很少如外行人想像的那樣循序漸進。相反的，科學的進步（有時是退步），通常和人情世故有很大的關係，人物與文化傳統均在其中扮演重要角色。

為此，我試圖重建自己對於有關事件及人物的第一印象，而不是針對發現 DNA 結構以來所得知的許多真相做出評價。雖然後者也許較為客觀，卻無法傳達具有以下特色的冒險精神——年少輕狂、自以為是，深信真理（一旦被發現）必然既簡單又優美。因此，不少評論也許顯得一面之詞、有失公允。不過，人們對於某種新概念或泛泛之交常常會武斷地妄下定論，我想這是人之常情。不管如何，這篇記述代表我在 1951-1953 年間對事物的看法：包括概念、人，還有我自己。

我知道，故事中的其他人物對於部分情節會各說各話，有時候是因為我們的記憶有出入，但在更多的情況下，可能是因為兩個人看待同一件事，本來就會有不同的立場。這麼說來，根本沒有人能寫出關於「DNA 結構如何確立」的可靠歷史。

然而，我覺得這個故事不說不行。一方面是因為，我的許多科學界朋友對於雙螺旋的發現經過感到好奇，對他們來說，即使故事不完整也聊勝於無。但更重要的是，我認為一般人對於如何「進行」科學研究，依舊是茫然無知。這並不是說，所有的科學研究，都是用這本書上所描述的方式來進行的。情況絕非如此，因為科學研究風格差別之大，就像人的性格一樣。反過來說，科學界被利慾薰心與公平競爭的矛盾對立搞得很複雜，我並不認為，DNA 的發現過程在其中算是特例。

打從發現雙螺旋的那一刻開始，我便念念不忘應該寫這本書，因此我對這段時期許多重大事件的記憶，比我對一生中其他事件的記憶完整許多。我也大量使用當時寫給父母親、幾乎每週一封的信函。這些信函對於確定若干事件的日期格外有幫助。讀過初稿的多位朋友所提供的寶貴意見也同樣重要，有的還為某些事件的語焉不詳，提供了相當詳細的說明。當然，在某些情況下，我的回憶和他們的有出入，因此這本書只能算是我個人的看法。

本書的前幾章，有些是在聖捷爾吉（Albert Szent-Györgyi）、惠勒（John A. Wheeler）、凱恩斯（John Cairns）的家裡撰寫的，感謝他們提供安靜的房間，附帶可眺望大海的書桌。後幾章則是在古根漢獎助金（Guggenheim Fellowship）的補助下撰寫的，讓我能短暫回到英國劍橋，並且受到國王學院院長與研究員的熱情款待。

我盡可能的收錄故事發生當時所拍攝的照片，特別感謝古特弗倫德（Herbert Gutfreund）、彼得．鮑林（Peter Pauling）、赫胥黎（Hugh Huxley）和史坦特（Gunther Stent），將他們的一些快照寄給我。在編輯協助方面，非常感激阿德瑞奇（Libby Aldrich）的精闢論點，拉德克利夫學院（Radcliffe）的傑出學生果然名不虛傳，也要感謝萊博維茲（Joyce Lebowitz）的指點，免得我的英文語句錯得一塌糊塗，她對好書必須具備的條件有數不清的意見。最後，我要向威爾遜（Thomas J. Wilson）致意，感謝他從看到初稿的那一刻起，便一直鼎力相助。沒有他睿智、熱情、敏銳的建議，這本書的樣子，恐怕永遠呈現不出我想要的正確形式。

J. D. W.　（詹姆斯．杜威．華生）

寫於哈佛大學　美國麻薩諸塞州，劍橋

1967 年 11 月

原版《雙螺旋》前言

1955 年夏天，幾位好友打算爬阿爾卑斯山，我也湊一腳。提色瑞（Alfred Tissieres）當時是國王學院的研究員，他說過要帶我攻頂洛特峰（Rothorn），雖然我感到莫名的恐慌，但此刻似乎不是當軟腳蝦的時候。於是，我請嚮導帶路去爬阿林寧山（Allinin），先適應一下，之後再搭兩個小時的郵政巴士去齊納爾村（Zinal），司機開著巴士一路顛簸，在落石斜坡上方的狹路繞來繞去，希望他可別暈車才好。然後，我看到提色瑞站在旅館前面，和一位留著長長八字鬍的三一學院教師聊天，戰爭期間，這人一直住在印度。

由於提色瑞久未鍛鍊，我們決定下午先步行到山上的小餐館，這小餐館位於奧伯加貝爾峰（Obergabelhorn）流下來的巨大冰河底端，然後我們準備隔天步行穿越這座冰河。

旅館才離開視線沒幾分鐘，我便瞧見一群下山的人朝我們走來。我很快就認出其中一位登山者，他是科學家席茲（Willy Seeds），幾年前曾經在倫敦國王學院與威爾金斯合作，研究 DNA 纖維的光學性質。席茲不久也認出我，放慢了腳步，霎時，我以為他會卸下背包，和我聊一會兒。但他只說了一句：「誠實的吉姆還好嗎？」便加快腳步，往下方的山路走去。[1]

後來我一邊吃力的往上走，一邊回想我們從前在倫敦的會面。那時候，DNA 仍然是一個謎團，大家都想解開，沒有人確知誰會拔得頭籌，也不知道，如果它真的像我們半信半疑的那樣令人興奮，這位贏家是否當之無愧。

但現在競賽結束了，身為贏家之一，我知道這則故事並不簡單，而且絕對不像報紙所報導的那樣。這則故事有五位主角：威爾金斯、富蘭克林、鮑林、克里克和我。由於克里克是塑造我本人角色的主力，故事就從他開始說起吧。

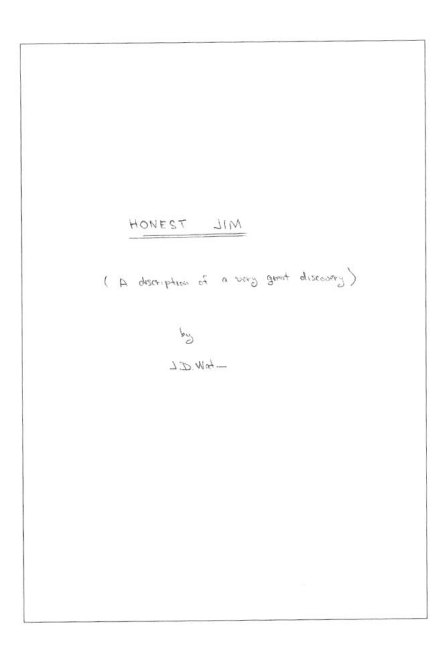

注1. 席茲的一句話，啟發了《雙螺旋》的原書名——《誠實的吉姆》。吉姆就是華生的暱稱。參見初稿的手寫標題頁（如右圖）與附錄四。

第1章
初識克里克

我從來沒看過克里克謙虛的樣子。也許他在別人面前會謙虛，但我從來沒有理由如此評斷他。這和他目前的名氣毫不相干。人們已經對他議論紛紛，通常心存敬畏，認為他有朝一日可能會與拉塞福（Ernest Rutherford）或波耳（Niels Bohr）齊名。

但是在1951年的秋天，情況並非如此，當時我剛來到劍橋大學卡文迪西實驗室，加入一小群物理學家與化學家的行列，研究蛋白質的三維結構。[1] 那時候克里克三十五歲，還是個無名小卒。雖然跟他最熟的一些同事都知道他才思敏捷，經常會徵求他的意見；但他不太受人賞識，而且大多數的人都覺得，他話太多了。

克里克的所屬單位由化學家佩魯茲領軍，他出生於奧地利，1936年來到英國。佩魯茲蒐集血紅素晶體的X射線繞射資料十幾年了，剛剛開始有所斬獲。協助他的是卡文迪西實驗室主任小布拉格爵士。

小布拉格是諾貝爾獎得主，也是晶體學創始人之一。將近四十年來，他看到用X射線繞射法解開的結構一個比一個難。分子愈複雜，當新的方法將它解析出來時，小布拉格就愈開心。[2] 因此在戰後那幾年，他對於解開蛋白質結構的可能性特別熱中，因為那是所有分子中最複雜的。在行政工作之餘，他常常

1　1874年，卡文迪西實驗室由第七代德文郡公爵威廉・卡文迪西（William Cavendish）捐助成立。這裡的第一位實驗物理學教授是馬克士威（James Clerk Maxwell），其他著名的教授包括諾貝爾獎得主瑞利男爵（Lord Rayleigh）、湯姆森（J. J. Thomson）、拉塞福爵士、小布拉格、莫特（Nevill Mott）。

位於劍橋公學巷的卡文迪西實驗室，1940年代。

佩魯茲（Max Perutz），1950年代。

小布拉格與父親老布拉格，1930年代。

去佩魯茲的辦公室串門子，討論最近蒐集到的X射線資料，然後回家看看他有沒有辦法詮釋這些資料。

克里克正好介於理論學家小布拉格與實驗學家佩魯茲之間，他偶爾做做實驗，但更常埋頭苦思「解開蛋白質結構」的理論。他一想出什麼新奇理論，往往會變得興奮過度，有誰願意當聽眾，他就立刻講給誰聽。過了一、兩天，他常常會發覺理論行不通而回去做實驗，直到覺得無聊、又產生新一輪的理論攻勢為止。

2　小布拉格與父親老布拉格，兩人聯手提出如何利用X射線繞射圖形來推導晶體的原子結構。布拉格父子於1915年榮獲諾貝爾物理學獎，是唯一共同獲得諾貝爾獎的父子檔。小布拉格獲獎當年才二十五歲，他得知自己獲獎時，正在第一次世界大戰的戰壕中服役。

這些點子非常具有戲劇性，為動輒經年累月做實驗的實驗室帶來十足的活潑氣氛。這有一半要歸功於克里克的大嗓門：他說話比誰都響亮、都快，他一笑起來，就能聽聲音辨別他在卡文迪西的哪個角落。幾乎所有人都很喜歡這些鬧哄哄的時刻，尤其是我們有閒工夫洗耳恭聽的時候；當聽不懂他的一長串論點時，我們也會直截了當跟他說。

但是有一個人顯然是例外。小布拉格爵士很受不了和克里克交談。克里克的嗓門之大，常常把小布拉格逼到安全一點的房間避難。他很少來卡文迪西喝下午茶，因為這意味著，他得忍受克里克在茶水間大放厥詞。[3] 即便如此，小布拉格也不是完全安然無恙。他辦公室外面的走廊有兩次淹水，都是從克里克所屬的實驗室流出來的。原來克里克只顧著研究理論，忘了拴緊他的抽水泵上的橡皮管。

我剛到那裡時，克里克涉略的理論，遠遠超出蛋白質晶體學的範圍，任何重要的事物都會吸引他。他經常造訪其他實驗室，看看人家完成了哪些新的實驗[4]。

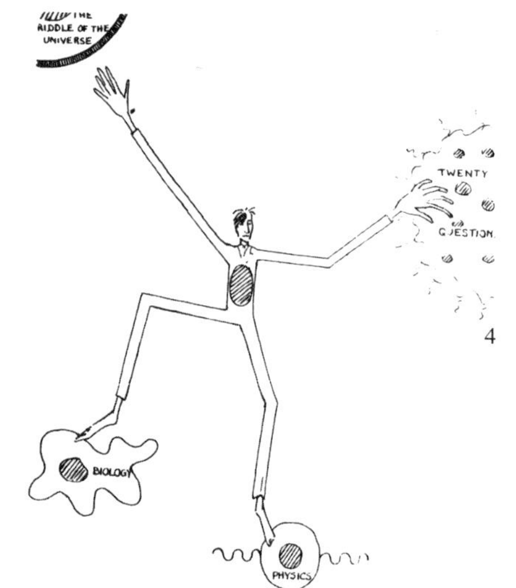

4 用誇張的漫畫描繪興趣廣泛的克里克。繪者為史傳濟威實驗室（Strangeways Laboratory）的史匹爾（Frederick Spear）。作畫時間是1948年，當時克里克在那裡工作。

3 上午茶和下午茶是英國學術機構實驗室的生活儀式，實驗室或系所成員聚在一起喝茶聊天，運氣好的話，還有餅乾吃。不過，茶點時間往往加深了階級之分，教職人員待在裝潢舒適的房間裡，而技術人員、祕書、研究生卻只能將就於不太理想的環境。

攝於1950年代初，克里克身旁為卡文迪西實驗室的X射線管。

克里克通常對於無法領悟自己最新實驗內涵的同事很客氣也很體諒，但他對此事實毫不掩飾，總會急忙提出一大堆新的實驗來證實他的詮釋。不但如此，他還會忍不住告訴所有願意聽的人，說他的絕妙新概念將如何推動科學的進展。結果，大家對克里克存有說不出的戒心，尤其是那些尚未揚名立萬的同輩中人。克里克掌握同儕的實驗結果及融會貫通之快，常常令他的朋友憂心忡忡，擔心在不久的將來，功成名就的他會向全世界揭露：在劍橋學院溫文有禮的談吐背後，有很多糊塗的腦袋。

雖然克里克擁有每星期在凱斯學院用餐一次的福利，但他尚未成為任何學院的研究員。這有一半是他自己的選擇。顯然他不想承擔不必要的監督大學生之責。[5] 另一個因素則是他的刺耳笑聲，如果每星期都要受到它的震撼不止一次，恐怕很多教師會群起抗議。

5　學院的研究員（fellow）要負責行政工作。若克里克成為研究員，除了每星期一次的餐飲福利之外，他還會擁有更多特權，但那些特權並非憑空而來：研究員基本上必須輔導大學部學生。

我相信，這有時會對克里克造成困擾，儘管他心知肚明，「高桌」（High Table）的活動都是由迂腐的中年人主導，他們既無趣、也沒什麼值得他學習的。所幸還有國王學院，它不墨守成規，顯然能包容他，絲毫無損他的性格及學院的特色。[6] 儘管吃飯時有他在場會很熱鬧，但他的朋友再怎麼小心，也絕對隱瞞不了這個事實：喝了雪利酒一聊開，克里克就會讓你的日子不好過。

劍橋凱斯學院的中庭廣場。

6 劍橋國王學院目前的富裕，主要歸功於凱因斯（John Maynard Keynes），部分是因為他擔任學院財務主任時善於理財，以及他在遺囑中留下的遺產。矛盾的是，國王學院被視為左派，因為學院的研究員和學生都以支持社會主義及共產主義著稱。

第 2 章
生命是什麼？

艾佛瑞（Oswald T. Avery），1920 年代。

薛丁格（Erwin Schrödinger），1926 年。

在我來到劍橋之前，克里克對於去氧核糖核酸（DNA）及它在遺傳過程中的角色，僅是偶爾思考一下而已。並不是因為他覺得無趣，其實正好相反，他之所以捨棄物理學，對生物學發生興趣，一大因素是他在 1946 年讀了《生命是什麼？》這本書，作者是著名的理論物理學家薛丁格。[1]

這本書提出精采的概念，認為基因是活細胞的關鍵成分，想要瞭解生命是什麼，必須先知道基因如何作用。在薛丁格寫這本書當時（1944 年），普遍認為基因是特殊類型的蛋白質分子。但幾乎是在同一時期，細菌學家艾佛瑞正在紐約洛克斐勒研究所進行實驗，結果顯示，遺傳特徵可能藉由純化的 DNA 分子，從細菌細胞傳遞到另一個細菌細胞。[2]

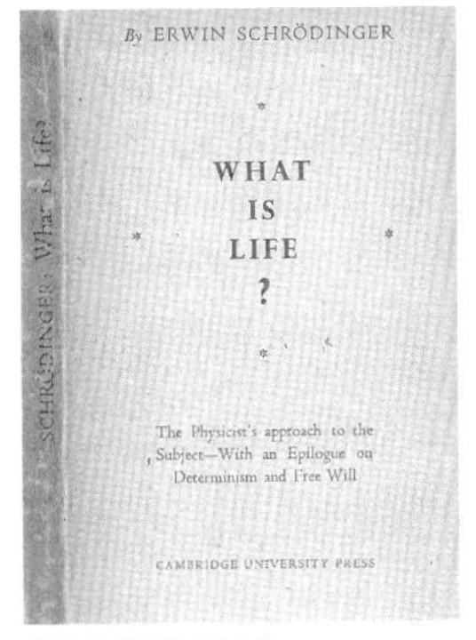

《生命是什麼？》

1 《生命是什麼？》是薛丁格根據1944年在都柏林三一學院的一系列課程講義寫成的。雖然克里克、威爾金斯、查加夫（Erwin Chargaff）和華生本人都受到《生命是什麼？》的影響，其他人卻不以為然。佩魯茲後來寫道：「很可惜……仔細研讀他的書和原始的相關文獻，顯示他書裡提到的事實都不是原創的，甚至在這本書寫作當時，大部分的原始證據已知並非事實。」克里克在發現雙螺旋之後，於1953年8月12日寄給薛丁格《生命是什麼？》，並且告知他自己與華生都深受這本書的影響。

由於已知DNA存在於所有細胞的染色體中，艾佛瑞的實驗強烈暗示，進一步的實驗將會證明，所有的基因都是由DNA組成的。果真如此，對克里克來說，這代表蛋白質並非揭開生命真正奧祕的羅塞塔石碑（編注：Rosetta Stone。引申為要解決謎題或困難事物的關鍵線索）。反而DNA才是關鍵所在，讓我們得以瞭解基因如何決定各種特徵，例如我們的頭髮及眼睛的顏色，很可能還有智力高低、甚至取悅他人的潛在能力等等。

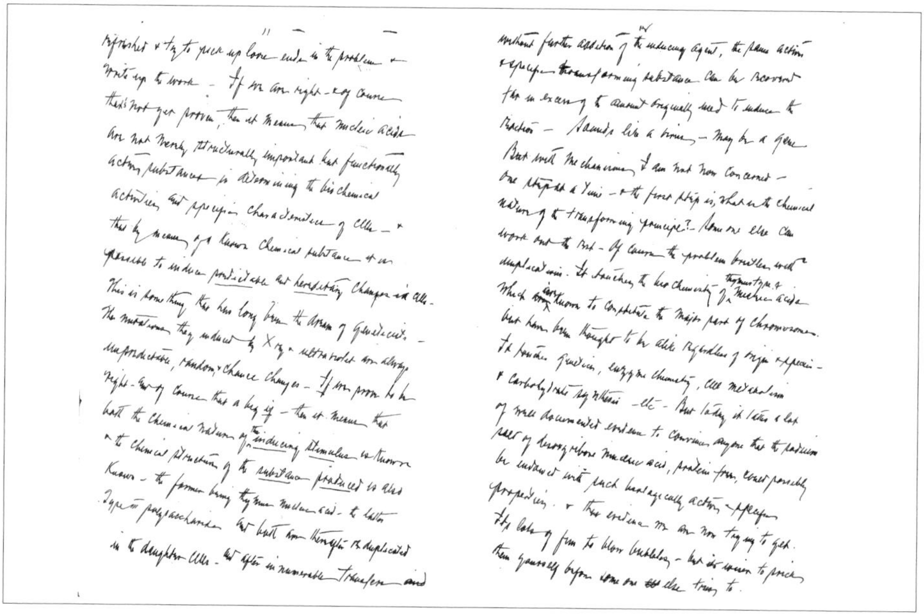

2　在發表的論文中，艾佛瑞對於宣稱「DNA是遺傳物質」很謹慎。但在上圖這封寫給弟弟洛伊（Roy）的信函中（1943年5月13日），他顯得比較有自信。
信件翻譯如下：
假如我們是對的（當然這尚未證實），那就表示核酸不只是結構上很重要，而且功能上，它是決定細胞之生化活性及特定性質的活性物質——利用已知的化學物質，有可能在細胞中引起「可預期的遺傳變化」。這是遺傳學家長期以來夢寐以求的……
但我目前關心的倒不是機制（一步一步來），第一步是：轉化因子（transforming principle）的化學性質是什麼？其他的問題別人可以解決，當然，這個問題牽連甚廣……它涉及生物化學……它涉及遺傳學、酶化學、細胞代謝及碳水化合物合成等等。但是近來，要用許多真憑實據才能說服別人，去氧核糖核酸的鈉鹽（不含蛋白質）可能具有這種生物活性及特定屬性，我們現在正在努力找到證據。吹泡泡很好玩——但在別人試圖戳破之前，最好還是自己來比較妥當。

當然也有科學家認為，支持 DNA 的證據沒有說服力，寧可相信基因是蛋白質分子。不過克里克並不擔心這些質疑者。老是押錯賭注、自以為是的草包可多了。不少科學家不僅心胸狹隘、遲鈍，而且簡直是愚昧，這和報紙上以及這些科學家的母親們普遍擁護的形象恰恰相反。要是不明白這一點，便稱不上是成功的科學家。

威爾金斯，1958 年。

然而，克里克那時還沒打算一頭栽進 DNA 的世界裡。單憑它本質上的重要性，似乎不足以讓他離開才研究兩年、剛剛開始掌握要領的蛋白質領域。況且，卡文迪西的同事對核酸興趣缺缺，而且就算是經費充裕，要建立新的研究群，專門利用 X 射線來檢視 DNA 的結構，也得花上兩、三年的時間。

不但如此，在私底下，這樣的決定也會造成尷尬的局面。當時在英國，DNA 分子研究基本上是威爾金斯的個人專利，他任職於倫敦國王學院，是個單身漢。[3] 和克里克一樣，威爾金斯本來也是物理學家，同樣也是利用 X 射線繞射做為主要的研究工具。假如克里克跳進威爾金斯研究多年的領域湊一腳，恐怕很不妥當。更糟糕的是，兩人年齡相近、彼此熟識，而且克里克再婚前，他們經常碰面，邊吃飯、邊聊科學。

倫敦國王學院，1950 年。

3　不要跟劍橋國王學院搞混了，倫敦國王學院成立於1829年，旨在為教育提供宗教環境，以因應1826年世俗性的「倫敦大學」（London University）創立，倫敦大學准許非聖公會基督徒、猶太人、功利主義者入學，即後來的倫敦大學學院（University College, London）。倫敦國王學院的主要建築物裡有巴洛克式大禮拜堂，符合其宗教淵源。

如果他們生活在不同的國家，那就容易多了。英國的安逸（似乎所有重要人物都沾親帶故），加上英國人的公平競爭意識，不容許克里克插手威爾金斯的研究領域。在法國，公平競爭顯然不存在，根本不會出現這些問題。美國也不容許這種情勢發展。誰也不會預期，柏克萊的人會只因為加州理工學院的人先開始，就不去研究第一流的問題。然而在英國，這種事情怎麼看就是不對勁。

更糟的是，威爾金斯對於DNA似乎不太熱中，這讓克里克感到很無奈。威爾金斯好像喜歡慢慢釐清重要的論點。並不是因為他缺乏智慧或常識，他顯然兩者都有——看他掌握DNA幾乎比所有人都早，足可證明。只是，克里克覺得他無法讓威爾金斯了解：當你手中握有像DNA這種炸藥時，就無法謹慎行事了[3]。不僅如此，要將威爾金斯的心思，從他的助理富蘭克林身上移開，也愈來愈難了[4]。

富蘭克林（Rosalind Franklin），1955年。

絕不是因為他愛上羅西（我們在背後都這樣稱呼富蘭克林）。[5]正好相反——幾乎從她踏進威爾金斯實驗室的那一刻起，他們就開始鬧彆扭了。威爾金斯在X射線繞射方面是新手，急需專業上的協助，期望羅西這位訓練有素的晶體學專家能加速他的研究。不過，羅西的看法可不是這樣。她堅稱自己要做的研究題目是DNA，更不認為自己是威爾金斯的助理。[6]

4 雖然華生寫道，富蘭克林在威爾金斯的實驗室工作，擔任他的助理，但其實是蘭德爾（John Turton Randall）聘請她來負責DNA研究計畫，信函上寫得很清楚。

5 「羅西」（Rosy，在當時的往來信函裡，通常拼寫成Rosie）是席茲給富蘭克林取的綽號，他是生物物理學組的開心果。這位席茲，正是本書前言提到首創「誠實的吉姆」一詞的那位席茲。威爾金斯的綽號則是「大叔」（Uncle）。

我猜想，一開始，威爾金斯期望羅西的態度會軟化。然而，隨便一看也知道，她是不會輕易屈服的。她刻意不強調她的女性特質。不過她容貌出眾，並非缺乏吸引力，只要她在穿著上肯花點心思，可能會非常漂亮。可是她並沒有這麼做。她從不塗口紅來襯托她烏溜溜的直髮，雖然已經三十一歲了，但她的穿著還是像個學院派的英倫閨秀。

所以，很容易把她想像成生活不如意的母親生下的女兒，母親極力強調事業的必要性，免得優秀的女兒遇人不淑。但情況並非如此，她的敬業與簡樸生活，可不能這麼解釋——人家可是千金小姐，來自優渥的銀行世家。

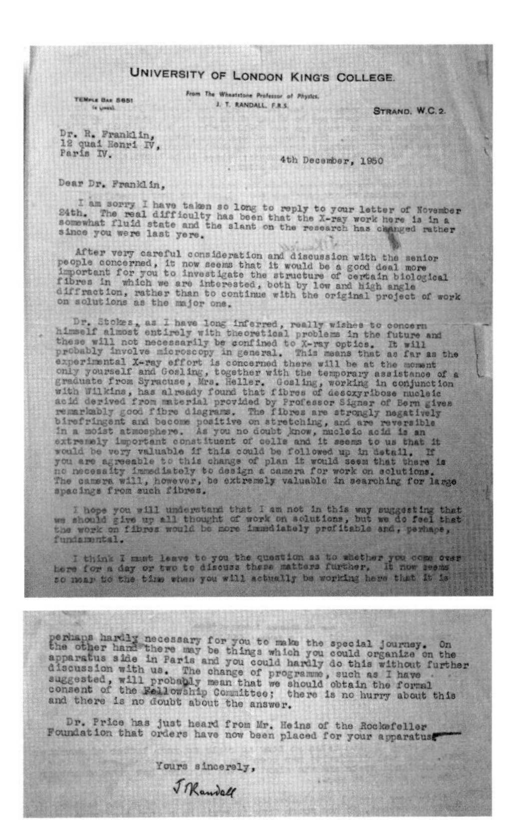

UNIVERSITY OF LONDON KING'S COLLEGE.

From The Wheatstone Professor of Physics.
J. T. RANDALL, F.R.S.

TEMPLE BAR 5651 (4 lines)

STRAND, W.C.2.

Dr. R. Franklin,
12 quai Henri IV,
Paris IV.

4th December, 1950

Dear Dr. Franklin,

I am sorry I have taken so long to reply to your letter of November 24th. The real difficulty has been that the X-ray work here is in a somewhat fluid state and the slant on the research has changed rather since you were last yere.

After very careful consideration and discussion with the senior people concerned, it now seems that it would be a good deal more important for you to investigate the structure of certain biological fibres in which we are interested, both by low and high angle diffraction, rather than to continue with the original project of work on solutions as the major one.

Dr. Stokes, as I have long inferred, really wishes to concern himself almost entirely with theoretical problems in the future and these will not necessarily be confined to X-ray optics. It will probably involve microscopy in general. This means that as far as the experimental X-ray effort is concerned there will be at the moment only yourself and Gosling, together with the temporary assistance of a graduate from Syracuse, Mrs. Heller. Gosling, working in conjunction with Wilkins, has already found that fibres of desoxyribose nucleic acid derived from material provided by Professor Signer of Bern gives remarkably good fibre diagrams. The fibres are strongly negatively birefringent and become positive on stretching, and are reversible in a moist atmosphere. As you no doubt know, nucleic acid is an extremely important constituent of cells and it seems to us that it would be very valuable if this could be followed up in detail. If you are agreeable to this change of plan it would seem that there is no necessity immediately to design a camera for work on solutions. The camera will, however, be extremely valuable in searching for large spacings from such fibres.

I hope you will understand that I am not in this way suggesting that we should give up all thought of work on solutions, but we do feel that the work on fibres would be more immediately profitable and, perhaps, fundamental.

I think I must leave to you the question as to whether you come over here for a day or two to discuss these matters further. It now seems so near to the time when you will actually be working here that it is perhaps hardly necessary for you to make the special journey. On the other hand there may be things which you could organize on the apparatus side in Paris and you could hardly do this without further discussion with us. The change of programme, such as I have suggested, will probably mean that we should obtain the formal consent of the Fellowship Committee; there is no hurry about this and there is no doubt about the answer.

Dr. Price has just heard from Mr. Heins of the Rockefeller Foundation that orders have now been placed for your apparatus.

Yours sincerely,

J T Randall

蘭德爾給富蘭克林的信。

6　富蘭克林聲稱，DNA是她的研究項目，蘭德爾（她未來的老闆）所寫的這封信函可以證明是真（如上圖）。信函的簽署日期為1950年12月4日，寫於她抵達倫敦國王學院之前。
正如《DNA光環背後的奇女子》作者馬杜克斯（Brenda Maddox）對於蘭德爾的信生動描述：「……狡猾且模稜兩可……充滿虛虛實實且詞義不清。信裡暗藏的涵義沒多久就讓富蘭克林翻臉，並且改變了科學史的方向，這可不是偶然的。」
蘭德爾告訴富蘭克林，她要研究的是DNA，不是溶液中的蛋白質，但是在此信之前，威爾金斯就已慫恿蘭德爾將她的研究改成後者。蘭德爾還告訴她，研究DNA的只有她和葛斯林（當時是威爾金斯的博士生）。蘭德爾並沒有和威爾金斯討論過這件事，不過上圖信函上暗示他有。
威爾金斯直到很多年後才知道有這封信函。富蘭克林剛到國王學院時，威爾金斯正好去渡假，所以錯過了會議，會中葛斯林正式被指派給富蘭克林。
威爾金斯在他2003年出版的回憶錄中提到這封信函：「我的意見很清楚：蘭德爾大錯特錯，沒有諮詢我們便擅自寫信告訴富蘭克林，說史多克斯（Alexander R. Stokes）和我想暫停DNA的X射線研究。葛斯林和我拍到清晰的晶體X射線圖樣之後，我急著要繼續這項工作，休假中便決定要繼續全力投入DNA的X射線研究，其他研究統統暫停。假如蘭德爾真的認為，我不想繼續DNA的X射線研究，那他根本是在騙自己——或許是因為，他想參與DNA研究的意圖太強烈了。」

很明顯，羅西只能離開，不然就得聽人擺布。前者顯然比較適合，因為以她咄咄逼人的脾氣，威爾金斯恐怕很難保持主導地位，讓他在研究 DNA 時不受干預。

威爾金斯並非看不出來羅西為何抱怨連連：國王學院有兩間聯誼室，一間男用、一間女用。但這是過去的舊習，[7] 又不是威爾金斯該負責的；女用聯誼室始終陰暗狹小，錢卻花在另一間上，讓威爾金斯和友人在那裡舒舒服服的喝早晨咖啡。羅西對這種事情不滿，竟然也算在威爾金斯的頭上，那太說不過去了。

鮑林正在檢視晶體，1947 年。

很不幸，威爾金斯想不出什麼好辦法攆她走。首先，據說她的職位任期有好幾年。再者，無可否認的是，她腦筋很好，只要她能控制好自己的情緒，很有機會她真的能助他一臂之力。但光是期望關係能改善，這簡直是在冒險，因為加州理工學院的傳奇化學家鮑林才不甩英國的公平競爭限制。

鮑林剛滿五十歲，遲早會來角逐最重要的科學桂冠。毫無疑問，他興致勃勃。我們的本能告訴我們，鮑林若不明白 DNA 是所有分子中最珍貴的，他就不配稱為最偉大的化學家。而且這是有真憑實據的。威爾金斯曾經收到鮑林的來信，請求提供結晶 DNA 的 X 射線照片。一番猶豫

7 雖然國王學院的聯誼室（公用活動室）男女有別，但這種歧視女性的態度，並沒有延伸到蘭德爾的系所。葛斯林在2010年接受電台採訪時曾評論道：「蘭德爾主持的實驗室裡有很多女性。」《創世第八天》作者賈德森（Horace Freeland Judson）發現，在1952年12月當時，掛名在生物物理學組的三十一位科學家中，有八位女性，費爾（Honor Fell）當時擔任生物物理學組的資深生物學顧問。
當時令富蘭克林反感的，不只是國王學院。離開巴黎回到英國，許多方面似乎都很令人鬱悶——例如天氣、戰後的單調景觀及氛圍。在她1952年3月1日寫給好友塞爾（Anne Sayre）的信函中，她問道：「生活在異鄉的遊子回到深愛的祖國之後，到底是什麼使祖國顯得如此可怕？……說得難聽一點，我不禁懷疑，我喜歡在法國做個比較有意思的人，勝過我在英國……」

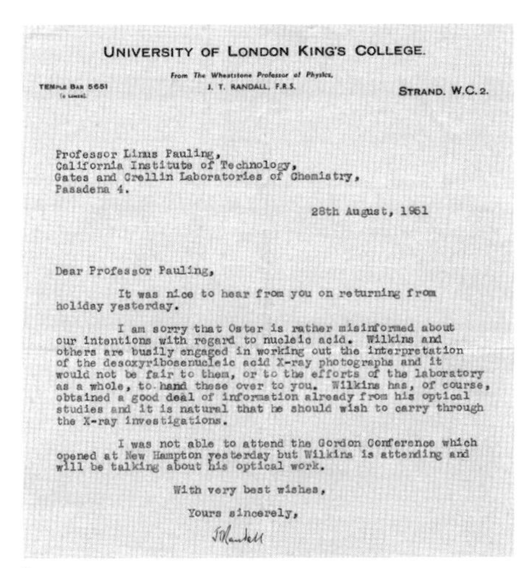

UNIVERSITY OF LONDON KING'S COLLEGE.

From The Wheatstone Professor of Physics,
J. T. RANDALL, F.R.S.

TEMPLE BAR 5651

STRAND. W.C.2.

Professor Linus Pauling,
California Institute of Technology,
Gates and Crellin Laboratories of Chemistry,
Pasadena 4.

28th August, 1951

Dear Professor Pauling,

It was nice to hear from you on returning from holiday yesterday.

I am sorry that Oster is rather misinformed about our intentions with regard to nucleic acid. Wilkins and others are busily engaged in working out the interpretation of the desoxyribosenucleic acid X-ray photographs and it would not be fair to them, or to the efforts of the laboratory as a whole, to hand these over to you. Wilkins has, of course, obtained a good deal of information already from his optical studies and it is natural that he should wish to carry through the X-ray investigations.

I was not able to attend the Gordon Conference which opened at New Hampton yesterday but Wilkins is attending and will be talking about his optical work.

With very best wishes,

Yours sincerely,

J.T. Randall

[8] 蘭德爾寫給鮑林的信函，1951 年 8 月 28 日。

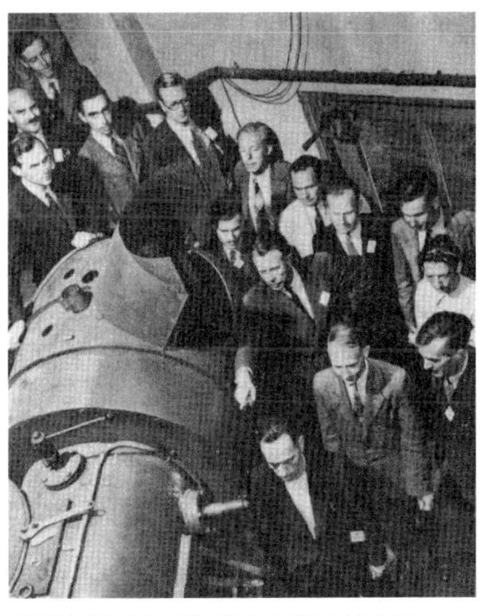

威爾金斯（左五）等人合影於柏克萊，1945 年 8 月。

之後，威爾金斯回信寫道：在公開照片之前，他想更仔細的檢查一下資料。[8]

這一切都令威爾金斯不得安寧。他退避到生物學領域，才發現生物學和物理學的原子能應用一樣令人反感。[9] 鮑林和克里克緊追在後，常常令他難以入眠。但至少鮑林遠在萬里之外，連克里克也隔著兩個小時的車程。真正的問題還是羅西。他忍不住起了念頭：女權主義者最好的歸宿，就是別人的實驗室。

8　布魯克林理工學院的奧斯特（Gerald Oster）曾告訴鮑林：「我希望你寫信給倫敦東街國王學院的蘭德爾教授。他的同事威爾金斯博士告訴我，他有一些很不錯的核酸纖維照片。」（1951 年 8 月 9 日）
威爾金斯將鮑林所寫的信函轉交給蘭德爾，在 1951 年 8 月 28 日的信函中，讓鮑林碰壁的正是蘭德爾本人(如上圖信函)。鮑林給蘭德爾的回覆是：「很明顯，奧斯特博士跟我說的時候搞錯了——他說得很肯定，威爾金斯並不打算對 X 射線照片進行詮釋。當然，我對此感到很驚訝，但在我看來，他的建議（我在寫給您的信函中提到的）頗值得跟進。」

9　「……和物理學的原子能應用一樣令人反感」指的是 1942 年到 1946 年間的曼哈頓計畫，計畫中聘請了數百位物理學家及其他科學家。威爾金斯曾在加州大學柏克萊分校研究利用天然鈾製作鈾 235 的方法（用於原子彈）。戰爭過後，威爾金斯和西拉德（Leo Szilard）等人均對科學在戰爭上的應用感到良心不安，於是從物理學轉攻生物學。
鈾分離研究計畫由澳洲物理學家梅西（Harrie Massey）主持，他建議威爾金斯閱讀薛丁格的《生命是什麼？》一書。克里克也認識梅西，在被派往柏克萊之前，梅西曾主持礦井設計部門。根據華生的說法，介紹《生命是什麼？》給克里克的人，也是梅西。

第3章
選擇

華生攝於印第安納大學，1940 年代末。

最初讓我對 X 射線應用在 DNA 上產生興趣的人，正是威爾金斯。這件事發生在義大利的那不勒斯，當時有一場小型科學會議在那裡舉行，會中討論在活細胞裡發現的大分子結構。[1] 那時是 1951 年春天，我還不知道有克里克這號人物。

其實我參與過不少 DNA 研究，因為我申請到博士後獎助金，在歐洲研究 DNA 的生物化學作用。我從大四就對 DNA 產生濃厚興趣，想要瞭解基因是什麼。後來，在印第安納大學念研究所時，我的願望是不用念任何化學就能解決基因問題。[2] 這個願望有一半是懶得念，因為在芝加哥大學念大學部時，我的興趣主要是鳥類，所以我想盡辦法免修任何看起來有點難度的化學或物理學課程。印第安納大學的生化學家一度鼓勵我去念有機化學，但是在我用本生燈加熱苯之後，真正的化學就跟我無緣了。比起冒著再爆炸一次的風險，打發無知的博士還是比較安全一點。

1 那場那不勒斯會議是「原生質中的超顯微組織研討會」，於1951年5月22到25日召開，講者包括阿斯特伯里（W. T. Astbury）、凱爾喀（H. M. Kalckar）、威爾金斯和普雷斯頓（R. D. Preston）。

2 華生去印第安納大學念研究所，是受到穆勒（Hermann Muller）的吸引。穆勒發現X射線會提高突變機率，因而獲得1946年諾貝爾生理醫學獎。

華生（左三）和友人去賞鳥，1946 年。

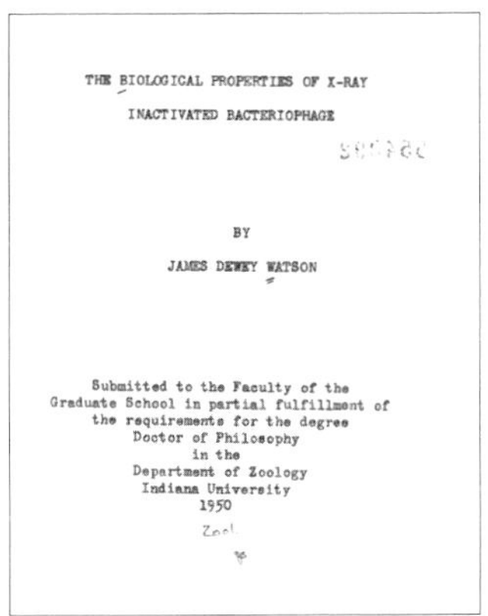

THE BIOLOGICAL PROPERTIES OF X-RAY
INACTIVATED BACTERIOPHAGE

BY

JAMES DEWEY WATSON

Submitted to the Faculty of the
Graduate School in partial fulfillment of
the requirements for the degree
Doctor of Philosophy
in the
Department of Zoology
Indiana University
1950

華生的博士論文扉頁。即使在當時，華生也覺得自己的博士論文題目了無新意。

所以，我對吸收化學知識不抱希望，直到我去哥本哈根，跟隨生化學家凱爾喀從事博士後研究為止。對完全缺乏化學概念的我來說，當時出國進修似乎是圓滿的解決之道，這也是受到我的博士論文指導教授盧瑞亞的鼓勵[3]，他是在義大利受教育的微生物學家。

盧瑞亞對大多數的化學家完全沒有好感，尤其是在紐約市爭名奪利的各路豪傑。不過，凱爾喀顯然學有專精，盧瑞亞希望我和這位歐陸知識份子為伍，學好從事化學研究的必備工具，不需要跟那些唯利是圖的有機化學家打交道。

當時盧瑞亞的實驗主要是研究噬菌體（bacteriophages，簡稱 phages，即攻擊細菌的病毒）的繁殖。多年以來，不少頗具創意的遺傳學家一直懷疑：病毒就是某種型態的裸露基因。果真如此，想要搞清楚基因是什麼、如何複製，最好的辦法就是研究病毒的特性。因此，由於噬菌體是最簡單的病毒，1940 年到 1950 年間湧現愈來愈多研究噬菌體的科學家（噬菌體集團），他們期望最終能瞭解基因如何控制細胞遺傳。

3　華生認為穆勒的果蠅遺傳學研究過時了，於是博士論文題目改為盧瑞亞的尖端研究。

這群科學家以盧瑞亞和他的好友戴爾布魯克為首，戴爾布魯克是出生於德國的理論物理學家，當時是加州理工學院教授。[4] 雖然戴爾布魯克一直希望，純粹用遺傳學方法就能解答這個問題，但盧瑞亞更經常在想，是不是要先破解病毒（基因）的化學結構，才能得到真正的答案。盧瑞亞心知肚明，一樣東西，若你不知道它是什麼，就不可能描述它的行為。盧瑞亞知道自己絕不可能去學化學，所以他覺得最明智的做法，就是把他的「第一位認真的學生」送去給化學家調教。

戴爾布魯克（站立者）和盧瑞亞正在檢視噬菌斑，冷泉港，1941 年。

要把我送去蛋白質化學家那裡、還是核酸化學家那裡，這個決定對盧瑞亞來說並不難。雖然噬菌體只有大約一半的質量是 DNA（另一半是蛋白質），但艾佛瑞的實驗顯示，DNA 可能是非常重要的遺傳物質。所以，搞清楚 DNA 的化學結構，可能是瞭解基因如何複製的必要步驟。

然而，和蛋白質相比，人們對於 DNA 的化學性質所知無幾。只有少數化學家研究 DNA，除了知道核酸是由較小的基本分子——核苷酸（nucleotides）——組成的大分子之外，幾乎沒有什麼化學知識是遺傳學家可以掌握的。此外，研究 DNA 的化學家，幾乎都是有機化學家，對遺傳學不感興趣。凱爾喀顯然是例外。1945 年夏天，他在紐約冷泉港實驗室上過戴爾布魯克

4 盧瑞亞和戴爾布魯克於1940年12月在費城結識。1941年夏天，他們開始在冷泉港合作研究噬菌體。隔年，他們在冷泉港開設噬菌體課程，傳授噬菌體研究技術，建立了重要的研究風格，後來成為噬菌體群組的特色。

的噬菌體課程。[5]因此盧瑞亞和戴爾布魯克都對哥本哈根實驗室寄予厚望，希望它在化學與遺傳學技術的結合下，最終在生物學方面能有所斬獲。

凱爾喀正在上戴爾布魯克講解的噬菌體課程，1945 年。

然而，他們的計畫徹底失敗。凱爾喀絲毫激勵不了我。在他的實驗室裡，我發現自己對核酸化學毫無興趣，和在美國時一樣。一來是因為他當時在研究核苷酸代謝，我看不出那種類型的題目對遺傳學會有什麼立竿見影的好處。二來則是雖然凱爾喀學養豐富，但聽他說英文像是鴨子聽雷。

不過，我倒是聽得懂凱爾喀的摯友馬婁的英文。馬婁剛從美國加州理工學院回來。在美國時，他對我攻讀博士時研究過的噬菌體產生興趣；回來之後，他放棄先前的研究題目，全力投入噬菌體研究。當時他是唯一研究噬菌體的丹麥人，所以他很高興我和史坦特（戴爾布魯克實驗室的噬菌體研究人員）來跟凱爾喀一起做研究。沒多久，史坦特和我經常造訪離凱爾喀實驗室幾公里遠的馬婁實驗室，我們兩人很積極跟馬婁一起做了幾個星期的實驗。

我對於經常跟馬婁一起研究噬菌體，偶爾覺得有點不安，因為我領的獎助金，明明是讓我來跟凱爾喀學習生物化學；嚴格來說，我違反了條款。此外，我到達哥本哈根的三個月內，就要提出下一年度的研究計畫。這可不是件容易的事，因為我根本沒有計畫。

唯一的萬全辦法，就是申請再跟隨凱爾喀一年的經費。實話實說自己不喜歡生物化學，恐怕有點冒險。而且等到延期獲准之後，我看不出他們有什麼理

5　冷泉港在華生首度造訪當時有兩所機構：生物學實驗室（成立於1890年）、以及華盛頓卡內基研究所（Carnegie Institute of Washington）的遺傳學部門（1912年成立演化實驗站）。德梅雷克（Milislav Demerec）兼任兩所機構主任。諾貝爾獎得主赫胥（Alfred Hershey）及麥克林托克（Barbara McClintock）是遺傳學部門的研究人員。

冷泉港實驗室

由會不准我改變研究計畫。於是我寫信到華盛頓，說我希望留在哥本哈根這個刺激的環境裡。後來如願以償，我的獎助金又延期一年。讓凱爾喀（好幾位獎助金審核委員都認識他）調教一位生化學家，這很說得過去。[6]

還有凱爾喀的感受問題。我很少在實驗室出現，說不定他會介意這件事。事實上，他對事情多半顯得心不在焉，也許根本還沒注意到。不過，幸好這些擔心都煙消雲散了。一樁完全料想不到的事件讓我變得心安理得。12 月初，有一天，我騎車去凱爾喀的實驗室，以為會有一場愉快、但完全聽不懂的談話。然而這一次，我發現凱爾喀竟然讓人聽得懂了。

他透露重大訊息：他的婚姻破裂，他想離婚。這件事很快就不是什麼祕密——實驗室的其他人也都聽說了。事發才沒幾天，就可以明顯感受到，凱爾喀恐怕有一段時間無法專心在科學上，說不定和我留在哥本哈根的時間一樣久。所以他不用再教我核酸生物化學了，這顯然是天賜良機。我可以每天騎車去馬婁的實驗室，因為我清楚知道，與其勉強凱爾喀教我生物化學，還不如瞞著獎

6 華生向美國國家研究委員會（National Research Council，NRC）申請的獎助金，是由默克公司（Merck & Co.）資助的。1950年3月18日，默克獎助金委員會批准了他的申請，補助他薪水3,000美元及旅遊津貼500美元。此際，華生的獎助金延期獲准，但後來他和默克獎助金委員會起了衝突，詳見附錄三。

助金審核委員，自己在哪裡工作。[7]

而且那時候，我對自己正在做的噬菌體實驗很滿意。不到三個月，馬婁和我已經完成一組實驗，研究噬菌病毒粒子在細菌體內增殖、形成數百個新病毒粒子的過程。得到的數據足以發表相當出色的論文，而且我知道，按照一般的標準，就算我今年剩下的時間都不工作，也不會遭人批評一事無成。反過來說，關於基因是什麼、或如何繁殖，我顯然還沒有做出任何成果。除非我變成

微生物遺傳學會議團體照，1951 年 3 月在哥本哈根理論物理學研究所召開，二十世紀物理學巨擘之一波耳和華生等與會人員合影留念。
第一排左起：馬婁（Ole Maaløe）、拉他傑（R. Latarjet）、沃曼（E. Wollman）。第二排左起：波耳、維斯康提（N. Visconti）、厄倫斯瓦德（G. Ehrensvaard）、維德（Wolf Weidel）、海登（H. Hyden）、波尼菲斯（V. Bonifas）、史坦特、凱爾喀、萊特（Barbara Wright）、華生、維斯哥德（M. Westergaard）。

7　凱爾喀已經和妻子梅耶（Vibeke Meyer）分居，跟他實驗室的博士後研究員萊特交往，兩人後來結婚（萊特也出現在上圖的照片裡）。1949年在加州理工學院，華生和她早就認識。當時他和萊特、史坦特、維德一起去露營，這次探險導致華生和萊特遭到卡塔利娜島（Catalina Island）警察短暫拘留。
華生寫了一封長信給戴爾布魯克（1951年3月22日），提到凱爾喀的外遇，以及這件事對實驗室氣氛造成的影響：「這段期間，瀰漫在凱爾喀實驗室的病態感，我覺得很難形容。」

化學家，否則我也不知道該怎麼做。

因此，我欣然接受凱爾喀的建議，那年春天陪他去那不勒斯動物實驗站，他決定 4、5 月都待在那裡。[8] 那不勒斯之行意義非凡，留在沒有春天的哥本哈根，什麼事也不做，那樣根本毫無道理。相反的，那不勒斯的陽光，或許有利於學習海洋生物胚胎發育的生物化學。那裡說不定也是我靜下心來研讀遺傳學的好地方。等到我讀倦了，搞不好還會拿起生物化學教科書來看。

我毫不猶豫，寫信到美國請求批准，讓我陪同凱爾喀去那不勒斯。華盛頓捎來一封令人雀躍的同意函，祝福我一路順風。不但如此，信上還附了 200 美元支票當做差旅費。在我動身迎向陽光之際，頓時覺得有些汗顏。

那不勒斯動物實驗站（Stazione zoologica Napoli）

VOL. 37, 1951 *BACTERIOLOGY: MAALØE AND WATSON* 507

THE TRANSFER OF RADIOACTIVE PHOSPHORUS FROM PARENTAL TO PROGENY PHAGE

BY O. MAALØE AND J. D. WATSON*

STATE SERUM INSTITUTE AND INSTITUTE OF CYTOPHYSIOLOGY, COPENHAGEN, DENMARK

Communicated by M. Delbrück, June 25, 1951

Introduction.—Reproduction is perhaps the most basic and characteristic feature of life. From the chemical point of view it is also the most obscure feature: atoms do not reproduce. When a living organism reproduces, there are now two atoms in the system for each one of the parent system. The additional atoms, of course, have not been "generated" by reproduction of the parent's atoms, but have been assimilated from the environment. Although the two progeny organisms may be biologically identical we should consider that their atoms can be classified into two classes: parental atoms and assimilated atoms. How are these atoms distributed between the two progeny organisms? Is one of the progeny all parental, the other all assimilated, or each half and half? Or perhaps both assimilated and the parental atoms dissimilated and passed into the environment? Are there specific macromolecular structures (genes?) that are preserved and passed on intact to the progeny? To answer questions of this kind we must be able to distinguish between parental and assimilated atoms and, in principle, this can be accomplished by the use of tracers.

馬婁和華生的論文，發表於《美國國家科學院院刊》（*Proceedings of the National Academy of Sciences*）37: 507-513。

8 多恩（Anton Dohrn）在1872年成立那不勒斯動物實驗站，他是德國生物學家海克爾（Ernst Haeckel）的學生。實驗站提供場地給來自世界各地的研究人員，他們以胚胎研究做為探索演化關係的方法。夏天在那裡租過實驗台的人，包括現代遺傳學之父摩根（T. H. Morgan）、德里希（Hans Driesch）、威爾遜（E. B. Wilson）、哈里森（R. G. Harrison）。

第 4 章
威爾金斯的照片

威爾金斯大老遠從倫敦來到那不勒斯，也不是純粹為了科學。這次旅行是他的老闆蘭德爾教授給他的意外禮物。原本蘭德爾已排定行程，要來參加巨分子會議並發表論文，報告他新成立的生物物理學實驗室正在進行的研究。後來他發現自己分身乏術，決定派威爾金斯代替他出席。如果沒有人去參加，他的國王學院實驗室會很沒面子。為了成立他的生物物理學實驗室，拮据的國庫已經投下大筆經費，懷疑這筆錢白白浪費的大有人在[1]。

蘭德爾參加年度系所板球比賽，1950 年代。

1 1938年，蘭德爾在伯明罕大學（University of Birmingham）時，威爾金斯投入他的門下，成為博士班學生。戰爭期間，蘭德爾與英國物理學家布特（Harry Boot）共同研發空腔磁控管（雷達的重要組件）。戰爭結束後，蘭德爾於1944年轉往聖安德魯斯大學（St. Andrews University），1946年成為倫敦國王學院惠斯通物理學講座（Wheatstone Chair）。

戰後威爾金斯去安德魯斯大學投靠蘭德爾，後來又跟他一起去國王學院。蘭德爾是成就非凡的行政管理者，威爾金斯形容他擁有「驚人的企業家才華」，他憑此才華，成功促進手下科學家的研究活動，無論他們的研究是不是他特別感興趣的領域。他太成功了，以至國王學院校長一度向英國醫學研究委員會抱怨，說蘭德爾拿到太多經費，還說生物物理學組的成就，扭轉了學院的整體研究方向。

MRC生物物理學組隸屬物理學系，蘭德爾兼任這兩個單位的主管。物理實驗室位於國王學院的庭院地底下，遭到一顆巨大的德國炸彈炸毀。這些實驗室重建之後，於1952年啟用。

工人在倫敦國王學院的中庭廣場挖掘彈坑。

像這樣的義大利會議，沒有人期待你會準備精采的演講。依照慣例，共襄盛舉的少數貴賓都不懂義大利文，占多數的義大利人，幾乎沒一個聽得懂講很快的英文，而英文是來賓唯一的共通語言。每次會議的最高潮是名勝古蹟一日遊。因此，除了陳腔老套，很少有機會學到什麼。

威爾金斯抵達時，我已經顯得不耐煩，迫不及待想返回北方。凱爾喀根本誤導我了。在那不勒斯的前六個星期，我總覺得好冷。問題不在於真正的溫度，而是沒有暖氣設備。無論是動物實驗站、或是我住的那間十九世紀六層樓房頂樓的破房間，都沒有絲毫暖意。要是我對海洋動物有一丁點興趣，我倒寧可去做實驗。動來動去做實驗，總比坐在圖書館裡、把腳翹在桌子上暖和多了。有時候，當凱爾喀擺出一副生化學家的姿態時，我便緊張兮兮地站在那裡，有幾天我竟然聽懂了他在說什麼。然而，不管我是否跟得上那些論點，其實都沒差。基因從來就不是他的思想中心，連邊都沾不上。

我大部分的時間都在街上閒逛，或是閱讀早期的遺傳學期刊論文。偶爾我會做做發現基因奧祕的白日夢，但始終沒有像樣一點的靈感，因此難免擔心自己會一事無成。明知道自己來那不勒斯並不是為了工作，但這樣想也沒讓我覺得好過一些。

在那不勒斯時，「我大部分的時間都在街上閒逛……」。

對於這場討論生物巨分子結構的會議，我還抱著一線希望，說不定能從中獲益。雖然我對主宰結構分析的 X 射線繞射技術一竅不通，但我樂觀的以為，口頭辯論總比期刊論文容易理解，那些論文我總是讀不進去。我特別對蘭德爾即將發表的核酸演講感興趣。當時幾乎沒有任何關於核酸分子三維結構的論文發表。可想而知，這件事讓影響了我對化學「隨緣」的態度。既然化學家從未提出任何有關核酸的高見，我又何必興致勃勃的學習那些無聊的化學知識？

不過，當時根本不可能獲得什麼真正的啟發。[2] 關於蛋白質及核酸三維結構的演講，多半是空談。雖然這方面的研究進行了十五年以上，但是大多數的證據都很薄弱。狂熱的晶體學家會信心十足地提出概念；這個領域的概念不容易反駁，他們也因此樂在其中。

因此，儘管幾乎所有的生化學家（包括凱爾喀）都聽不懂 X 射線研究人員的論點，卻很少有人感到不安。沒有理由為了聽懂他們鬼扯，而去學習複雜的數學方法。因此，我的諸位老師怎麼也想不到，我的博士後研究竟然會跟 X 射線晶體學家合作。

不過，威爾金斯並沒有令我失望。他代替蘭德爾出馬這件事，對我來說沒什麼差別：兩人我都不認識。威爾金斯的演講言之有物，卓然出眾，其他人的演講則是和會議宗旨毫不相干。幸好這些演講都是用義大利文，所以就算國外來賓明顯很不耐煩，也不算失禮。有幾位演講者是歐陸生物學家，當時在動物實驗站作客，他們也只是簡短的談談巨分子結構而已。

相形之下，威爾金斯那張 DNA 的 X 射線繞射照片非常切題，演講快結束時，他把照片打在螢幕上。威爾金斯的英語腔調平鋪直敘，不容一絲熱情。當時他提到，那張照片比以往的照片顯示更多細節，事實上可看成是由結晶物質

2　華生的悲觀是有道理的。會中演講包括〈橫紋肌之流變學及其微結構詮釋〉、〈法囊藻中細胞壁與細胞質之關係〉。

葛斯林將絲狀的 DNA 纏繞在彎曲的迴紋針周圍，然後利用化學系的 RayMax 密封 X 射線管，拍攝出下圖顯示的繞射照片。

威爾金斯用來拍攝繞射照片的 X 射線管。

引起的現象。倘若我們知道 DNA 的結構，或許更有利於瞭解基因如何運作[3]。

我突然對化學大感興趣。在威爾金斯演講之前，我本來擔心，基因結構可能非常不規律。不過，現在我知道基因會結晶，因此它們的結構一定是有規律的，可以用簡單的方法解開。我立刻開始琢磨，自己有沒有可能參與威爾金斯的 DNA 研究。演講結束後，我試著去找他。他已經知道的東西，說不定比他演講指出的還要多——如果科學家沒有把握自己絕對正確，往往不願意公開發言。但是我沒機會跟他交談，因為威爾金斯已經不見人影了。

3　2012年，葛斯林回想他看到這張照片的第一眼：「當時……我第一眼看到，那些分散的繞射斑點出現在顯影盤內的底片上，那真是神奇的尤里卡（Eureka）時刻。威爾金斯和我喝了好幾杯雪利酒，那是他珍藏在檔案櫃底下、用來招待貴賓用的！我們發現，如果DNA是基因物質，那我們剛才已經證明：基因會結晶！」

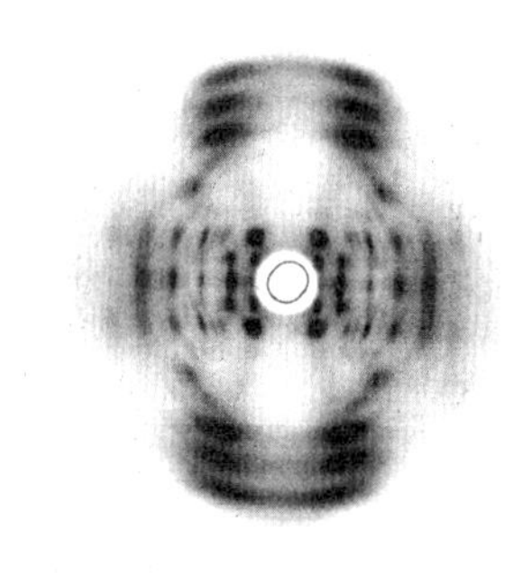

DNA 的 X 射線繞射照片，是威爾金斯與葛斯林在 1950 年拍攝的。威爾金斯在那不勒斯展示的正是這張照片。

佩斯敦（Paestum）神廟建於西元前 530 年至 460 年之間。兩座神廟獻給赫拉女神，第三座神廟獻給雅典娜女神。

直到第二天，所有與會人士遊覽佩斯敦希臘神廟時，我才有機會向威爾金斯自我介紹。在等遊覽巴士時，我開始跟他搭訕，解釋我對 DNA 多麼感興趣。但我還來不及追問威爾金斯，大家就得上車了，於是我和妹妹伊麗莎白坐在一起，她才剛從美國來找我。

到了神廟，大家各自散開，在我又攔下威爾金斯之前，我發現，自己可能走運了。威爾金斯注意到我妹妹很漂亮，不久他們便一起吃午餐。我高興極了。多年來看著伊麗莎白被一票庸才追求，讓我一直不太滿意。突然間，改變她一生的機會來了。我再也不用眼睜睜看著她這輩子注定嫁給凡夫俗子。再說，假如威爾金斯真的喜歡我妹妹，我和 DNA 的 X 射線研究免不了結下不解之緣。威爾金斯先行告退、自己一個人坐，這並沒有讓我覺得沮喪。他顯然很有禮貌，以為我和伊麗莎白有話要說，所以才迴避。

然而，我們一回到那不勒斯，我和他合作的美夢隨即幻滅。威爾金斯只是隨意點個頭，就回他的旅館去了。無論是我妹妹的美貌，還是我對 DNA 結構的濃厚興趣，都打動不了他。看來，我們的前途不在倫敦。於是我動身返回哥本哈根，未來還是繼續逃避生物化學吧[4]。

華生的妹妹伊麗莎白（圖片中間的女子，小名貝蒂）橫渡大西洋，1951 年。

凱爾喀在哥本哈根的生化實驗室。前排從左到右依次為：凱爾喀、賈儂（Audrey Jarnum）、海瑟（Jytte Heisel）、歌瓦瑟（Eugene Goldwasser）、麥可納（Walter McNutt）、赫夫 - 喬根森（E. Hoff-Jorgensen）。後排左起：史坦特、捷爾加（Niels Ole Kjeldgaard）、克雷諾（Hans Klenow）、華生、普萊斯（Vincent Price）。

4 覺得華生的前途不在倫敦的，不只華生一人。從那不勒斯會議回來後，威爾金斯向葛斯林提到華生（形容他是高高瘦瘦的美國青年）。他指示葛斯林，如果華生出現在國王學院，要葛斯林跟他說：威爾金斯「出國了」。

第 5 章
鮑林登台

我開始淡忘威爾金斯，卻忘不掉他的 DNA 照片。破解生命奧祕的潛在關鍵，在我的腦海中揮之不去。我沒辦法詮釋照片，這件事倒沒有令我心煩。想像自己一舉成名，絕對比成為沒有冒險精神、窒礙不前的學究來得好。

韋格爾（Jean Weigle），1951 年。

有個令人振奮的傳聞，聽說鮑林已經解開蛋白質的部分結構，我也大受鼓舞。我聽到這個消息時人正在日內瓦。我在那裡待了好幾天，去拜訪瑞士的噬菌體研究人員韋格爾，他整個冬天都在加州理工學院工作，才剛回到日內瓦。離開美國之前，韋格爾聽了一場演講，鮑林就在演講中宣布了這件事。

鮑林的演講帶有他慣用的戲劇效果。他說話的架式，彷彿在演藝界待了一輩子。他把模型藏在布幕下，直到演講快結束時，才自豪地揭曉他最新製作的模型。然後，鮑林雙眼炯炯有神，講解他的 α 螺旋模型獨特美妙的具體特徵[1]。

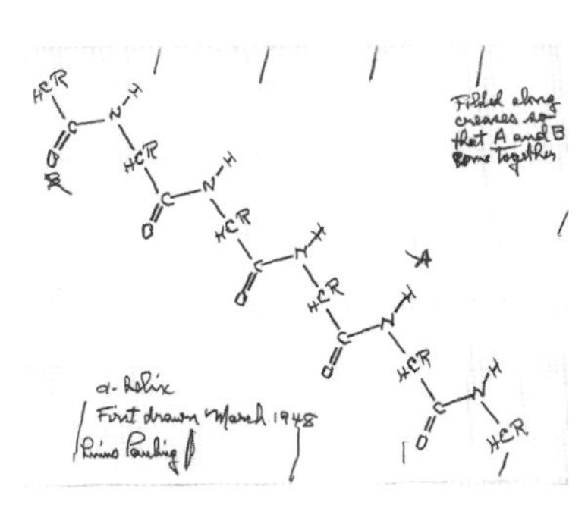

鮑林畫 α 螺旋消磨時間。

1　1948年，鮑林擔任牛津大學客座教授，當他生病躺在病床上時，為了消磨時光，他決定要解開α—角蛋白的結構。利用有關鍵長及鍵角的已知化學原理，他在紙上畫多肽鏈，然後把紙摺起來，使相應的原子群對齊，形成氫鍵。不過他並未發表任何結構，直到1951年，那時鮑林的研究群已經完成胺基酸和小分子胜肽結構的精確測定，使α螺旋模型更加完善。

鮑林和他的原子模型。

如同他所有的演出，這場表演令人眼花繚亂，逗樂了台下的年輕學子。全世界沒有人比得上鮑林。他的驚人才智、加上深具感染力的笑容，簡直是天下無敵。不過，觀賞這場表演的教授同仁卻百感交集。看著鮑林在講台跳上跳下，有如魔術師揮舞著雙臂、準備從靴子裡變出兔子似的，令他們自嘆不如。要是他能表現出一絲謙卑，其他人心裡就會好受多了！由於鮑林自信滿滿，就算他統統是在胡扯，那些為他著迷的學生也永遠不會知道。他的幾位同儕靜靜等著，總有一天，他一定會搞砸什麼大事，摔得灰頭土臉。

可是，當時韋格爾沒辦法告訴我，鮑林的 α 螺旋是否正確。韋格爾不是 X 射線晶體學家，無法對模型做出專業判斷。不過，他有幾位受過化學結構訓練的年輕朋友認為 α 螺旋看起來很漂亮。因此，韋格爾好友的最佳猜測是：鮑林是對的。如果是的話，他又完成了一項意義非凡的壯舉。他將是針對重要生物巨分子結構提出確切見解的第一人。可想而知，在過程中，他可能已經找到絕妙的新方法，可以延伸到核酸研究。不過，韋格爾不記得有什麼絕招。他頂多只能告訴我，α 螺旋的說明很快就會發表。

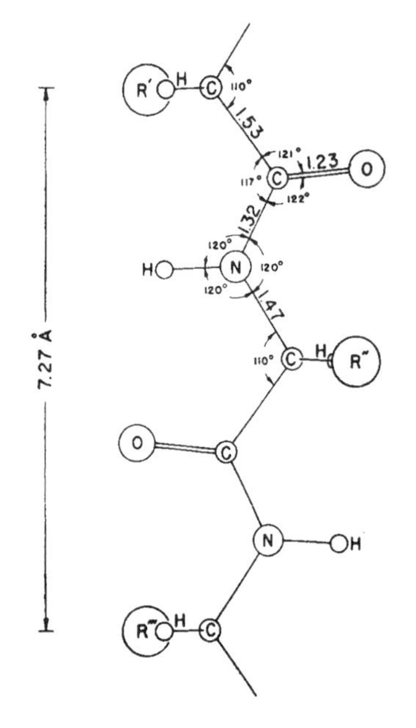

鮑林、柯瑞（Robert Corey）、布蘭森（H. R. Branson）在論文裡所描述的 α 螺旋，刊登於 1951 年 4 月 15 日出刊的《美國國家科學院院刊》。

等我回到哥本哈根，刊登鮑林論文的期刊已經從美國寄達。我很快的拜讀一遍，立刻又重讀一遍。他的語句有一大半超出我的理解範圍，所以我對他的論點只有大概的印象，無法判斷是否合理。我唯一確定的是，文章寫得很有風格。

CONTENTS

Page

Chemistry.—Atomic Coordinates and Structure Factors for Two Helical Configurations of Polypeptide Chains . . . .
By Linus Pauling and Robert B. Corey 235

Chemistry.—The Structure of Synthetic Polypeptides . . . .
By Linus Pauling and Robert B. Corey 241

Chemistry.—The Pleated Sheet, A New Layer Configuration of Polypeptide Chains . . . . . . *By Linus Pauling and Robert B. Corey* 251

Chemistry.—The Structure of Feather Rachis Keratin . . . .
By Linus Pauling and Robert B. Corey 256

Chemistry.—The Structure of Hair, Muscle, and Related Proteins . .
By Linus Pauling and Robert B. Corey 261

Chemistry.—The Structure of Fibrous Proteins of the Collagen-Gelatin Group . . . . *By Linus Pauling and Robert B. Corey* 272

Chemistry.—The Polypeptide-Chain Configuration in Hemoglobin and Other Globular Proteins . . *By Linus Pauling and Robert B. Corey* 282

Biochemistry.—The Interaction of Mucoprotein With Soluble Collagen; An Electron Microscope Study . . . .
By John H. Highberger, Jerome Gross and Francis O. Schmitt 286

Chemistry.—An Hypothesis of Protein Synthesis Potentiated by Citric Acid . . . . *By Sidney W. Fox* 291

Genetics.—An Adenine Requirement in a Strain of Drosophila . . . .
By Taylor Hinton, John Ellis, and D. T. Noyes 293

Genetics.—Absence of Cytosine in Bacteriophage T_2 . *By Alfred Marshak* 299

Mathematics.—On the Generating Functions of Totally Positive Sequences . . . .
By Michael Aissen, Albert Edrei, I. J. Schoenberg, and Anne Whitney 303

Mathematics.—Cohomology Theory of Abelian Groups and Homotopy Theory III . . . . . *By Samuel Eilenberg and Saunders MacLane* 307

Mathematics.—Generalized Riemann Spaces . . . *By Luther P. Eisenhart* 311

Mathematics.—Weierstrass Transforms of Positive Functions . . . . .
By D. V. Widder 315

Psychology.—The Interconversion of Audible and Visible Patterns as a Basis for Research in the Perception of Speech . . . .
By Franklin S. Cooper, Alvin M. Liberman and John M. Borst 318

1951 年 5 月號《美國國家科學院院刊》頁次目錄表，列出鮑林與柯瑞合寫的七篇論文。

過了幾天，下一期的期刊也寄來了，這次又多了七篇鮑林的文章。文句同樣充滿修辭技巧，令人目眩神迷。其中一篇文章的開場白寫道：「膠原蛋白是一種很有趣的蛋白質。」我突然有了靈感，萬一將來我解開 DNA 的結構，寫論文時，開場白可以用「基因對遺傳學家來說很有趣」之類的句子，以區別我和鮑林的思維方式[2]。

2　鮑林的文字風格對華生的影響，在華生與克里克合寫的第二篇DNA論文（1953年5月發表於《自然》期刊）的開頭句子裡，或許也察覺得到：「在活細胞裡，DNA的重要性不容置疑。」

所以我開始發愁，什麼地方可以讓我學習解讀X射線繞射照片？不會是加州理工學院——鮑林太大牌了，哪有閒工夫教一個數學很差的生物學家。我也不想再度遭到威爾金斯的推諉。只剩下英國劍橋了，我知道那裡有個名叫佩魯茲的人，他對生物大分子結構很感興趣，尤其是血紅素蛋白。

於是我寫信給盧瑞亞，提到我最近的愛好，問他知不知道如何安排我進入劍橋實驗室。沒想到，這件事竟然一點問題也沒有。收到我的信函後不久，盧瑞亞去美國安娜堡（Ann Arbor）參加一場小型會議，在那裡遇到佩魯茲的同事肯德魯，當時他正在美國長期訪問。最幸運的是，肯德魯在盧瑞亞心中留下很好的印象；肯德魯和凱爾喀一樣文質彬彬，而且擁護工黨。此外，劍橋實驗室人手不足，肯德魯正在找人和他一起研究血紅素蛋白。盧瑞亞向他保證，說我是合適人選，並且馬上寫信告訴我這個好消息[3]。

肯德魯（John Kendrew）

那時候是8月初，我原先的獎助金只剩一個月就會到期。這代表我不能拖太久，要盡快寫信去華盛頓，跟委員會說我要改變研究計畫。但為了避免事情有變卦的可能，我決定等到正式獲准進入劍橋實驗室再寫信。在我跟佩魯茲當面談過之前，這封尷尬的信

3 在1951年8月9日的信函上，盧瑞亞告訴華生，他和正在印第安納大學訪問的肯德魯談過，說肯德魯「……急著物色像你這樣的人，他有職缺也有經費。」肯德魯將告知佩魯茲，說華生可能會跟他聯絡。盧瑞亞認為，肯德魯和佩魯茲比阿斯特伯里（在里茲大學）或貝爾納（John Desmond Bernal，在倫敦大學伯貝克學院）「更可靠」。除此之外，「……劍橋大學的化學和物理學都很好，遺傳學家很稱職——馬可漢（Roy Markham）人也很好……」

似乎緩一緩比較妥當。到時候，對於在英國希望達成的目標，我也可以說明得更詳細。可是我並沒有馬上動身[4]。

我又回到實驗室，我正在做的二流實驗還挺好玩的。更重要的是，我不想錯過即將召開的脊髓灰質炎（小兒麻痺症）國際會議，到時候會有好幾位噬菌體研究人員來到哥本哈根。想必戴爾布魯克也會來，既然他是加州理工學院教授，可能會有關於鮑林最新技術的進一步消息。[5]

不過，戴爾布魯克並沒有給我什麼啟發。即使 α 螺旋是正確的，在生物學方面也提不出任何高見；他談到 α 螺旋時似乎興趣缺缺。連我提到 DNA 有一張很漂亮的 X 射線照片，他也無動於衷。戴爾布魯克的個性直來直往，但我沒有機會因此而沮喪，因為脊髓灰質炎會議盛況空前。從幾百名代表蒞臨的那一刻起，就有喝不完的免費香檳（部分由美方贊助），藉以消除國際間的隔閡。

哥本哈根蒂沃利公園（Tivoli Gardens）的一間酒吧，1952 年。

4　1951 年 7 月 14 日，華生在寫給妹妹的信函上說，「我更確定了，下年度會去劍橋。」華生決定去劍橋，卻沒有事先跟NRC的默克獎助金委員會講清楚，此舉將導致他在劍橋前六個月期間的紛紛擾擾。

整星期每晚都有酒會、晚宴、夜遊，去海邊的酒吧。這是我的上流生活初體驗，在我的心目中，這種生活和腐敗的歐洲貴族脫不了關係。我漸漸體會到一件重要的事實：科學家的社交生活，可能和學術生活一樣引人入勝。我興致勃勃，出發前往英國。

5　1951 年 9 月，脊髓灰質炎國際會議在哥本哈根召開，傑尼（Neil Jerne）在家裡辦派對。華生坐在地板上，身旁女子為戈德瓦塞爾（Florence Goldwasser）。傑尼端著啤酒杯，坐在華生左側。馬婁坐在後方的沙發上，摟著華生的妹妹伊麗莎白。我們從當時以另一個角度拍攝的照片得知，凱爾喀和萊特正好在鏡頭的左側，沒有被拍到。傑尼後來成為傑出的免疫學家，於 1984 年獲得諾貝爾醫學獎。

第6章
尋找落腳處

午餐過後，佩魯茲在他的辦公室接見我。肯德魯還在美國，但佩魯茲對我的到來並不意外，因為肯德魯事先寫了短箋給他，提到下年度可能會有一位美國生物學家與他共事。

我跟佩魯茲說，我對X射線繞射一竅不通，但他立刻叫我放輕鬆。他要我放心，用不著學什麼高深的數學：他和肯德魯念大學時都主修化學。我只要讀一讀晶體學教科書就夠了，這樣我懂的理論便足以開始拍攝X射線照片。舉個例子，佩魯茲提到，他才用了一天的工夫就拍攝到關鍵照片，用來測試鮑林α螺旋的簡單概念，證實了鮑林的預測。我根本聽不懂佩魯茲在說什麼。我連布拉格定律（晶體學最基本的概念）都沒聽過。[1]

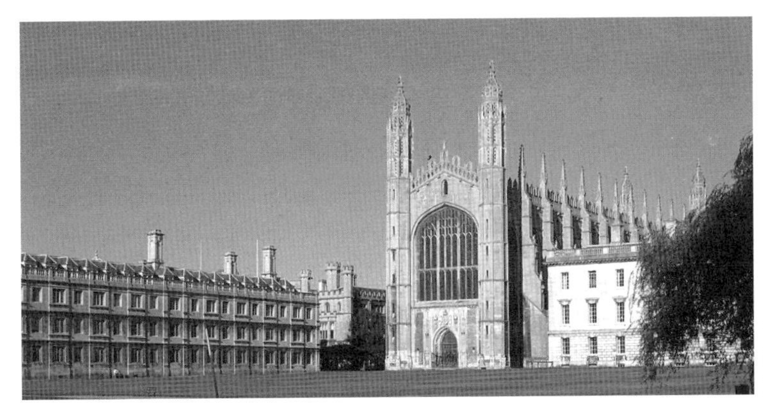

從後園 (the backs) 拍攝劍橋國王學院禮拜堂

1　佩魯茲已經領悟，假如α螺旋是正確的，就會在胺基酸上產生1.5埃（Å）的特徵反射圖案，沿著多肽鏈重複出現。佩魯茲設置相機和捲成圓筒狀的底片，以馬毛為樣本，果然找到證實鮑林模型的特徵反射圖案。這項成果發表於1951年6月30日的《自然》期刊。

然後我們出去散步，順便四處看看未來這一年的可能住所。當佩魯茲得知，我是直接從車站去實驗室、還沒看過任何學院時，他改道帶我穿越國王學院，從後園走到三一學院的巨庭。我這輩子從來沒看過這麼漂亮的建築物，倘若我對離開安逸的生物學家生活有過一絲猶豫，此刻也都煙消雲散了。因此，當我看了幾棟有學生房間出租、濕氣很重的房子時，我也只是略顯失望而已。我讀過狄更斯的小說，知道我不會遭遇到連英國人都無法接受的命運。事實

劍橋三一學院巨庭（Great Court）

劍橋克萊爾學院（Clare College）

上，我在耶穌草坪（Jesus Green）一棟兩層樓房裡找到一個房間，地點絕佳，走路到實驗室不用十分鐘，當時還覺得自己運氣很好。[2]

隔天早上，我又回到卡文迪西實驗室，因為佩魯茲要我會見小布拉格爵士。佩魯茲打電話到樓上說我來了，小布拉格爵士便離開他的辦公室下樓，和我聊了幾句，然後告退，與佩魯茲私下交談。幾分鐘後，他們又出現了，小布拉格正式應允，讓我在他的指導下工作。這場會面是不折不扣的英國式作風，我暗自推斷，小布拉格這位蓄著白鬍子的大人物，現在應該大半日子都耗在倫敦的雅典娜咖啡廳之類的文藝俱樂部裡吧。[3]

倫敦雅典娜（Athenaeum）俱樂部咖啡廳，1950年代。

2　華生對劍橋的第一印象，在1951年9月所寫的信函上有生動的描述，當時他剛拜訪過佩魯茲，正在返回哥本哈根途中。華生站在倫敦的郵局裡寫信給妹妹，顯然對劍橋深深著迷：「印象最深刻的是劍橋的學院——某種程度上，劍橋是我去過最美麗的城市……我相信我會非常喜歡英國。」

3　華生在寫給妹妹的信函上所描述的小布拉格，比《雙螺旋》書上的更傳神：「小布拉格個子矮小、微胖，令人聯想起漫畫人物布林姆上校（Colonel Blimp）。」（1951年9月）

雅典娜紳士俱樂部於1824年在倫敦成立，會員都是專業人士，尤其是科學家、工程師、醫生，但也包括神職人員、作家、藝術家、律師；達爾文與狄更斯也是會員。佩魯茲曾經描述，他和肯德魯的研究前途，是在雅典娜俱樂部裡決定的：「依照慣例，小布拉格與英國醫學研究委員會祕書長梅蘭比爵士（Sir Edward Mellanby）在雅典娜俱樂部的午宴上碰面。小布拉格解釋說，肯德魯和我正在尋寶，成功的機會非常渺茫，但是，萬一我們真的成功了，我們的成果將對生命在分子尺度上的運作方式提供深刻的見解。即便如此，可能還要再等一段漫長的時間，才能為醫學帶來直接的利益。梅蘭比願意冒險一試。」

我以前從來沒想過，自己竟然會接觸到這位傳奇人物。小布拉格大名鼎鼎，早在一次大戰前，他已經研究出布拉格定律，因此我還以為，他必然處於退休狀態，恐怕對基因根本不在乎。我畢恭畢敬，感謝小布拉格接納我，並且告訴佩魯茲，我會在三星期之內回來，趕上秋季第一學期開學。然後我便返回哥本哈根，收拾幾件衣服，也把我有望成為晶體學家的好運告知凱爾喀。

凱爾喀非常夠意思。他幫我寫信給華盛頓的獎助金委員會，說他極力支持我變更研究計畫。同時我也寫信到華盛頓，坦言我正在做的病毒繁殖生化實驗，頂多只是有趣而已，沒什麼深度。我認為傳統生物化學無法告訴我們，基因如何運作，所以我打算放棄。我跟他們說，我現在知道，X 射線晶體學才是遺傳學的關鍵。我請求他們准許我將研究計畫轉到劍橋，這樣我就可以在佩魯茲的實驗室工作，學習如何從事晶體學研究。[4]

我看不出留在哥本哈根等候批准有什麼意義。待在那裡，只是白白浪費時間而已。一個星期前，馬婁離開了，他要去加州理工學院工作一年，我對凱爾喀那套生化研究還是絲毫不感興趣。嚴格來說，離開哥本哈根當然是違反規定。但反過來說，我的請求不太可能遭到拒絕。大家都知道，凱爾喀的狀況不穩定，華盛頓那邊一定早就懷疑，我還想在哥本哈根待多久。若直接明講凱爾

> I should like to write in behalf of Dr. Watson and his decision to study physics of high-molecular compounds. Dr. Watson and I have discussed various alternatives for some time and I have contributed towards encouraging him to use the second year of his fellowship to study at another laboratory.

摘自凱爾喀寫給 NRC 拉普博士的信函，1951 年 10 月 5 日。

4 1951 年 10 月 5 日，熱心的凱爾喀寫信給 NRC 默克獎助金委員會的拉普博士（Dr. C. J. Lapp）。「由於華生博士在選擇本身的研究主題上展現了充分的判斷能力，他決定在劍橋大學佩魯茲博士的指導下研習，我深表贊同，值得全力支持。」華生自己也寫了信函，後果則在未來的幾個月裡呈現，如同正文所提到的，以及附錄三所描述的細節。

喀不在實驗室，恐怕有失風度，而且也沒必要。

當然，我毫無心理準備，竟然會收到拒絕批准的信函。我回到劍橋十天之後，凱爾喀將令人失望的消息轉寄給我（信函本來是寄到我在哥本哈根的地址）。獎助金委員會不同意我轉到別的實驗室，說我在完全沒準備的情況下就去，對我沒好處。他們要我重新考慮我的計畫，因為我資格不符，無法從事晶體學研究。不過，如果我申請轉到斯德哥爾摩的卡斯帕森（Caspersson）細胞生理學實驗室，獎助金委員會倒是樂觀其成。

問題的根源太明顯了。獎助金委員會的主席已經換人，不再是生化學家克拉克（Hans Clarke），他是凱爾喀的好友，當時正準備從哥倫比亞大學退休。結果，我的信函落入「指導年輕人不遺餘力」的新任主席手裡。他覺得我太過分了，因為我說研究生物化學對我沒好處，這讓他很火大。我只好寫信向盧瑞亞求援。他和新主席有過數面之緣，所以我的決定若換個適當的說法，說不定新主席會回心轉意。[5]

起初有跡象顯示，盧瑞亞的介入頗有轉圜的機會。盧瑞亞的來信令我大為振奮，他說，如果我們願意低頭認錯，事情或許可以圓滿解決。我打算寫信到華盛頓，說我想去劍橋的一大誘因是馬可漢在那裡，他是研究植物病毒的英國生化學家。對於這套說詞，馬可漢倒是不以為意，當時我走進他的辦公室跟他套招，說他可能會收到一位模範生，絕對不會把他的實驗室塞滿實驗儀器來煩他。他把這套計謀當成美國人不懂

馬可漢參加1953年冷泉港定量生物學病毒研討會。

5　1951年10月16日，華生寫信給妹妹：「他們不明白我為什麼要離開哥本哈根，所以不同意我去劍橋……我已經寫信拜託盧瑞亞幫我處理這件事……他希望我和佩魯茲合作，所以我知道他會幫我爭取。我不想再操心這件事了。」後來他又寫了一封信給妹妹（1951年11月28日），信中指出，「新主席」是奧地利籍細胞生物學家韋斯（Paul Weiss），在芝加哥大學任教，並提到韋斯對於華生的意圖「……大表不滿」。

規矩的絕佳範例。儘管如此，他還是答應會配合這套胡謅的說詞。[6]

有了馬可漢做後盾，保證不會告密。於是我恭恭敬敬寫了一封長信寄到華盛頓，列舉出我和佩魯茲、馬可漢合作會有什麼好處。我在信尾正式透露消息，說我人已經在劍橋了，並且會待在那裡，直到委員會做出決定為止，我覺得這樣顯得很有誠意。可是華盛頓的新任主席並不買帳，從寄到凱爾喀實驗室的回信中可見端倪。信函上說，獎助金委員會正在考慮我的案件，一有決議就會通知我。這麼一來，我去兌現每個月初仍寄到哥本哈根的支票，似乎不是很妥當。

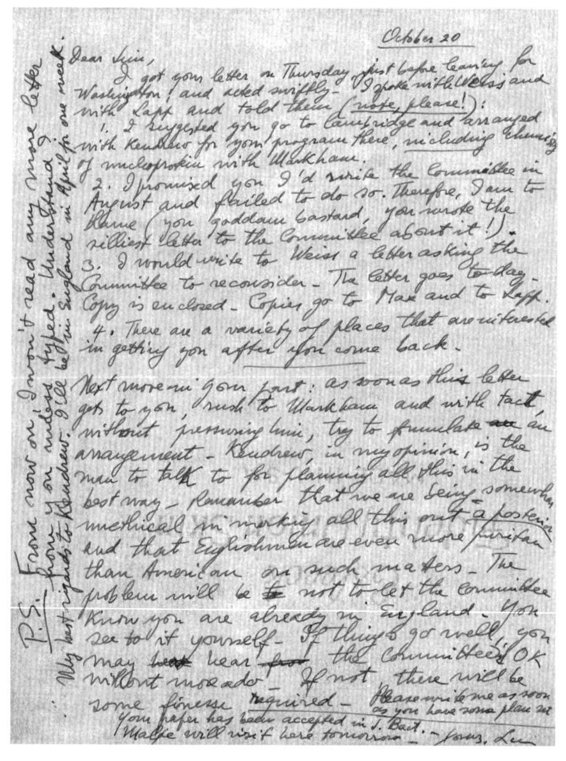

October 20

Dear Jim,

I got your letter on Thursday just before leaving for Washington, and acted swiftly. I spoke with Weiss and with Lapp and told them (note, please!):

1. I suggested you go to Cambridge and arranged with Kendrew for your program there, including chemistry of nucleoprotein with Markham.

2. I promised you I'd write the Committee in August and failed to do so. Therefore, I am to blame (you goddam bastard, you wrote the silliest letter to the Committee about it!).

3. I would write to Weiss a letter asking the Committee to reconsider. The letter goes today. Copy is enclosed. Copies go to Max and to Lapp.

4. There are a variety of places that are interested in getting you after you come back.

Next move on your part: as soon as this letter gets to you, rush to Markham and with tact, without pressuring him, try to formulate ~~an~~ an arrangement. Kendrew, in my opinion, is the man to talk to for planning all this in the best way. Remember that we are being somewhat unethical in working all this out a posteriori and that Englishmen are even more puritan than American on such matters. The problem will be ~~to~~ not to let the Committee know you are already in England. You see to it yourself. If things go well, you may ~~hear~~ hear ~~from~~ the Committee's OK without more ado. If not, there will be some finesse required. Please write me as soon as you have some plan set.

Your paper has been accepted in J. Bact. Maaløe will visit here tomorrow. — Yours, Lu

P.S. From now on I won't read any more letter from you unless typed. Understand? My best regards to Kendrew. I'll be in England in April for one week.

盧瑞亞寫給華生的信函，1951年10月20日。

6　盧瑞亞的來信提到，需要做哪些事情才能安撫韋斯及NRC默克獎助金委員會。華生與NRC之間的溝通，盧瑞亞很不滿意：「你這該死的混蛋，你寫給委員會的信函愚蠢至極！」盧瑞亞還在信尾語重心長地補充，暗指華生字跡潦草：「從今往後，除非是打字，否則我不會再看你寄來的任何信函了。懂不懂？」

幸好，未來一年研究DNA可能拿不到經費，只是讓我很煩惱，還不至於餓死。我在哥本哈根一年可領到3,000美元獎助津貼，是手頭寬裕的丹麥學生生活費的三倍之多。即便我得幫妹妹支付新買的兩套巴黎時尚套裝，也還剩下1,000美元，足夠我在劍橋生活一年。

我的房東太太也很「幫忙」，我還沒住滿一個月，就把我攆出去了。我的主要罪狀是晚上九點以後進屋沒脫鞋，那是她老公上床睡覺的時間。還有，我偶爾會忘記禁令，這段時間不准沖馬桶，更糟的是，晚上十點以後我還出門。那時候，劍橋所有的商店都打烊了，所以我的動機很可疑。幸好肯德魯夫婦替我解圍，讓我住在他們於網球場路住處的小房間裡，幾乎不收取任何租金。[7] 房間潮濕無比，只有一個老舊的電爐可取暖。儘管如此，我還是欣然接受他們的好意。雖然看起來簡直是在歡迎肺結核光臨，但是和朋友住在一起，絕對遠比我在這最後關頭可能找到的任何住所還強。所以，我毫無怨言，決定待在網球場路，直到經濟狀況改善為止。[8]

7 華生從一開始就對自己的住處有疑慮。1951年10月9日，他寫信給妹妹：「我住的地方還過得去，不過很沉悶。我懷疑自己能撐多久，因為房東太太似乎希望屋子裡寂靜無聲，她很不高興我想要十點半以後才回來。等我找到更吸引人的住處，搬走何難之有。」
正如華生稍後（1952年1月28日，誤寫為1951年）寫給妹妹的信函上所描述的，後來情況有所改善：「我住的地方算不上安穩，但是好一些。我住在肯德魯家，屋子裡沒什麼家具，不過氣氛很愉快，所以和住在以前的房東太太家比起來，我過得好多了。」

8 儘管住的問題讓華生很傷腦筋，但他很快就在劍橋的文化生活方面找到許多樂趣，他在1951年11月4日寫給妹妹的信函上提到：「劍橋正如想像中那樣，表面上很平靜。所有的商店晚上很早就打烊了，沒有皇家咖啡館（Cafe Royal）之類的酒吧。不過生活並不平淡……星期四晚上，我去當地劇院看艾略特（T. S. Eliot）的《雞尾酒會》。我不得不承認，我不太喜歡那齣戲劇，不過我那天晚上還是很開心。艾略特試圖解決生命的問題，我覺得不太滿意——尤其是，我並沒有成為聖人的傾向。也許這齣戲劇與其用看的，還不如用讀的。從電影的角度來看，劍橋也相當不錯，因為這裡大概有八家電影院。其中至少有兩家放映外國電影或『知性』電影，我發現，那些電影我恐怕沒時間看了。明天晚上，鋼琴家赫斯（Myra Hess）有一場奏鳴曲演奏會，下星期，田納西·威廉斯（Tennessee William）的《夏日煙雲》（*Summer and Smoke*）將在藝術劇院演出。」

第 7 章
激盪

從進實驗室的第一天起，我就知道，自己有很長一段時間不會離開劍橋了。白痴才會離開，因為我馬上就發現跟克里克聊天的樂趣。[1] 我運氣真好，竟然在佩魯茲的實驗室裡找到一個知道 DNA 比蛋白質更重要的人。而且，這對我來說是一大解脫，因為我不想把時間統統花在學習「利用 X 射線來分析蛋白質」上。「基因如何組成」很快就成為我們午餐時的焦點話題。我來到劍橋才不過幾天，我們就知道要做什麼了——仿效鮑林，然後用他自己的遊戲規則擊敗他。

華生、克里克與卡文迪西研究群合照，1952 年。

鮑林在多肽鏈方面的成就，自然而然令克里克聯想到，同樣的招數或許也能用在 DNA 上。但由於克里克身邊沒有人認為 DNA 是一切問題的核心，加上與國王學院實驗室之間的潛在個人糾紛，使他不敢貿然著手研究 DNA。再說，就算血紅素不是最重要的問題，克里克在卡文迪西這兩年，肯定也沒閒著。涉及蛋白質的問題層出

1 在寫給戴爾布魯克的信函中，華生提到克里克時顯得很興奮（1951年12月9日）：「研究群裡最有趣的成員是一位研究生，名叫克里克……他無疑是我共事過最聰明的人，也是我見過最逼近鮑林的人……他講話或思考從來沒停過，由於我下班時間多半泡在他家裡（他的法國妻子非常迷人，而且廚藝高超），我發現自己一直處於激動狀態。」
克里克也明確提到，經常跟華生聊天的重要性：「萬一華生被網球擊斃，我敢確定，我恐怕無法獨自解開DNA的結構。」

不窮，需要對理論有興趣的人來解決。

但現在，因為我在實驗室裡一天到晚談論基因，使得克里克不再將他對於DNA的想法置諸腦後。即便如此，他也不打算放棄他在實驗室其他問題方面的興趣。假如他每星期只花幾個小時思考DNA，幫我解決天大的重要問題，應該沒有人會在意。

到頭來，肯德魯很快就明白，我不太可能幫他解開肌紅素的結構。由於他沒辦法培養出大型馬的肌紅素晶體，所以原本期望我的手比他靈巧。不過，很容易就看得出來，我的實驗室操作技巧比那位瑞士籍的化學家還不如。

克里克與華生在劍橋後園散步（1952年）。遠處為國王學院禮拜堂，左側為克萊爾學院。

我來到劍橋大約兩個星期之後，為了製備新的肌紅素，我們去當地的屠宰場尋找馬的心臟。只要立刻冷凍這顆原屬於賽馬的心臟，運氣好的話，可以避免肌紅素分子受損而無法結晶。但我後來試了好幾次結晶作用，成果並沒有比肯德魯的好到哪裡去。某種程度上，我幾乎是鬆了一口氣。萬一結晶成功，肯德魯搞不好會叫我去拍X射線照片。[2]

肯德魯正在建構肌紅素模型，1958年。

2　肯德魯從1947年開始研究肌紅素（myoglobin），其大小為血紅素（hemoglobin）的四分之一。他在測試過海豹、企鵝、儒艮的肌紅素之後，直到1952年才發現，抹香鯨的肌紅素可以產生夠好的晶體，以便進行X射線分析。肯德魯於1958年發表低解析度的肌紅素結構，他和佩魯茲共同獲得1962年諾貝爾化學獎。

1948 年，托德和鮑林划小船遊康河（River Cam）。

因此，我每天都和克里克暢談至少幾個小時，沒有什麼要緊事阻止得了我。時時刻刻都在思考，連克里克也會受不了，所以當他自己的方程式解不出來時，常常會來汲取我的噬菌體知識。其他時候，克里克會盡力幫我充實晶體學知識，那些知識通常只能靠苦讀專業期刊才學得到。有些特別重要的論點一定要知道，才能搞清楚鮑林如何發現 α 螺旋。

我很快就學會，鮑林的成就靠的是常識，而不是靠複雜的數學推論。他的論述偶爾會穿插幾道方程式，但大多數的情況用文字描述就夠了。鮑林的成功關鍵，在於善用簡單的結構化學定律。α 螺旋可不是光盯著 X 射線照片就能發現的；相反的，訣竅在於探討原子之間的排列方式。鮑林的主要研究工具不是紙和筆，而是一套分子模型，看起來活像是幼稚園小朋友的玩具。

因此，我們看不出理由，為什麼不能用同樣的方法來破解 DNA 的結構。我們只要建構一套分子模型來玩玩看就行了——運氣好的話，結構說不定是螺旋型。其他型態都複雜多了。在排除簡單答案的可能性之前就擔心答案會很複雜，簡直是自討苦吃。鮑林肯定不是在一團混亂中找出答案的。

我們從一開始便假設，DNA 分子含有數量龐大的核苷酸，以有規律的直線方式互相連結。我們的推論，有一部分也是為了把事情簡化。雖然鄰近的托德實驗室裡的有機化學家認為，基本的排列方式是這樣沒錯，但是要從化學的角度，證明所有核苷酸之間的鍵結都一模一樣，還有很長的路要走。[3] 然而，如果情況不是那樣，我們想不出 DNA 分子如何堆疊、形成晶體聚集物（crystalline aggregates），那是威爾金斯與富蘭克林正在研究的。因此，除非我們發現將來所有的路都行不通，否則上上之策還是想成，糖—磷酸骨幹的排列很有規律，並且找出螺旋的三維結構，其中所有的骨幹原子團都具有相同的化學環境。

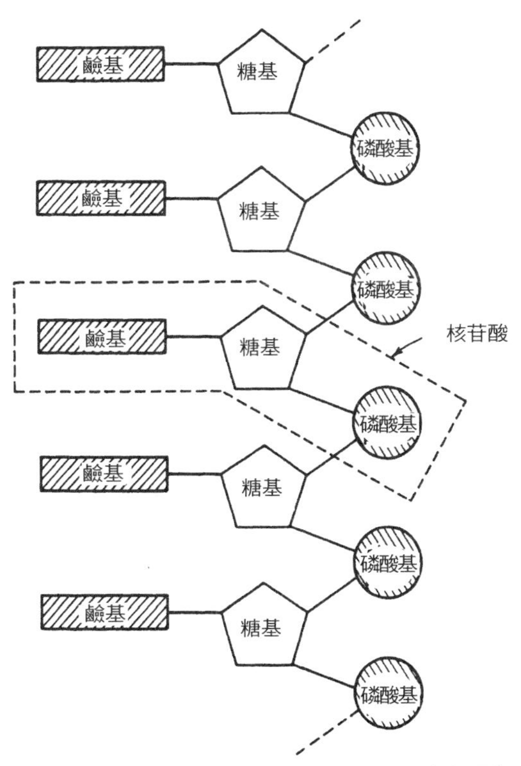

圖為 1951 年，托德（Alexander Todd）研究群設想中的 DNA 片段。他們認為，所有核苷酸之間的鍵結，都是磷酸二酯鍵（phosphodiester bonds），將糖基的第五號碳原子，與相鄰核苷酸中糖基的第三號碳原子連結在一起。有機化學家關心的是原子如何互相連結，原子三維結構的問題，則留待晶體學家解決。

3　托德是劍橋大學有機化學教授，以合成維生素B1、B12聞名，並因而獲得1957年諾貝爾化學獎。1950年代初，當時托德正在研究核苷酸，判斷它們如何連結成為多核苷酸鏈。

我們馬上就看出來，DNA 的結構可能比 α 螺旋的更複雜。在 α 螺旋中，單一多肽鏈（一連串的胺基酸）摺疊成螺旋架構，是藉由同一條鏈上原子團之間的氫鍵來連結的。不過，威爾金斯曾經告訴克里克，和只有一條多核苷酸鏈（一連串的核苷酸）的直徑相比，DNA 分子的直徑比較寬。這讓他想到，DNA 分子應該是複合螺旋，是由數條多核苷酸鏈相互交纏所組成的。如果屬實，在我們開始認真建構模型之前，必須先判定，多核苷酸鏈究竟是藉由氫鍵、還是藉由鹽鍵（帶負電的磷酸根）來連結。

更複雜的是，已知 DNA 中有四種核苷酸。由此可見，DNA 不是有規律的分子，而是極不規律的分子。不過，這四種核苷酸並非截然不同，因為每一種都含有同樣的糖基及磷酸基成分。它們的獨特之處在於含氮鹼基，有的是嘌呤（腺嘌呤、鳥嘌呤），有的是嘧啶（胞嘧啶、胸腺嘧啶）。但由於核苷酸之間的

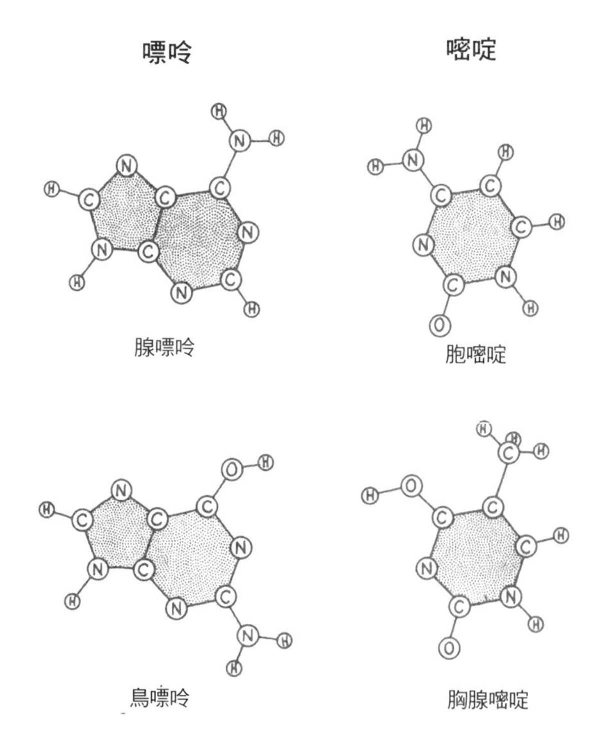

1951 年左右，四種 DNA 鹼基的化學結構通常畫成如圖所示。因為五元環和六元環上的電子不是定域電子，因此每個鹼基的形狀都是平平的，厚度為 3.4 埃。

鏈結只涉及磷酸基和糖基的原子團，所以不會影響到我們的假設，亦即所有核苷酸之間的連結，都是藉由同一種化學鍵。因此，在建構模型時，我們會假設糖—磷酸骨幹很有規律，而鹼基的排列順序必然是很不規律。如果鹼基序列都一樣，所有的 DNA 分子就會一模一樣，那基因之間就不存在任何差異了。

雖然鮑林在發現 α 螺旋的過程中，幾乎沒有用到 X 射線證據，但他知道有這些證據，並且或多或少曾將它們列入考慮。既然有 X 射線資料，多肽鏈三維架構的多種可能性，有不少很快就被排除了。至於結構更難以捉摸的 DNA 分子，精確的 X 射線資料應該可以讓我們加快腳步前進。只要檢視 DNA 的 X 射線圖，應該可以避免一開始就走錯方向。幸運的是，發表文獻中已經有差強人意的 DNA 照片[4]。那是英國晶體學家阿斯特伯里在五年前拍攝的，可以用來當成我們一開始的依據。[5] 要是能拿到威爾金斯那些品質更佳的晶體照片，說

4　DNA 的 X 射線繞射照片，如下方的兩張圖。左下圖為貝爾（Florence Bell）在 1938 年拍攝的（引用自她的博士論文）。右下圖為威爾金斯與葛斯林在 1950 年拍攝的照片（詳見第 38 頁）。威爾金斯與葛斯林的照片解析度有很明顯的改善。

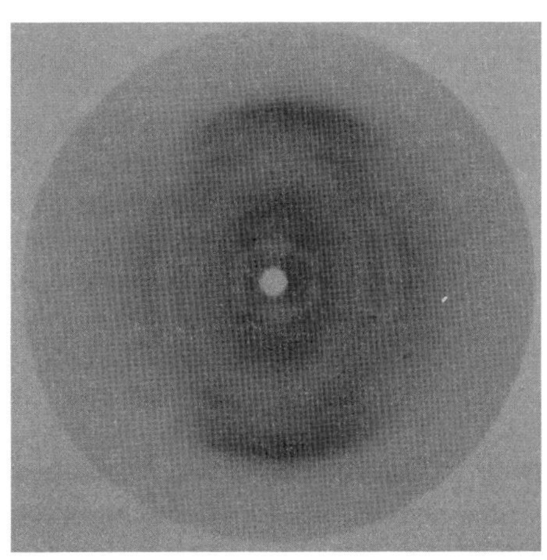

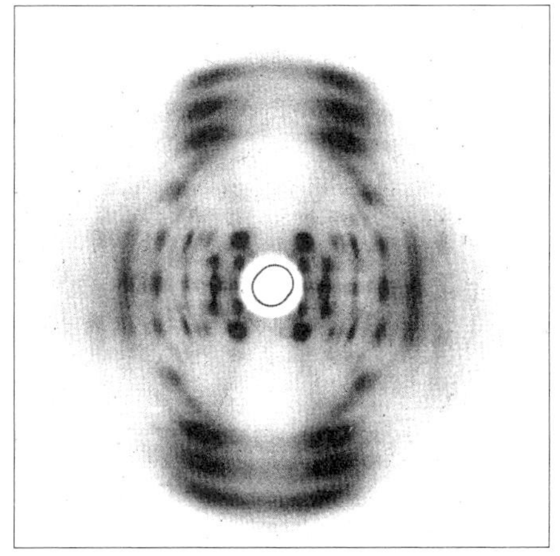

阿斯特伯里，1950 年代。

不定可省下我們六個月到一年的功夫。可是照片在威爾金斯手上，我們只能乾著急，卻也無可奈何。

除了找威爾金斯談談，沒有別的辦法了。沒想到，克里克竟然有辦法說服威爾金斯來劍橋度週末。用不著勉強威爾金斯同意「結構是螺旋型」的結論，此猜測不僅顯而易見，而且夏天時在劍橋舉行的會議上，威爾金斯也提過螺旋的字眼。在我第一次來劍橋的大約六個星期前，他曾展示 DNA 的 X 射線繞射照片，照片上的經線明顯缺乏反射點。他的理論學家同事史多克斯跟他說過，這正是符合螺旋的特徵。由於這項結論，威爾金斯懷疑，螺旋可能由三條多核苷酸鏈構成。[6]

5 1920年代，阿斯特伯里在英國皇家研究院（Royal Institution）與老布拉格共事。阿斯特伯里在1928年轉往里茲大學，首開先例研究天然物質的結構，例如羊毛、頭髮、豪豬刺等。
貝爾於1937年加入阿斯特伯里的研究陣容，在卡文迪西及曼徹斯特大學物理系進行研究。她在1939年以DNA研究獲得博士學位。

6 華生寫信給妹妹，提到威爾金斯來訪。他說威爾金斯「……顯得很親切，有時看起來有點滑稽，因為他每個動作都要想半天。」（1951年11月14日）

但是，我們認為，用鮑林的模型建構方式可以迅速解開DNA的結構，威爾金斯對此不表贊同（至少在獲得更多的X射線證據之前）。我們的話題反而大多集中在富蘭克林身上。她製造的麻煩愈來愈多了。現在她堅持，連威爾金斯本人都不准拍攝DNA的X射線照片。為了和富蘭克林達成協議，威爾金斯這下虧大了。他把自己原先研究中所有良好的DNA晶體都交給她，並且同意自己的研究只限於其他的DNA，後來他才發現，其他的DNA根本無法結晶。[7]

阿斯特伯里（前排左二）與貝爾（前排中），1939年。

7 「良好的DNA晶體」是由瑞士化學家塞納（Rudolph Signer）製備的。富蘭克林接管這些樣本之後，威爾金斯開始研究查加夫提供的DNA，結果大失所望，他發現查加夫提供的DNA無法產生晶體纖維。

事情甚至到了富蘭克林不肯將她的最新成果告訴威爾金斯的地步。威爾金斯想要知道她的進度，最快也要等到三個星期之後（11 月中旬）。富蘭克林已經排定要在那時候演講，報告她過去六個月來的研究成果。當威爾金斯說，很歡迎我去聽富蘭克林的演講時，我自然很高興。我第一次真正有了學習晶體學的動機：我可不想聽不懂富蘭克林在講什麼。

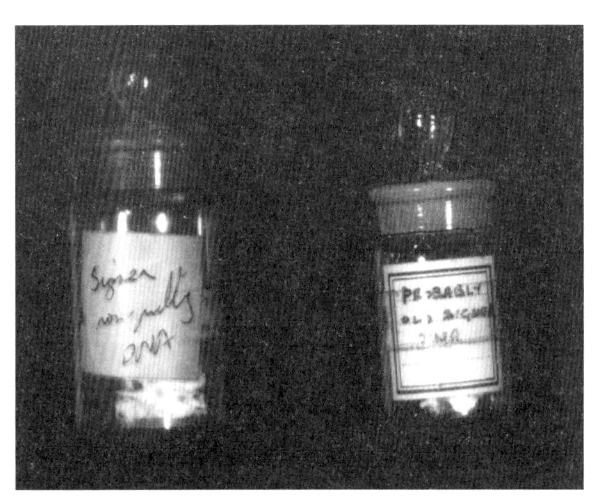

小瓶子裡裝有塞納提供給威爾金斯的 DNA，1950 年。

威爾金斯，1950 年代。

第 8 章
鬧翻

怎麼樣也想不到，還不到一個星期，克里克對 DNA 頓時變得意興闌珊。原因是，他決定要譴責某位同事忽視他的想法。受譴責的不是別人，正是他的指導教授。

這件事發生在我來劍橋還不到一個月的時候，在某個星期六的早上。在前一天，佩魯茲將小布拉格和他本人合寫的最新手稿拿給克里克看，內容是探討血紅素分子的形狀。克里克很快的翻閱內容，看得他火冒三丈，因為他發現，其中有些論述是根據他九個月前提出的理論概念。更糟的是，克里克記得自己曾經興高采烈的把這個概念告訴實驗室裡的所有人。然而，他的貢獻竟然沒有被納入致謝名單。[1]

小布拉格爵士攝於卡文迪西實驗室的辦公桌前。

克里克很生氣，立刻去找佩魯茲和肯德魯理論，之後又衝去小布拉格的辦公室，就算他不肯道歉，至少也要討個說法。但當時小布拉格正好在家裡，克里克不得不等到隔天早上。不幸的是，這點緩衝時間，並沒有讓他的據理力爭更順利。

1　這項研究成果在1952年發表成三篇論文。其中只有一篇論文感謝克里克的協助：「我們要感謝……克里克先生與赫胥黎先生協助拍攝某些必要的照片。」

小布拉格爵士斷然否認克里克先前提過那些理論，而且克里克影射他以不正當的手段引用其他科學家的概念，這對他是莫大的侮辱。另一方面，令克里克難以置信的是，小布拉格竟然會這麼遲鈍，對自己一再提到的概念充耳不聞，克里克還把這些話當面告訴小布拉格。兩人根本談不下去，不到十分鐘，克里克憤而離開教授的辦公室。

小布拉格和克里克的關係本來就不太好，這場會面，似乎是導致兩人攤牌的最後一根稻草。此事暴發的幾個星期前，小布拉格進實驗室時，因為前一晚想到的概念而情緒激昂，這個概念後來也納入他和佩魯茲合寫的論文裡。他向佩魯茲與肯德魯說明概念時，克里克恰巧也在場。克里克並沒有馬上接受這個概念，反而說他要回去看看小布拉格說得對不對，這話讓小布拉格聽來很不是滋味。事到如今，小布拉格已經忍無可忍，血壓高到不行，回到家八成會告訴他老婆，這個問題小子最近幹了什麼荒唐事。

對克里克來說，最近的這場衝突則是大難臨頭，他回到實驗室時看來很不安。小布拉格下逐客令時，怒氣沖沖跟他說，等他修完博士班課程，自己會慎重考慮，到時候要不要在實驗室給他留個位置。克里克顯然很擔心，自己可能很快就得另謀新職。後來我們在老鷹酒吧吃午餐（他常去那裡吃飯），他悶悶不樂，少了慣有的笑聲。

老鷹酒吧（the Eagle）的庭院，酒吧位於本篤街（Bene't Street），距離卡文迪西實驗室只有數百公尺之遙，1937 年。

他的擔憂並非沒有道理。雖然他知道自己很聰明，有能力提出新穎的概念，但他並沒有值得誇口的學術成就，而且還沒有拿到博士學位。他來自殷實的中產階級家庭，被送到米爾希爾中學念書。後來他在倫敦大學學院就讀物理學系，戰爭暴發時，他已經在攻讀更高的學位。

克里克在倫敦大學學院的屋頂上透氣。

和幾乎所有英國科學家一樣，他也投入戰爭，成為海軍部科學研究機構的一員。他在那裡工作十分賣力，雖然很多人受不了他的滔滔不絕，但為了打贏戰爭，加上他製造精妙的磁性水雷頗有功勞，大家姑且不計較。[2] 不過，戰爭一結束，有些同事認為留他沒什麼用處，有一陣子讓他覺得，當科學公務員毫無前途可言。

此外，他對物理學已經毫無興致，決定改念生物學。在生理學家希爾的協助下，他獲得一小筆獎學金，於 1947 年秋季來到劍橋。[3]

2　倫敦大學學院的物理學實驗室在戰爭期間關閉，遷移至北威爾斯大學學院（University College of North Wales），現已改名為班格爾大學（Bangor University），當時與該校物理系共用實驗場地。克里克接受徵召，進入英國海軍部研究實驗室（Admiralty Research Laboratory），被分派至水雷設計部門。他在戰爭年代成功設計出水雷發射機制。

3　希爾（A. H. Hill，右圖）是肌肉生理學家，為1922年諾貝爾生理醫學獎得主，他建議克里克從事生物學研究。

起初他在史傳濟威實驗室從事純生物學研究，但這顯然微不足道，兩年後，他轉往卡文迪西實驗室，加入佩魯茲與肯德魯的研究陣容。[4,5] 他在那裡重新燃起對科學的熱情，並且終於下定決心要拿個博士學位。於是他在凱斯學院註冊成為研究生，請佩魯茲擔任他的指導教授。[6] 某方面來說，攻讀博士實在很無聊，論文研究的單調沉悶，根本滿足不了他這種腦筋動太快的人。另一方面，當初這個決定竟帶來意想不到的好處：在這緊要關頭，由於他還沒拿到學位，小布拉格沒辦法開除他。

佩魯茲和肯德魯趕緊幫克里克解圍，向小布拉格求情。肯德魯證實，克里克先前確實寫過相關論點的報告，小布拉格也承認，兩人是在各自獨立的情況下，想出同樣的概念。那時候小布拉格已經冷靜下來，克里克的去留問題便悄

史傳濟威實驗室

4 史傳濟威（Thomas Pigg Strangeways）於1905年創辦醫學中心，1912年建立實驗室。實驗室設計成房屋外觀，萬一遇到財政困難，即可將實驗室改造成家庭住宅出售。

5 克里克在史傳濟威實驗室與休斯（Arthur Hughes）合作，研究細胞質的黏度。他們讓組織培養液裡的細胞吸收鐵粒子，再利用磁鐵使鐵粒子在細胞質裡移動。克里克在《實驗細胞研究》（*Experimental Cell Research*）期刊發表過兩篇論文，一篇是與休斯合寫的實驗性論文，另一篇是自己掛名的理論性論文。

悄擱置了。對小布拉格而言，留下克里克是很不得已的。有一天，他在絕望之際透露，克里克的大嗓門害他耳鳴。再說，他還是不知道留克里克有什麼用。三十五年來，他的話匣子從來沒停過，卻說不出什麼有價值的話來。[7]

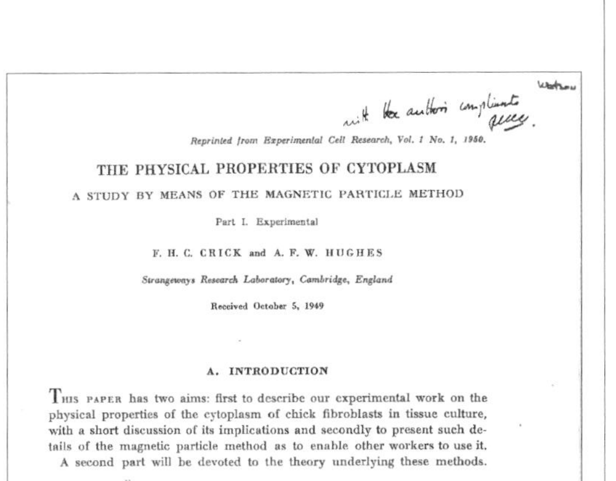

Watson

with the author's compliments

Reprinted from Experimental Cell Research, Vol. 1 No. 1, 1950.

THE PHYSICAL PROPERTIES OF CYTOPLASM

A STUDY BY MEANS OF THE MAGNETIC PARTICLE METHOD

Part I. Experimental

F. H. C. CRICK and A. F. W. HUGHES

Strangeways Research Laboratory, Cambridge, England

Received October 5, 1949

A. INTRODUCTION

This paper has two aims: first to describe our experimental work on the physical properties of the cytoplasm of chick fibroblasts in tissue culture, with a short discussion of its implications and secondly to present such details of the magnetic particle method as to enable other workers to use it.

A second part will be devoted to the theory underlying these methods.

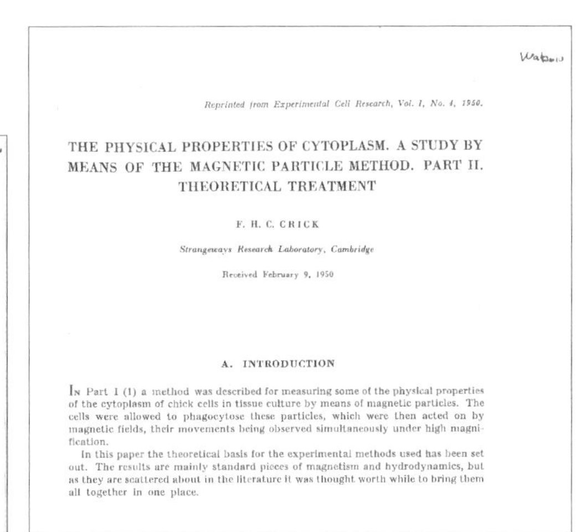

Watson

Reprinted from Experimental Cell Research, Vol. 1, No. 4, 1950.

THE PHYSICAL PROPERTIES OF CYTOPLASM. A STUDY BY MEANS OF THE MAGNETIC PARTICLE METHOD. PART II. THEORETICAL TREATMENT

F. H. C. CRICK

Strangeways Research Laboratory, Cambridge

Received February 9, 1950

A. INTRODUCTION

In Part I (1) a method was described for measuring some of the physical properties of the cytoplasm of chick cells in tissue culture by means of magnetic particles. The cells were allowed to phagocytose these particles, which were then acted on by magnetic fields, their movements being observed simultaneously under high magnification.

In this paper the theoretical basis for the experimental methods used has been set out. The results are mainly standard pieces of magnetism and hydrodynamics, but as they are scattered about in the literature it was thought worth while to bring them all together in one place.

克里克最早的生物學論文複本，為華生所擁有。

6　克里克打算研究蛋白質結構，希爾聽到消息，回了一封信（右圖）。希爾自我安慰寫道：「……這樣也好，讓真正明白生命物質特性的人來湊熱鬧。」克里克與佩魯茲合作，想知道利用X射線分析含水量不同的晶體，對於血紅素的結構能有什麼新發現。他的博士論文題目是〈X射線繞射：多肽與蛋白質〉。

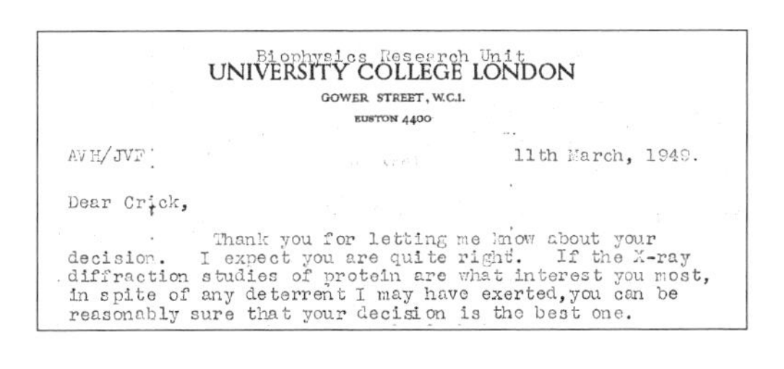

Biophysics Research Unit
UNIVERSITY COLLEGE LONDON
GOWER STREET, W.C.1.
EUSTON 4400

AVH/JVF　　　　11th March, 1949.

Dear Crick,

Thank you for letting me know about your decision. I expect you are quite right. If the X-ray diffraction studies of protein are what interest you most, in spite of any deterrent I may have exerted, you can be reasonably sure that your decision is the best one.

7　小布拉格認為克里克是希爾的門生，他在1952年1月18日寫信給希爾，提到他對克里克的擔憂：「我很擔心他（克里克）……我擔心的是，幾乎沒有任何穩定的工作可以讓他安定下來，而且我懷疑，他的博士論文到底有沒有足夠的材料，應該是今年就要交了……我需要一些協助，好決定該拿他怎麼辦。」

第9章
克里克與歐蒂

晶體學家范德（Vladimir Vand）

晶體學家柯可倫（Bill Cochran）

新的研究契機，很快就讓克里克恢復原樣。和小布拉格大鬧一場後，過了幾天，晶體學家范德寄給佩魯茲一封信，提到螺旋分子的X射線繞射理論。當時實驗室的興趣都集中在螺旋上面，主要也是因為鮑林的 α 螺旋。不過，還缺少一套通用的理論來驗證新的模型、確認 α 螺旋的細部結構。這正是范德期望自己的理論能做到的。

克里克很快就發現，范德的理論有一處嚴重的瑕疵，他變得很積極，急於找出正確的理論，於是跑上樓去找柯可倫討論。矮小、安靜的柯可倫是蘇格蘭人，當時是卡文迪西的晶體學講師。在劍橋從事X射線研究的年輕一輩中，柯可倫是最聰明的，雖然他並未參與生物巨分子方面的研究，但是對於克里克頻頻提出的大膽理論，他卻總是能提供最精銳的建言。倘若柯可倫告訴克里克，某個觀念不合理、或不會有結論，克里克可以信得過他，知道這些建言並非出自同行相忌。

不過，這次柯可倫倒是沒有持懷疑態度，因為他自己也在范德的論文裡發現錯誤，而且已經開始思索，什麼才是正確的答案。幾個月來，佩魯茲和小布拉格一直催促他研究螺旋理論，但他尚未付諸行動。現在，多了克里克的施壓，他也開始認真思考，方程式該如何建立。[1]

那天上午剩餘的時間，克里克沉默不語，沉浸在數學方程式裡。在老鷹酒吧吃午餐時，他頭痛得要命，所以乾脆回家，不進實驗室了。但枯坐在煤氣爐前沒事做，他覺得很無聊，於是又拿起方程式來解解看，沒多久就有了答案，這令他十分開心。不過，他還是停下工作，因為他和妻子歐蒂應邀參加馬修公司的品酒會，他們算是劍橋比較好的酒商之一。這幾天來，品酒的邀請使他士氣大振。這代表劍橋那批風雅人士對他的認可，讓他不再因為一堆古板又自負的教授不賞識他而耿耿於懷。

克里克與歐蒂（Odile Speed）攝於 1949 年 8 月 13 日婚禮當天。克里克在 1945 年認識歐蒂，當時她是英國皇家海軍女子隊員（Women's Royal Naval Services）。他們的婚姻長達五十五年。

馬修父子有限公司（Matthew & Son Ltd），「劍橋比較好的酒商之一。」

1　范德是捷克籍晶體學家，後來在賓州大學研究月球物質樣本。柯可倫不太想研究螺旋理論，因為他「……深信，蛋白質結構不可能用X射線方法來確認。」

當時克里克和歐蒂住在「綠門」——一間廉價的小公寓，位於橋街（Bridge Street）聖約翰學院對面、一棟數百年老房子的頂樓。公寓只有兩個房間，一間當起居室、一間當臥室。其餘部分（包括廚房）小到幾乎不存在，裡頭最大、最顯眼的擺設是浴盆。儘管地方狹小，但歐蒂的布置巧思使房間看起來大了一些，洋溢著愉快俏皮的氣氛。在他們家，我第一次感受到英國知識份子生活的朝氣，那是幾百公尺外的耶穌草坪上、我最初居住的維多利亞式房間裡完全沒有的。

「綠門」（Green Door）。克里克的小公寓在頂樓，左側的木造建築遮住了樓梯間。

當時他們結婚已經三年了。克里克的第一段婚姻維持不久，兒子邁可由克里克的母親和阿姨照顧。[2] 他過了好幾年單身生活，直到小他五歲的歐蒂來到劍橋，她加深了克里克對中產階級的反感。那些庸俗之輩總喜歡無謂的消遣，例如航海、打網球之類的，而這類嗜好尤其不適合健談的人。

他們倆對政治或宗教也不熱中。宗教顯然是前人的錯誤，克里克看不出有何延續的必要。但他們對政治議題是否完全沒興趣，這我倒不太確定。或許是因為戰爭，他們現在只想忘掉戰爭的無情。無論如何，他們吃早餐時不看《泰晤士報》，反而比較常看《時尚》（*Vogue*），那是他們唯一訂閱的雜誌，克里克一聊起《時尚》就沒完沒了。[3]

2 克里克在1940年2月18日與多德（Doreen Dodd）結婚，同年11月，兒子邁可（Michael）誕生。戰爭期間，克里克大部分的時間都遠離家人、駐守在英國哈凡特（Havant）。到了1946年1月，這段婚姻已告結束。

那時候我常去綠門吃晚餐。克里克和我總有聊不完的話題，我也樂於把握機會，逃避難以下嚥的英國食物，我不時擔心，自己吃那些英國食物會不會得胃潰瘍。歐蒂盡得法國母親的真傳，對大多數英國人毫無創意的飲食起居方式不屑一顧。

因此，克里克從來不羨慕學院裡那些研究員。不可否認，比起他們太太烹飪的單調菜色（無滋無味的肉、水煮馬鈴薯、顏色不怎麼樣的青菜、一成不變的小糕點），「高桌」席上的食物確實比較豐盛。然而，在克里克家吃晚餐往往很愉快，尤其是酒餘飯後，話題轉到近來大家議論紛紛的劍橋美眉（popsies）時。[4]

克里克對年輕姑娘的興趣百無禁忌——也就是說，只要她們略顯活潑，並且具有某方面的特色，都可以讓他品頭論足說笑一番。他年輕時沒見過多少女人，現在才發現，她們為生活增添幾許色彩。歐蒂對他的這點偏好倒是不介意，認為這或許有助於讓他從北安普頓（Northampton）枯燥的成長經歷中解放出來。[5]

一聊起歐蒂接觸的藝文圈子，他們就聊個沒完，他們也經常應邀參與其中。我們天南地北無所不談，克里克對於自己偶爾鬧的笑話也一樣津津樂道。有一次發生在化裝舞會上，當時他打扮成年輕的蕭伯納，黏了一大把紅鬍子去參加。他一進場，便發現自己大錯特錯，因為當他湊近到親吻距離時，沒有一位年輕姑娘樂意被又濕又亂的鬍子搔癢。

3　克里克後來寫道：「我的看法是，政治這回事沒什麼意思，除非你格外清楚來龍去脈。正是為了這個理由，我們從來不訂報紙，就像你書上所說的，我吃早餐時從來不看《泰晤士報》。」（1966年3月31日寫信給華生，評論《雙螺旋》初稿。）

4　根據牛津英語詞典，popsy為「對年輕女孩的可愛稱謂」，1862年最早使用於童書《皮平和派》（*Pippins & Pies*）中。

5　歐蒂形容美女對克里克的影響：「一有美女在場，克里克就會使出渾身解數，表現出妙語如珠、天花亂墜的樣子，想要讓她們印象深刻。」

但這場品酒會上沒有年輕姑娘。他和歐蒂大失所望，因為來參加的都是學院教師，一直在高談闊論繁瑣的行政事務，對他們簡直是折磨，所以他們很早就打道回府。克里克意外的清醒，於是繼續思考他的答案。

第二天早上，克里克進實驗室將成果告訴佩魯茲和肯德魯。幾分鐘之後，柯可倫走進他的辦公室，克里克正準備再說一遍，還沒來得及說完，柯可倫就告訴克里克，他認為自己也大功告成了。他們急忙比對各自的數學計算，發現柯可倫的推導過程比較簡潔，克里克的方法比較費勁。不過他們很高興，因為他們最後算出相同的答案。他們又看了佩魯茲的 X 射線圖來檢驗 α 螺旋。兩者非常一致，顯示鮑林的模型和他們的理論絕對是正確的。[6]

潤飾過的論文稿在幾天內就完成了，風風光光投到《自然》期刊。同時，他們也寄了複本請鮑林指教。克里克頭一次有了不容置疑的成果，這件事對他來說是重大的勝利。就這麼一次，沒有女人在場，竟然也為他帶來好運。[7]

1949 年卡文迪西實驗室成員的細部照片。前排右二為柯可倫；中排最左為肯德魯，右二為克里克，右一為佩魯茲；後排右二為赫胥黎。

234　NATURE　February 9, 1952　VOL. 169

LETTERS TO THE EDITORS

The Editors do not hold themselves responsible for opinions expressed by their correspondents. No notice is taken of anonymous communications

Evidence for the Pauling–Corey α-Helix in Synthetic Polypeptides

WE have calculated, in collaboration with Dr. V. Vand[1], the Fourier transform (or continuous structure factor) of an atom repeated at regular intervals on an infinite helix. The properties of the transform are such that it will usually be possible to predict the general character of X-ray scattering by any structure based on a regular succession of similar groups of atoms arranged in a helical manner. In particular, the type of X-ray diffraction picture given by the synthetic polypeptide poly-γ-methyl-L-glutamate, which has been prepared in a highly crystalline form by Dr. C. H. Bamford and his colleagues in the Research Laboratories, Courtaulds, Ltd., Maidenhead, is so readily explained on this basis as to leave little doubt that the Pauling–Corey α-helix[2], or some close approximation to it, exists in this polypeptide. Pauling and Corey[2] have already shown this correspondence in the equatorial plane; it is shown here that the correspondence extends over the whole of the diffraction pattern.

We quote here the value of the transform which applies when the axial distance between successive turns of the helix is P, the axial distance between the successive atoms lying on the helix is p, and the structure so formed is repeated exactly in an axial distance c. (For the latter condition to be possible, P/p must be expressible as the ratio of whole numbers.) In this case, the transform is restricted to planes in reciprocal space which are perpendicular to the axis of the helix, and occur at heights $\zeta = l/c$, where l is an integer. In crystallographic nomenclature, these are the layer lines corresponding to a unit cell of length c. On the lth such plane the transform has the value:

$$F\left(R,\psi,\frac{l}{c}\right) = f \sum_{n} J_n(2\pi Rr) \exp\left[in\left(\psi + \frac{\pi}{2}\right)\right]. \quad (1)$$

(R,ψ,ζ) are the cylindrical co-ordinates of a point in reciprocal space, f is the atomic scattering factor, and J_n is the Bessel function of order n; r is the radius of the helix on which the set of atoms lies, the axes in real space being chosen so that one atom lies at $(r,0,0)$. For a given value of l, the sum in equation (1) is to be taken over all integer values of n which are solutions of the equation,

$$\frac{n}{P} + \frac{m}{p} = \frac{l}{c}, \quad (2)$$

m being any integer[1].

Thus only certain Bessel functions contribute to a particular layer line. This is illustrated in the accompanying table for the case of poly-γ-methyl-L-glutamate, for which Pauling and Corey[2] suggested $P = 5{\cdot}4$ A., $p = 1{\cdot}5$ A. and $c = 27$ A. The first column lists the number, l, of the layer line, while the second gives the orders (n) of the Bessel functions which contribute to it (for simplicity only the lowest two values of n are given for each layer line).

Now there is, of course, more than one set of atoms in the polypeptide, but for all of them, P, p and c are the same, although r is different. The basis of

Value of l for the layer line	Lowest two values of n allowed by theory	Observed average strength of layer line (ref. 4)
0	**0**　± 18	strong
1	− 7　+ 11	
2	+ **4**　− 14	*weak
3	− **3**　+ 15	very weak
4	+ 8　− 10	
5	+ **1**　− 17	medium
6	− 6　+ 12	
7	+ 5　− 13	
8	− **2**　+ 16	weak
9	± 9	
10	+ **2**　− 16	weak
11	− 5　+ 13	
12	+ 6　− 12	
13	− **1**　+ 17	very weak
14	− 8　+ 10	
15	+ 3　− 15	
16	− 4　+ 14	
17	+ 7　− 11	
18	**0**　+ 18	medium
19	− 7　+ 11	
20	+ 4　− 14	
21	− 3　+ 15	
22	+ 8　− 10	
23	+ **1**　− 17	trace
24	− 6　+ 12	
25	+ 5　− 13	
26	− **2**　+ 16	trace
27	± 9	
28	+ **2**　− 16	trace

Layers not described are absent.

* (10$\bar{1}$2), the reflexion having the smallest value of R, is absent.

our prediction is that a reflexion will be absent if the contribution of all sets of atoms to it is very small, and that on the average it will be strong if all sets of atoms make a large contribution.

It is a property of Bessel functions of higher order, illustrated in the graph, that they remain very small until a certain value of $2\pi Rr$ is reached, and that this point recedes from the origin as the order increases. Now, whatever the precise form of the chain, the value of r for any atom cannot be greater than about 8 A. because of the packing of the chains. This sets a limit to the value of $2\pi Rr$ within the part of the transform covered by the observed diffraction picture ($R < 0{\cdot}3$ A.$^{-1}$ for $l \neq 0$). No set of atoms can make an appreciable contribution to the amplitude of a reflexion occurring on a layer line with which only high-order Bessel functions are associated, because $2\pi Rr$ comes within the very low part of the curve in the graph.

We should therefore predict that layer lines to which only high-order Bessel functions contribute would be weak or absent, and that those to which very low orders contribute would be strong.

Those predictions are strikingly borne out by the experimental data[4] summarized in the last column of the table. The significant Bessel functions involved in the first twenty-eight layer lines are shown in the second column, and, as will be seen, only layer lines associated with a function of order **4** or less

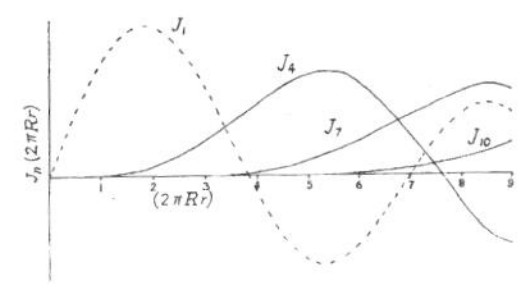

The march of higher-order Bessel functions (with J_1 added dashed)

柯可倫與克里克合寫的論文，與 α 螺旋的傅立葉轉換有關，1952 年 2 月 9 日發表於《自然》期刊。

6　柯可倫後來寫道，提供實驗證據的並不是佩魯茲的血紅素照片，而是柯可倫本人拍攝的照片，樣本是小布拉格給他的聚甲基麩胺酸鹽（poly-methyl glutamate）晶體，在他們檢驗計算結果時，這些照片提供了實驗數據。

7　後來克里克寫信給華生，表達他對《雙螺旋》的抗議，他反駁華生關於「那天晚上沒有女人在場」的說法，認為那是無稽之談：「就我記憶所及，我去品酒之前已經完成所有的代數計算，你的精采總結卻說，沒有女人在場為我帶來好運，我認為這完全沒有事實根據。」（寫給華生的信函，1966 年 3 月 31 日）

第 10 章
富蘭克林的演講

到了 11 月中旬，富蘭克林的 DNA 演講時，我已經學會足夠的晶體學理論，跟得上她大部分的演講內容了。最重要的是，我知道要特別注意哪些地方。聽克里克講了六個星期，我知道關鍵在於富蘭克林新拍的 X 射線照片是否支持 DNA 的結構是螺旋型。真正有關係的實驗細節，則是那些可以為建構分子模型提供線索的細節。然而，我才聽富蘭克林講了幾分鐘，便明白她已經下定決心，打算要採取不同的路數。[1]

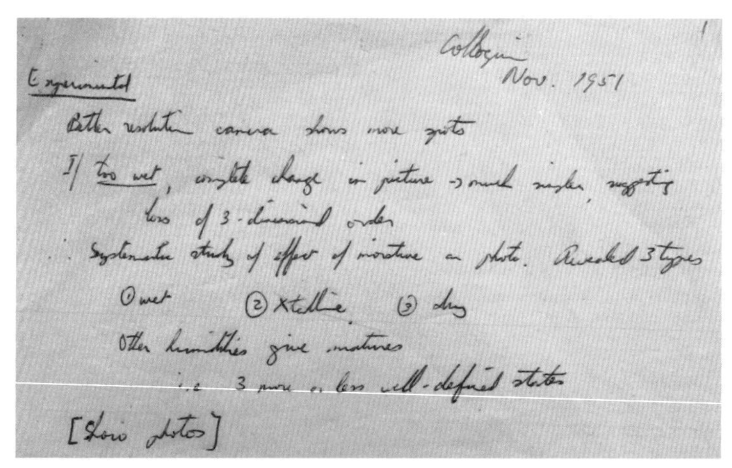

Colloquium
Nov. 1951

Experimental

Better resolution camera shows more spots

If too wet, complete change in picture → much simpler, suggesting loss of 3-dimensional order

∴ Systematic study of effect of moisture on photo. Revealed 3 types

① wet ② Xtalline ③ dry

Other humidities give mixtures

i.e. 3 more or less well-defined states

[Show photos]

富蘭克林為 1951 年研討會所寫的筆記開頭。

1 演講前一天，華生寫信給父母，信上提到富蘭克林的演講，說那是他用來填補時間的諸多活動之一：「上星期六晚上，我在三一學院參加了一場很棒的派對。星期天我從派對清醒過來。昨晚我去小布拉格教授家參加雪利酒派對。今晚我會去國王學院，參加人類遺傳學講座。明天我會去倫敦的國王學院，聽一場有關核酸的演講。下星期四，我（打算？）要聽兩場不同的生物化學演講。然後，下星期五我可能會去牛津大學參觀，因為實驗室的其他人都要去。」

面對台下大約十五名聽眾演講，富蘭克林語調快速、略顯緊張，和這座樸素老舊的演講廳頗為相襯。她話中不帶一絲溫暖或輕佻，可是我倒不覺得她索然無趣。有一會兒我還在想，要是她摘下眼鏡、換個時髦的髮型，不知道會是什麼模樣？不過，那時我最關心的，還是她對晶體 X 射線繞射圖案的說明。[2]

多年來，嚴謹的晶體學訓練在她身上留下了痕跡。她在劍橋受過嚴格教育，不可能笨到不利用這種優勢。對她來說，建立 DNA 結構的唯一方式，就是純粹利用晶體分析法，這是顯而易見的。由於富蘭克林對建構模型不感興趣，她一次也沒提到鮑林在 α 螺旋方面的成就。利用玩具般拼拼湊湊的模式

富蘭克林與法國同事的快樂時光。左圖：與梅林（Jacques Mering）合影，1940 年代末。右圖：與魯薩蒂（Vittorio Luzzati）合影，1951 年。

2　華生對富蘭克林的第一印象很差，但其他人對她的描述卻是大相逕庭。在上面這兩張照片中，我們看到的肯定是比較快樂的富蘭克林。她在國王學院的那段日子，其他人看到的不只是咄咄逼人及不愉快的富蘭克林，也看到她成熟世故、穿著講究的一面。如同葛斯林（她在國王學院時指導的博士班學生）於2010年接受英國廣播公司第四電台「今日」節目採訪時所說的：「他〔華生〕從來沒看過，富蘭克林晚上和交響樂團首席小提琴家一起出去。她過的生活，社交生活，層次在我們其他人之上。」

來解開生物分子結構，這種想法顯然是下策。富蘭克林當然知道鮑林的成果，卻看不出理由要有樣學樣。鮑林過去的豐功偉業，本身就有足夠的理由讓他出奇制勝；唯有他這種赫赫有名的天才，才能像十歲小孩那樣玩，而且還玩出了正確答案。

富蘭克林認為，自己的演講只能算是初步報告，並不足以檢驗任何關於DNA的基本概念。唯有蒐集更多的數據，使晶體分析達到更完善的階段，才能得到具體的真相。[3] 眼下她對此並不樂觀，來聽演講的這一小群實驗室人員也有相同感受。

沒有人提到借助分子模型來解開結構的意願。威爾金斯本人也只問了幾個技術性問題。聽眾臉上的表情顯示，他們沒什麼好補充的，就算有話想說，也是老調重提，不提也罷，於是討論很快就結束了。或許是因為害怕富蘭克林的

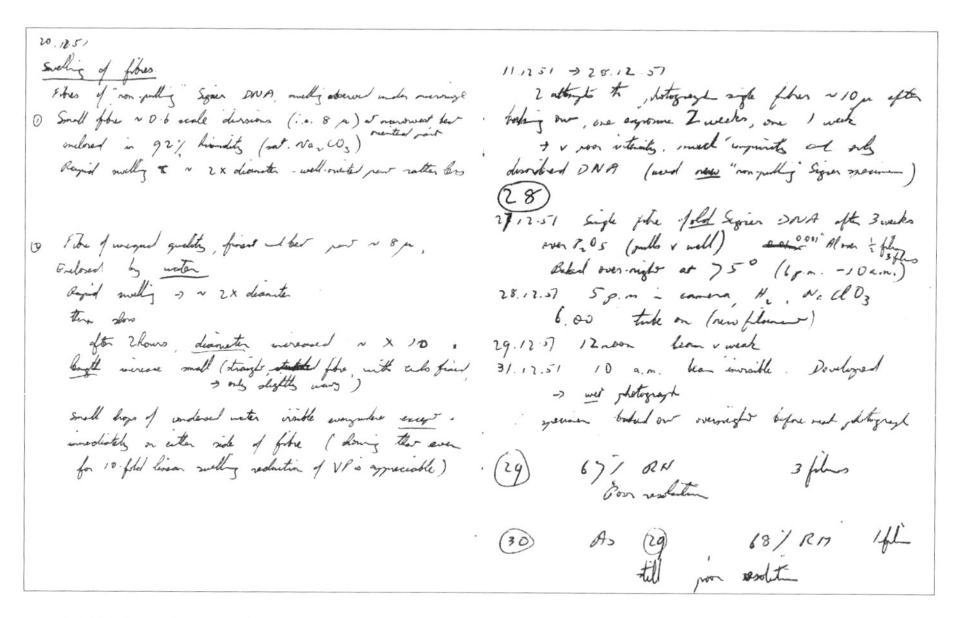
20.12.51
Swelling of fibres.
Fibres of "non-pulling" Signer DNA, swelling observed under microscope
① Small fibre ~ 0.6 scale divisions (i.e. 8 μ) at narrowest best oriented point
enclosed in 92% humidity (sat. Na_2CO_3)
Rapid swelling ~ 2 x diameter - well-oriented part rather less
② Fibre of irregular quality, finest and best part ~ 8 μ,
Enclosed by water
Rapid swelling → ~ 2x diameter
then slows
after 2 hours, diameter increased ~ x 10.
Length increase small (straight fibre, with ends fixed → only slightly wavy)
Small drops of condensed water visible everywhere except immediately on either side of fibre (showing that even for 10-fold lateral swelling reduction of VP is appreciable)

11.12.51 → 28.12.51
2 attempts to photograph single fibres ~ 10 μ after baking out, one anyway 2 weeks, one 1 week
→ v. poor intensity, much [illegible] and only disordered DNA (used new "non-pulling" Signer specimen)
(28)
27.12.51 Single fibre 'fold' Signer DNA after 3 weeks over P_2O_5 (pulls v well) 0.01" Al over ½ film 3 films
Baked over-night at 75° (6 p.m. - 10 a.m.)
28.12.51 5 p.m. in camera, H_2, $NaClO_3$
6.00 tube on (new filament)
29.12.51 12 noon beam v weak
31.12.51 10 a.m. beam invisible. Developed
→ wet photograph
specimen baked out overnight before next photograph
(29) 67% RH 3 films
Poor resolution
(30) As (29) 68% RH 1 film
still poor resolution

3 上圖摘自富蘭克林的實驗室筆記，敘述1951年12月進行的DNA潤脹（swelling）實驗。類似的實驗則是研究濕度不同的DNA，導致富蘭克林發現，A型（乾）及B型（濕）DNA有非常重要的區別，故事稍後會提到。

尖銳駁斥，浪漫樂觀的話他們開不了口，模型也是連提都不想提。走在濃霧瀰漫的 11 月夜晚，已經夠慘了，萬一又遭到女流之輩教訓他們不要班門弄斧，肯定更不好受，顯然這樣會讓他們想起中小學時代不愉快的往事。[4]

和富蘭克林簡短而拘謹（正如同我後來的觀察）的小聊幾句之後，威爾金斯和我沿著河濱大道散步，穿過大道，走到蘇荷區的蔡記餐館。威爾金斯的心情出奇快活。他娓娓道來，自從富蘭克林來到國王學院的那一天起，儘管她做了許多詳盡的晶體分析，卻幾乎沒有實質的進展。雖然她拍的 X 射線照片比他自己的清晰，但她講不出比他已知更明確的概念。沒錯，她更詳盡測量了 DNA 樣本的含水量，但威爾金斯連這一點都質疑，不確定她的測量結果是否真如她所宣稱的那樣。

1950 年代的倫敦，「濃霧瀰漫的 11 月夜晚。」

富蘭克林於 1952 年 3 月 1 日寫給塞爾的航空信函。她在信函中提到，國王學院的設備有多好，她的同事卻令人大失所望。

4　富蘭克林對她的國王學院同事興趣缺缺，她在1952年3月給朋友塞爾（Anne Sayre）的信函上寫得很清楚：「年輕人大致上都很不錯，但是沒有一個稱得上優秀。有一、兩位資深同事很親切，但是不肯做研究，這樣才能置身於不愉快的氣氛之外。其他的中高齡人士實在令人反感，研究基調都是他們在決定的。我自有安排，幾乎見不到這些人，做起事來會比較順利，但顯然也很無趣。其他的嚴重問題是，那裡沒有頭腦一流的人，連頭腦尚可的都沒有——事實上，我沒有特別想跟誰討論任何事情，無論是科學或其他方面，真希望可以在值得我尊重、能給我一點鼓勵的人底下工作。」

由於我在場，威爾金斯顯得精神大振，這讓我很意外。我們在那不勒斯初次見面時的冷漠不見了。他感到欣慰，因為我是研究噬菌體的，而我肯定他正在進行的研究很重要；受到同儕物理學家的鼓勵，其實沒什麼幫助。就算那些人認為他決定研究生物學合情合理，威爾金斯也信不過他們的判斷力。畢竟，他們根本不懂生物學，所以最好把他們的評語當成是禮貌、甚至是優越感，是說給反對戰後物理學界競爭步調的人聽的。

威爾金斯確實受過某些生化學家積極且非常必要的幫助，否則他根本進不了這一行。有幾位生化學家曾慷慨提供高度純化的 DNA 樣本給他，這至關重要。學習晶體學，竟然沒掌握生化學家巫術般的技巧，這真是夠糟了。反過來說，絕大多數的生化學家都不是精力旺盛型的，不像他在炸彈研究計畫中合作過的那幫人。有時候，他們似乎連 DNA 有多重要都不知道。

即便如此，他們還是比大多數的生物學家懂得多。就算不是所有地方，至少在英國，大多數的植物學家和動物學家都是糊塗蟲。連大學講座教授也不見得是在研究純科學；有些人其實是把精力耗費在無謂的論戰上，譬如生命的起源、如何判斷科學證據是否正確等等。

更糟的是，沒有學過遺傳學，可能也拿得到生物學士學位。這並不是說，遺傳學家在學術上有什麼貢獻。你總以為，既然他們都在談論基因，理應關心

國王學院的派對。左三為威爾金斯，最右邊為蘭德爾。

基因是什麼才對。然而，幾乎沒有人認真看待「基因由DNA組成」的證據，不見得是化學證據。[5] 他們大多數人所追求的生活，無非是讓自己的學生去鑽研令人費解的染色體行為細節，或是在廣播節目裡，針對「遺傳學家在價值觀轉變之過渡時期所扮演的角色」之類的話題，提出華而不實的臆測罷了。[6]

因此，得知噬菌體專家對DNA的重視，使威爾金斯盼望時來運轉，到時候他就用不著每次演講還得辛苦解釋，為什麼他的實驗室為了DNA如此大費周章。當我們吃完晚餐時，他還一心一意想要向前推動。然而，等到我們付完賬、走進夜幕中、話鋒一轉又回到富蘭克林身上時，威爾金斯實驗室真正動員起來的可能性，也隨之逐漸退卻。

5　遲至1955年，著名遺傳學家達林頓（C. D. Darlington）才寫道：「根據華生與克里克的研究，DNA存在於染色體中，通常是成對旋繞的核苷酸列，如果把成對的DNA拆開來，每一邊都可以當作組合其他DNA的模板。在此基礎上，DNA似乎是自給自足的遺傳結構，至少在機制上，蛋白質是次要的。但是，我們當然不見得要採取這種極端的觀點：平等與互惠也是有可能的。」

6　有幾位著名的科學家，定期在電台及報章上討論社會、政治、學術議題。赫胥黎是BBC廣播電台（以及後來的電視）節目「智囊團」（The Brains Trust）的主要來賓，專家小組在節目中激烈辯論，並回應聽眾的問題。遺傳學家霍爾丹（J. B. S. Haldane）定期在共產主義報紙《工人日報》（*The Daily Worker*）上寫文章；晶體學家貝爾納（J. D. Bernal）為一般民眾寫了許多關於政治、科學主題的文章與書籍，包括生命的起源。

「智囊團」的主要來賓：英國第一位女執法官佛萊（Margery Fry）、赫胥黎、坎貝爾司令（Commander Campbell）、詩人格雷夫斯（Robert Graves）、哲學家喬德（C. E. M. Joad）、主持人麥卡洛（W. D. H. McCullough）在節目中討論聽眾寄來的問題。

第 11 章
牛津行

霍奇金（右）與貝爾納，1937 年。

隔天早上，我和克里克在帕丁頓車站（Paddington Station）會合，準備前往牛津度週末。克里克要去拜訪英國最頂尖的晶體學家霍奇金，我則是藉機第一次參觀牛津。在月台上，克里克顯得興致高昂。他將利用這次訪問，把他與柯可倫成功推導出來的螺旋繞射理論告訴霍奇金。這理論太美妙了，非得當面告訴她不可——像霍奇金一樣聰明、足以立刻領悟理論精髓的人，可說是寥寥無幾。[1]

我們一進火車車廂，克里克開始問起富蘭克林的演講。我的回答往往含糊不清，克里克顯然很受不了我的習慣，因為我總是憑記憶、從來不寫在紙上。如果我對某個題目感興趣，我需要的東西通常都能回想起來。可是這次有點麻煩，因為我知道的晶體學術語不夠多。尤其不幸的是，富蘭克林測量 DNA 樣本的含水量到底是多少，我回答不出來。我很可能誤導了克里克，誤差達到一個數量級之多。[2]

1 在華生與克里克前去拜訪當時，霍奇金（Dorothy Hodgkin）研究胰島素結構已長達十七年，後來又花了十八年以上才大功告成（編注：1969年，她才破譯了胰島素的結構）。在此之前，她陸續解開青黴素（penicillin）及維生素B12等重要分子的結構，因而獲得1964年諾貝爾化學獎。人稱「智者」的貝爾納，曾是她的導師及短暫的情人，眾所周知，他支持共產主義，霍奇金當時也是支持者。

派我去聽富蘭克林的演講，實在是選錯人了。如果克里克也一起去聽，就不會發生這種不清不楚的狀況。這是對情勢太過敏感的懲罰。不可否認，如果克里克也在場，他就可以仔細推敲難得從富蘭克林嘴裡吐出的資訊。但是這樣所造成的影響，恐怕會讓威爾金斯很不高興。按常理來說，他們倆同時知道實情是非常不公平的。處理這個問題，威爾金斯當然應該有優先權。但話又說回來，似乎沒有跡象顯示，威爾金斯認為答案只要玩玩分子模型就會呼之欲出。我們前一天晚上的談話，幾乎沒有談到那種研究方法。當然，他有可能故意隱瞞，但看起來又不太像，威爾金斯並不是那種人。

克里克能夠馬上進行的事情只有一件，就是掌握DNA的含水量，這是最容易思考的。他沒多久就想通了，開始在原本正閱讀的論文稿背面空白處塗塗寫寫。那時候我看不懂克里克在幹什麼，只好又回頭看《泰晤士報》解悶。不過，沒幾分鐘，克里克便讓我無心再管外界的事物。

克里克告訴我，只有少數幾個形式解（formal solution），可以同時符合柯可倫－克里克理論及富蘭克林的實驗數據。他很快的畫了更多圖形，跟我說明這個問題有多簡單。儘管數學把我難倒了，但問題的關鍵並不難懂。首先要判定，DNA分子內的多核苷酸鏈有幾條。表面上看來，二、三或四條都能符合X射線數據，問題在於DNA鏈圍繞中心軸旋轉的角度及半徑大小。

等到一個半小時的火車旅程結束，克里克胸有成竹，認為我們應該很快就能知道答案。或許只要花一個星期的時間，好好玩一玩分子模型，正確解答就會呼之欲出。到時候舉世皆知，有能力洞悉生物分子結構的，不只鮑林一個人。

鮑林斬獲 α 螺旋，這件事令劍橋研究群尷尬無比。在鮑林獲此成就的一

2　關於含水量，克里克確實被誤導了，「……部分是因為，華生誤解了富蘭克林用到的晶體學專有名詞……他把『不對稱單元』(asymmetric unit）和『單位晶胞』(unit cell）搞混了。」不過克里克指出，自己當時也應該意識到，華生記得的含水量太低，而且鈉離子的水合性會很強才對。

THE TIMES

LATE LONDON EDITION

LONDON THURSDAY NOVEMBER 22 1951

CLUB ANNOUNCEMENTS

SERVICE NOTICES

PUBLIC NOTICES

CONTRACTS AND TENDERS

PERSONAL

PUBLIC APPOINTMENTS

SHIPPING

AUSTRALIA and THE EAST by P. & O.

KENYA.

NEW ZEALAND LINE

CANADIAN AUSTRALASIAN LINE

CUNARD LINE

UNITED STATES AND CANADA.

ORIENT LINE TO AUSTRALIA

ORIENT LINE,

SOUTH AND EAST AFRICA by UNION-CASTLE LINE.

SHAW SAVILL LINE

BRAZIL (Rio de Janeiro and Santos).

BLUE STAR LINE

BOOTH LINE TO NORTH BRAZIL

1,000 MILES UP THE RIVER AMAZON

BOOTH LINE STEAMERS

ABERDEEN & COMMONWEALTH LINE.

FYFFES LINE

SHOPPING BY POST (continued)

《泰晤士報》刊頭複印本（1951 年 11 月 22 日）。頭版刊登的全是廣告，此乃該報著名的特色，直到 1966 年 5 月為止。

年前左右，小布拉格、肯德魯、佩魯茲曾經發表論文，有系統的探討多肽鏈的構形，卻沒抓到重點。[3] 其實小布拉格還在為那次的慘敗懊惱，這件事傷了他的自尊心——長達二十五年來，他跟鮑林數次交鋒，幾乎每一次都是鮑林搶得先機。

3　小布拉格等人誤判多肽構造的論文。論文作者受到誤導，因為他們假設，每一圈的肽單元數目必須是整數。此外，肽鍵是平面的，他們卻沒有把這項事實當成模型的核心要素（《皇家學會報告A系列》203：321-357）。

Polypeptide chain configurations in crystalline proteins

By Sir Lawrence Bragg, F.R.S., J. C. Kendrew and M. F. Perutz
Cavendish Laboratory, University of Cambridge

(*Received* 31 *March* 1950)

Astbury's studies of α-keratin, and X-ray studies of crystalline haemoglobin and myoglobin by Perutz and Kendrew, agree in indicating some form of folded polypeptide chain which has a repeat distance of about 5·1 Å, with three amino-acid residues per repeat. In this paper a systematic survey has been made of chain models which conform to established bond lengths and angles, and which are held in a folded form by N—H—O bonds. After excluding the models which depart widely from the observed repeat distance and number of residues per repeat, an attempt is made to reduce the number of possibilities still further by comparing vector diagrams of the models with Patterson projections based on the X-ray data. When this comparison is made for two-dimensional Patterson projections on a plane at right angles to the chain, the evidence favours chains of the general type proposed for α-keratin by Astbury. These chains have a dyad axis with six residues in a repeat distance of 10·2 Å, and are composed of approximately coplanar folds. As a further test, these chains are placed in the myoglobin structure, and a comparison is made between calculated and observed F values for a zone parallel to the chains; the agreement is remarkably close taking into account the omission from the calculations of the unknown effect of the side-chains. On the other hand, a study of the three-dimensional Patterson of haemoglobin shows how cautious one must be in accepting this agreement as significant. Successive portions of the rod of high vector density which has been supposed to represent the chains give widely different projections and show no evidence of a dyad axis.

The evidence is still too slender for definite conclusions to be drawn, but it indicates that a further intensive study of these proteins, and in particular of myoglobin which has promising features of simplicity, may lead to a determination of the chain structure.

21-2

為了這件事，連克里克也有點丟臉。當小布拉格開始熱中於多肽鏈的摺疊方式時，克里克已經在卡文迪西了。而且，導致肽鍵形狀完全估錯的那場討論，克里克也難辭其咎。那次是克里克大好機會，可以利用他的挑剔長才來評估實驗觀察的意義，但他卻說不出什麼有用的意見。倒不是克里克平時不願意批評自己的朋友。在別的場合，他曾經坦率指出，佩魯茲和小布拉格對他們的血紅素研究結果，有哪些過度解釋之處。這番公開批評，難怪小布拉格爵士最近會對他發飆。在小布拉格眼裡，克里克的所作所為全是在搗亂。[4]

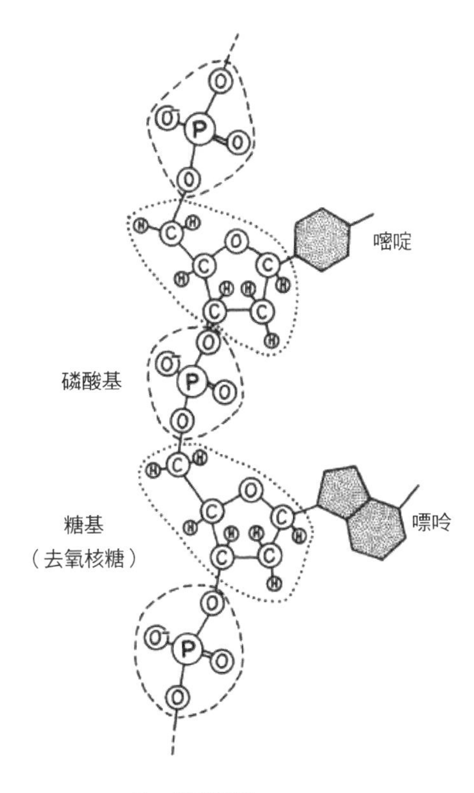

糖—磷酸骨幹

不過，現在並不是追究過去錯誤的時候。相反的，一個早上過去了，我們討論DNA結構的可能類型，速度也隨之加快。無論當時還有誰在場，克里克迅速總結過去幾個小時的進展，並向我們的聽眾解釋，我們何以決定在模型中，糖—磷酸骨幹是在分子的中央。唯有如此，才可能存在規律的結構，足以產生威爾金斯與富蘭克林觀察到的晶體繞射型態。沒錯，我們還要解決外圍的不規則鹼基序列——但等到內部的排列方式確定之後，這道難題便可迎刃而解。

還有一個問題：是什麼東西中和了DNA骨幹的磷酸基所帶的負電荷？對

4　1951年7月，卡文迪西舉行了一場研討會，標題為「瘋狂的追尋」(What Mad Pursuit)，在會中，克里克曾反駁同事用來解開血紅素結構的大多數方法。後來克里克以同樣的標題撰寫回憶錄，書中提到自己當天的表現：「小布拉格氣炸了。這個菜鳥竟敢告訴經驗老到的X射線晶體學家（包括小布拉格本人，這門學科是他創立的，而且將近四十年來一直走在最前端），說他們的做法根本不可能產生任何有用的結果。我清楚瞭解這門學科的理論，確實忍不住多嘴，這樣反而幫不了忙。」

於無機離子的三維排列方式，克里克和我幾乎一無所知，而鮑林本人正是離子結構化學的世界權威，我們只能甘拜下風。因此，如果問題的關鍵，在於推斷無機離子與磷酸基的巧妙排列，我們顯然居於劣勢。到了中午，我們迫不及待想要找到鮑林的經典著作《化學鍵的本質》。[5] 當時我們正在高街（High Street）

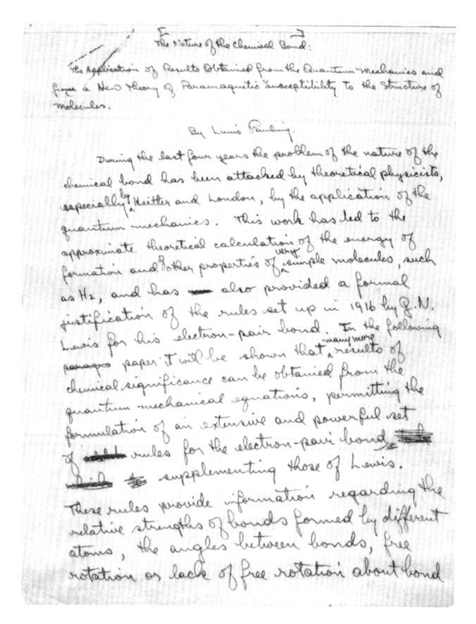

The Nature of the Chemical Bond.

The Application of Results Obtained from the Quantum Mechanics and from a New Theory of Paramagnetic Susceptibility to the Structure of Molecules.

By Linus Pauling.

During the last four years the problem of the nature of the chemical bond has been attacked by theoretical physicists, especially by Heitler and London, by the application of the quantum mechanics. This work has led to the approximate theoretical calculation of the energy of formation and other properties of very simple molecules, such as H_2, and has also provided a formal justification of the rules set up in 1916 by G. N. Lewis for his electron-pair bond. In the following paper it will be shown that many more results of chemical significance can be obtained from the quantum mechanical equations, permitting the formulation of an extensive and powerful set of rules for the electron-pair bond supplementing those of Lewis. These rules provide information regarding the relative strengths of bonds formed by different atoms, the angles between bonds, free rotation or lack of free rotation about bond

《化學鍵的本質》手稿

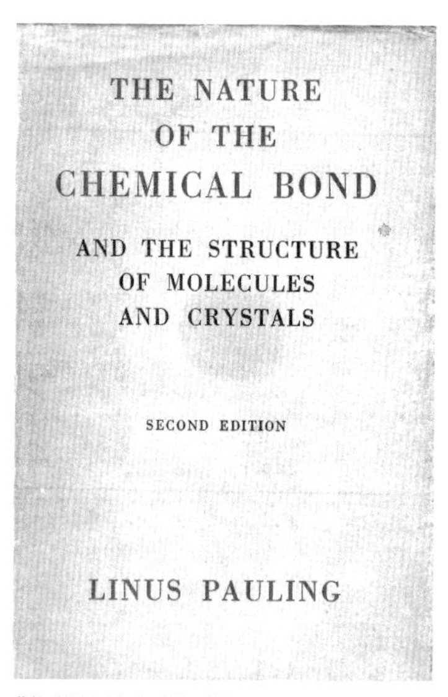

《化學鍵的本質》封面

黑井書店（Blackwell's bookshop），1950年代。

5 《化學鍵的本質》（*The Nature of the Chemical Bond*）初版於1939年問世，首度將量子力學融入化學鍵的概念中，一出版立刻成為經典，廣受專家學者查閱，並且被各大學用來當成高等化學課程教材。

附近吃午餐，於是省下喝咖啡的時間，衝進好幾家書店，最後在黑井書店找到這本書。我們快速翻閱相關章節，其中列出無機離子大小的正確數值，但還是無法釐清問題。

等我們到達位於大學博物館的霍奇金實驗室，忙亂的情緒已經緩和下來。克里克大略介紹螺旋理論，只花了幾分鐘談談我們在 DNA 方面的進展，話題反而多半圍繞著霍奇金最近的胰島素研究。由於天快黑了，似乎不宜再浪費她的寶貴時間，於是我們起身前往莫德林學院，打算在那裡和學院研究員米奇森及奧格爾（Leslie Orgel）茶敘。[6] 吃茶點時，克里克聊起瑣事，我則是默默想著，要是有朝一日能過上莫德林學院派的生活，那該有多美妙。[7]

牛津莫德林學院（Magdalen College）

米奇森（Nicholas Avrion Mitchison），攝於 1957 年。

6　以下為華生對米奇森家族的介紹。一回到劍橋，他與高采烈寫信向妹妹報告這場會面（1951 年 11 月 28 日）：「我在牛津度過非常愉快的週末。我和一位年輕的動物學家住在一起，他是莫德林學院的研究員。我這位朋友是霍爾丹的侄子，和他著名的叔叔幾乎一樣優秀。他母親是非常成功的小說家，父親則是工黨議員。他們家族顯然很有錢。他們在蘇格蘭有一棟大豪宅，可能會邀請我去過耶誕節。」

7　華生告訴戴爾布魯克，他的夢想是成為牛津大學教授（1951 年 12 月 9 日）：「在牛津時，我住在莫德林學院，有了在教師聯誼室用餐的經驗，在那裡吃早餐，沒有人可以講話。在『高桌』用餐後喝波特酒，是一種難以形容的經驗，但置身其中有趣極了。」

不過，晚餐喝了紅葡萄酒，話題又回到我們那成功在望的DNA研究。當時在場的，還有克里克的摯友克雷澤爾，他是邏輯學家，樸拙的外表及言詞，和我印象中的英國哲學家一點也不像。克里克熱烈歡迎他的到來，克里克的笑聲和克雷澤爾的奧地利口音，蓋過了高街這家餐廳的高雅氣氛（克雷澤爾約我們在那裡和他碰面）。克雷澤爾一時興起，傳授我們一招大發橫財的方法——在政治分裂的歐洲各國之間轉移資金。[8]

這時米奇森又來加入我們，話題一度轉為中產階級知識份子的玩笑話。不過，這種閒聊不合克雷澤爾的口味，所以米奇森和我先告辭，沿著中世紀街道走回我的住處。那時我已陶然而醉，口中唸唸有詞：等我們發現了DNA結構，我們可以做哪些事情。

克雷澤爾（左）與友人。

8 克里克最初認識克雷澤爾（George Kreisel）是在海軍部，當時兩人都從事戰時祕密工作。如同克里克，克雷澤爾也是狂熱的知識份子和一絲不苟的雄辯者，不耐於模糊的思維或無謂的禮貌（「人們是因為有禮貌所以愚蠢，還是因為愚蠢所以有禮貌？」）。克雷澤爾是小說家梅鐸（Iris Murdoch）的多年老友，也是受到哲學家維根斯坦（Ludwig Josef Johann Wittgenstein）讚揚的學生，他鼓勵克里克在私底下及學術生活中探索冒險；兩人維持深厚友誼長達五十年之久。

第 12 章
模型

星期一早上，跟肯德魯夫婦一起吃早餐時，我把 DNA 研究的最新進展告訴他們。[1] 聽說我們幾乎勝券在握，肯德魯的太太伊莉莎白顯得很高興，肯德魯則是淡然處之。當肯德魯發現克里克又有了靈感，而我除了滿腔熱忱、沒有什麼更具體的內容可回報時，他便只顧著看《泰晤士報》新上任保守黨政府的相關報導。

沒多久，肯德魯出門了，去彼得豪斯學院（Peterhouse）的辦公室，剩下伊莉莎白和我，琢磨這意外的好運意味著什麼。我沒待太久，因為我要快點回實驗室仔細檢視分子模型，從幾種可能的答案當中，盡快找出最有利的答案。

然而，克里克和我心知肚明，卡文迪西的模型恐怕不盡理想。這些模型是肯德魯在十八個月前打造的，用來研究多肽鏈的三維形狀。它們少了用來代表

4　THE TIMES TUESDAY OCTOBER 30

MR. CHURCHILL'S PROGRESS IN FORMING GOVERNMENT

DAY OF INTERVIEWS WITH POLITICAL COLLEAGUES

Mr. Churchill continued the task of forming his Government yesterday, and interviewed several of his political colleagues at his home in Kent.

A new Speaker of the House of Commons will be elected when Parliament meets to-morrow.

ELECTION OF NEW SPEAKER

LIKELY CANDIDATES

From Our Parliamentary Correspondent

Mr. Churchill spent a busy day yesterday at his country home at Chartwell, Westerham, where he continued his task of forming a Government and had consultations with many of his political colleagues.

MR. EDEN REVIEWS OIL DISPUTE

AMBASSADOR ON WAY HOME

LONDON CONSULTATIONS

From Our Diplomatic Correspondent

Mr. Eden, the Foreign Secretary, has asked Sir Francis Shepherd, the British Ambassador to Persia, to come home for consultations. Sir Francis Shepherd has cut short a holiday in Beirut and is understood to be already on the way to London.

The Ambassador's recall does not necessarily presage a new move by the British Government towards settlement of the oil dispute. Mr. Eden, before going to Paris next week for the opening meetings of the United Nations General Assembly, wished to have the views of the Ambassador on the possibilities of a settlement, as seen by an observer in Teheran. In Paris he will doubtless review the situation with Mr. Acheson, the United States Secretary of State, in the light both of the Ambassador's views and information and of the conversations which continue in Washington between the United States Government and the Persian Prime Minister.

PREMATURE HOPE

ROYAL VISIT TO MONTREAL

GREETING BY CROWD OF 250,000

From Our Special Correspondent

MONTREAL, Oct. 29

The crowds that welcomed Princess Elizabeth and the Duke of Edinburgh to-day in Montreal were the largest of the tour. Montreal had declared that it was going to give the Princess the biggest welcome in the whole of Canada. There was a huge assembly in Dominion Square, and the people roared their greeting as the royal car came into view and the Princess and the Duke went into the Windsor Hotel.

In a few minutes they came out on to the magnificently draped balcony, which had been arranged like a small stage, with pastel blue and white hangings on the inside, and red, white, and blue curtains, draped from above, falling round the edges of the balcony, which was floodlit. A tremendous cheer went up as the Princess and the Duke appeared. The Royal couple stayed for several minutes, but when they had gone in the crowd set up a great chant asking them to come back, and in spite of the presence of 500 police in front of the hotel the crowd broke through the lines and pushed their way under the balcony, still shouting for the Princess to come out again.

EG A TO FE

這是 10 月 30 日《泰晤士報》的頭條新聞，報導新上任的保守黨政府。在 1951 年 10 月 23 日的大選中，艾德禮（Clement Attlee）領導的工黨政府下台，邱吉爾第二度成為首相。

1　肯德魯的摯友於第二次世界大戰中喪生，他在1948年娶了摯友的遺孀伊莉莎白。1951年，伊莉莎白獲得醫師資格。肯德魯夫婦在1956年離婚。

DNA 特有原子群的精確模型，既沒有現成的磷原子，也沒有嘌呤和嘧啶鹼基。佩魯茲緊急訂製新材料也來不及了，我們只好快點臨時改裝。製作全新的模型也許要花整整一個星期，但答案可能一、兩天就出來了。因此我一到實驗室，便開始在某些碳原子模型裡加一堆銅絲，把它們改造成較大的磷原子。[2]

更難的是，我們必須製作用來表示無機離子的模型。不同於其他成分，無機離子無簡單規則可循，我們無法得知離子之間形成的化學鍵角。我們極有可能必須先知道正確的 DNA 結構，才做得出正確的模型。不過我仍抱持希望，說不定克里克已經想出什麼妙計，等他一進實驗室，就會迫不及待告訴我們。離我們上次交談已經超過十八小時，而且他回到綠門之後，也不太可能會因為星期天的報紙而分心。

然而，他十點多進實驗室時，卻沒有帶來解答。星期天吃完晚餐後，他又把這道難題仔細琢磨一番，卻依然不得其解。於是他把問題擱在一邊，翻起一

佛伯格（Sven Furberg），攝於 1950 年。

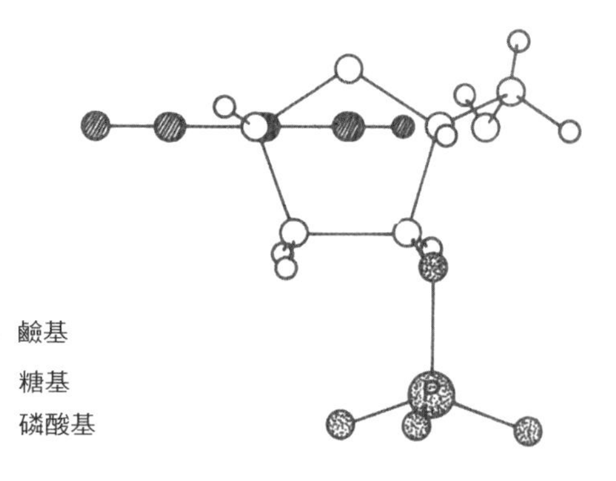

核苷酸示意圖顯示，鹼基平面幾乎垂直於大多數糖基原子所在的平面。佛伯格在 1949 年確立這項重要事實，當時他在倫敦大學伯貝克學院的貝爾納實驗室工作。後來他曾建構某些 DNA 模型，極具嘗試性，但他不知道國王學院的實驗細節，只建立單鏈結構，因此卡文迪西從未認真考慮他的結構概念。

2 華生參考佛伯格測定的胞苷（cytidine）結構，詳見上圖的說明。此結構在1949年發表於《自然》期刊，公認是一項傑作。佛伯格是挪威籍物理化學家，曾在伯貝克學院與貝爾納共事兩年。

本描寫「劍橋教師私生活不檢點」的小說來。這本書有些地方寫得還不錯，甚至有些最匪夷所思的地方令人不禁要問，作者構思故事情節時，是否把哪個朋友的真實生活給寫進去了？[3]

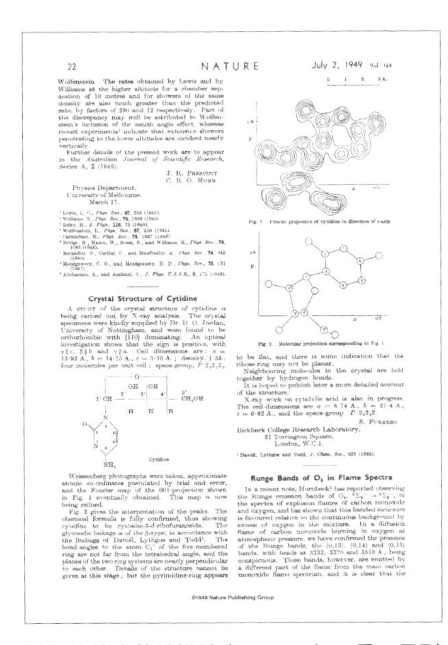
22 NATURE July 2, 1949 Vol 164

Crystal Structure of Cytidine

Runge Bands of O_2 in Flame Spectra

©1949 Nature Publishing Group

佛伯格的胞苷結構論文，1949年7月2日刊登於《自然》期刊。

R.E. Franklin

With compliments, Sven Furberg

Reprinted from *Acta Crystallographica*, Vol. 3, Part 5, September 1950

PRINTED IN GREAT BRITAIN

Acta Cryst. (1950). **3**, 325

The Crystal Structure of Cytidine

By S. Furberg*

Birkbeck College Research Laboratory, 21 Torrington Square, London W.C. 1, England

(Received 28 January 1950)

Crystals of cytidine, $C_9H_{13}O_5N_3$, are orthorhombic with $a=13{\cdot}93$, $b=14{\cdot}75$, $c=5{\cdot}10$ A. The space group is $P2_12_12_1$, and the unit cell contains four molecules. Atomic co-ordinates were postulated by extensive use of structure-factor graphs, supported by chemical and physical data, and then refined by two-dimensional Fourier syntheses. Direct confirmation is given that cytidine may be described as cytosine-3-β-D-ribofuranoside. The pyrimidine ring is found to be planar, whereas the D-ribose ring is non-planar with one of its atoms lying about 0·5 A. from the plane containing the four remaining atoms. The central C–N bond lies in the plane of the pyrimidine ring and makes tetrahedral angles with the adjacent ring bonds in the D-ribose. Evidence is found for a weak intra-molecular hydrogen bond between the 5′-hydroxyl group in the D-ribose and a (CH) group in the pyrimidine.

佛伯格的胞苷結構論文完整版複本，為富蘭克林所擁有。佛伯格在簽名下方所寫的筆跡依稀可見：「希望您已能詮釋鈉─胸腺核酸酶（Na-thymonuclease）的美妙纖維圖。」遺憾的是，我們不知道富蘭克林何時收到這篇論文。

3　這本小說是布拉德（Margaret Bullard）所寫的《天堂裡的棲木》（*A Perch in Paradise*），1952年由漢彌頓出版社（Hamish Hamilton）出版。哲學家羅素（Bertrand Russel）也頗欣賞這本書，他在1952年4月10日給布拉德的信函上寫道：「倘若劍橋如您所描繪，比起我在1890年代初念大學那時候，肯定變得更有意思了。當年我們都是嚴守戒律的獨身者，與書中人物不可同日而語。我發覺您的小說很有意思，讀來暢快，但願書中呈現的是劍橋生活的真實面貌。」

小說《天堂裡的棲木》

儘管如此，早上喝咖啡時，克里克還是信心滿滿，認為現有的實驗數據或許已足以確認結果。我們根據幾種截然不同的證據著手進行，也許到最後會殊途同歸。只要專注於找出多核苷酸鏈最漂亮的摺疊方式，說不定整個問題就會水落石出。因此當克里克繼續思考 X 射線圖的意義時，我開始將各種原子模型組裝成數條長鏈，每條鏈上都有好幾個核苷酸。雖然實際的 DNA 鏈很長，卻沒有必要組裝很長的模型，只要我們確定它是螺旋型，把幾個核苷酸的位置排好，自然會知道其他所有成分的排列方式。

不到下午一點，單調的組裝工作結束了，我和克里克走到老鷹酒吧，跟化學家古特弗倫德一起吃午餐。這幾天，肯德魯通常去彼得豪斯學院，佩魯茲則是騎自行車回家吃飯。肯德魯的學生赫胥黎偶爾會加入我們，但近來他很受不了克里克的午餐攻勢，老愛打探消息。因為就在我來劍橋之前，赫胥黎決定要研究肌肉收縮的問題，這個意想不到的機會吸引了克里克的注意力，二十多年來，肌肉生理學家累積了大量資料，卻歸結不出完善的理論。

克里克發現，這是他一展身手的大好時機。他不必一一查出相關的實驗，因為赫胥黎已經爬梳過那些未經消化的材料。每次午餐後，他們就將資料解釋成理論，但這些理論通常只能維持一、兩天就被推翻。一直到赫胥黎可以說服克里克，這理論有如直布羅陀巨岩般堅不可摧，而不是實驗誤差所致。[4] 現在赫胥黎的 X 射線照相機已架設完成，他希望快點得到實驗證據，以便解決有爭議的論點。萬一克里克神機妙算，料中他打算要找的東西，那就一點樂趣都沒有了。

但赫胥黎那天不用擔心會有新的一波鬥智攻勢了。當我們走進老鷹酒吧時，克里克一反常態，沒有大大咧咧的跟波斯經濟學家埃雪格打招呼，反而露

4　直布羅陀巨岩高達426公尺，為接壤西班牙、守護地中海出海口的峽角。自從1713年的「烏得勒支條約」（Treaty of Ultrecht）以來，這裡一直是英國屬地。儘管巨岩曾遭到多次圍攻，卻從未被攻下，因而華生有此一說。

出一副重頭戲就要上場的神情。[5]吃完午餐就要開始建構真正的模型，我們必須制定更具體的計畫，執行起來才會更有效率。所以我們一面吃醋栗餡餅，一面考慮單條、兩條、三條、四條鏈的優缺點，很快就排除單螺旋的可能性，因為不符合我們手邊的證據。

至於連結這些鏈的作用力，最佳猜測似乎是鹽橋中的二價陽離子（例如鎂離子），把兩個或更多的磷酸基連結在一起。不可否認，沒有證據顯示，富蘭

肯德魯的博士生赫胥黎，以及佩魯茲的助理庫利絲（Ann Cullis），1950 年代。

古特弗倫德（Herbert Gutfreund）與克里克、華生在克萊爾學院外合影，1952 年。

5　埃雪格（Eprime Eshag）是伊朗籍經濟學家，他熱情追隨凱因斯，來到劍橋研究他的博士論文，主題為貨幣理論史。他本來在聯合國工作，後來成為牛津瓦德漢學院（Wadham College）研究員。根據他的訃聞，他也是「執迷不悔的風流情聖」，很晚才結婚（1992年），六年後過世，享壽八十歲。

克林的樣本含有任何二價離子，所以我們可能是伸長脖子、等著被宰。反過來說，也完全沒有任何證據可以推翻我們的直覺。[6]

要是國王學院研究群考慮過模型就好了，他們就會想過存在哪一種鹽類，我們也不會在這裡傷腦筋了。但是，運氣好的話，把鎂或鈣離子加進糖—磷酸骨幹中，很快就能產生精巧的結構，這點是不會有爭議的。

不過，我們建構模型的開頭幾分鐘就不太好玩。我們用鉗子固定原子，使原子之間保持正確距離，可是笨手笨腳的，雖然才只有大約十五個原子，這些原子卻老是從鉗子上脫落。更糟的是，一些最重要的原子之間的鍵角沒有明顯的限制，讓我們不安之感油然而生。這一點也不妙。鮑林破解 α 螺旋結構，憑的就是他知道肽鍵是平面的。令我們為難的是，我們有充分理由相信，DNA 中連結相鄰核苷酸的磷酸二酯鍵，可能存在各種不同的形狀。至少以我們的化學直覺眼光來看，好像沒有任何一種構造比其他的更漂亮。

不過，喝完下午茶之後，模型開始成形，使我們精神為之一振。我們將三條鏈以某種方式互相旋繞，產生的晶體特徵每隔 28 埃沿螺旋軸重複出現，這正符合威爾金斯與富蘭克林的照片，所以當克里克從實驗台往後退、檢視整個下午做出來的成果時，明顯放心多了。不可否認，有幾個原子還是靠得太近，看起來有點擠，但是，畢竟模型才剛開始弄而已。再花幾個小時的工夫，應該

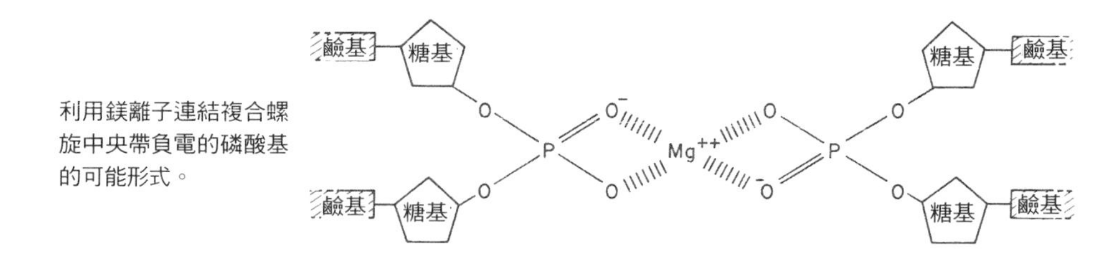

利用鎂離子連結複合螺旋中央帶負電的磷酸基的可能形式。

6 在富蘭克林的學術演講後不久，克里克寫了備忘錄，右頁圖為第一頁，詳列華生和他在設計DNA結構時所依據的原則。富蘭克林認為實驗數據是首要的，但他們的看法正好相反，他們試圖「……盡可能納入最少量的實驗事實」，同時也承認「……某些實驗結果給了我們一些想法。」克里克強調，一定要注意，不要排除某個模型「……只因為某些難題，這些到後來的階段就會自行解決。」

就能展現像樣的模型了。

在綠門吃晚餐時，大家都沉浸在興高采烈的氣氛中。雖然歐蒂聽不懂我們在說什麼，但她顯然很高興，克里克在一個月內即將迎來第二場勝利。如果事情照這樣發展下去，他們很快就會發財，可以買汽車了。

克里克根本不覺得有必要簡化問題，好讓歐蒂聽懂。自從歐蒂跟他說，重力只能達到地面上空五公里，他們這方面的關係便到此為止。歐蒂不但不懂科學，而且任何「在她腦子裡裝進一點科學」的企圖，都敵不過她所受的多年修道院教育。頂多只能指望她線性思考，因為數錢就是這麼數的。

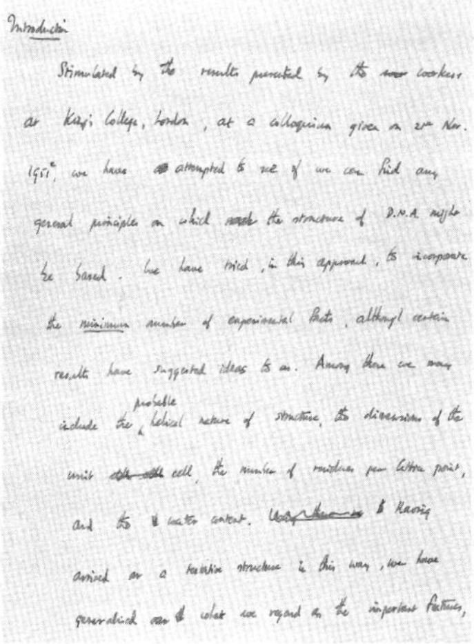
Introduction

Stimulated by the results presented by the coworkers at King's College, London, at a colloquium given on 21st Nov. 1951, we have attempted to see if we can find any general principles on which the structure of D.N.A. might be based. We have tried, in this approach, to incorporate the minimum number of experimental facts, although certain results have suggested ideas to us. Among these we may include the probable helical nature of structure, the dimensions of the unit cell, the number of residues per lattice point, and the water content. Having arrived at a tentative structure in this way, we have generalised what we regard as the important features,

6　克里克為他們的「三螺旋模型」所寫的備忘錄，第一頁。

我們的話題轉而集中在一位年輕的藝術學生身上，當時她正準備嫁給歐蒂的朋友維爾（Harmut Weil）。克里克不太開心，因為這麼一來，他們的聚會場合就會少了最漂亮的女孩。此外，維爾令人摸不透的事情不只一件。他來自德國大學那種相信決鬥的傳統。[7]而且他還真的頗有本事，竟然說服好幾位劍橋姑娘，請她們擺姿勢讓他拍照。

不過，就在喝早晨咖啡之前，克里克一陣風似的吹進實驗室，把所有關於女人的念頭一掃而空。我們調整了幾個原子的位置，很快的，三鏈模型開始顯得有模有樣。下一步顯然是拿富蘭克林的測量值來加以檢驗。模型一定會大致符合X射線的反射位置，因為基本的螺旋參數都是選好的，符合我轉述給克里克的演講內容。然而，如果模型正確的話，還能準確預測各個X射線反射點的

7　1929年，托德（見56頁照片）在德國法蘭克福進行博士論文研究。他曾在自傳中描述，他清晨五點去參加一場決鬥，目的是在對手的臉上劃一道傷口。然後決鬥者和旁觀者在附近的小酒館「喝掉大量啤酒，儘管還是大清早」。

相對強度。

我們趕快打電話給威爾金斯。克里克向他解釋，螺旋繞射理論如何快速檢驗可能的 DNA 模型，還說我跟他已經弄好一件成品，說不定正是大家都在等待的答案，請威爾金斯最好馬上過來看一下。威爾金斯說，他一星期之內可能會找時間過來，但沒說確切日期。電話才掛掉沒多久，肯德魯進來了，想知道威爾金斯對於研究突破的消息有何反應。克里克覺得他的答覆一言難盡。聽起來，威爾金斯好像不太在乎我們在做什麼。

那天下午，我們正在弄模型弄到一半時，有一通從國王學院打來的電話。威爾金斯隔天早上會搭十點十分的火車從倫敦趕來。而且他不是單槍匹馬。他的合作夥伴席茲也會來。更重要的是，富蘭克林和她的學生葛斯林也會在同一班火車上。顯然他們對答案還是很感興趣。

醫學研究委員會生物物理學組成員，於年度板球比賽時合影（1950 年代）。從左到右依次為：威爾金斯、席茲、弗雷澤夫婦（Bruce Fraser、Mary Fraser）、葛斯林（站立者）、布朗（Geoffrey Brown）。

第 13 章
尷尬的會面

葛斯林（Ray Gosling），攝於 1950 年代初。

威爾金斯決定從火車站搭計程車到實驗室。平時他會搭公車來，但現在他們有四個人分攤費用。再說，和富蘭克林一起等公車也沒什麼樂趣，只會把現有的尷尬情況變得更糟而已。他的好心從來沒有好報，就連現在外侮當前，富蘭克林還是一如往常，對他不理不睬，把她的注意力全放在葛斯林身上。等到威爾金斯探頭進來我們實驗室，說他們來了，她才勉為其難，裝出團結一致的樣子。尤其是，在這種膠著的情況下，威爾金斯覺得先不談科學比較妥當。然而，富蘭克林可不是來這裡說廢話的，而是急於一探究竟。

佩魯茲和肯德魯都不想搶克里克的鋒頭。這天是他的大日子，他們進來跟威爾金斯打完招呼，便藉口工作繁忙，溜回兩人共用的辦公室，把門關了。在一行人抵達之前，克里克和我說好了，要分兩個階段介紹我們的研究進展。克里克會先總結螺旋理論的優點，然後我們會一起解釋，我們提出的 DNA 模型是怎麼來的。之後我們可以去老鷹酒吧吃午餐，把下午的時間空出來，討論大家如何進行問題的最後階段。

第一部分的介紹按照計畫進行。克里克極力吹捧螺旋理論的厲害，不到幾分鐘即透露如何用貝索函數導出簡潔的答案。克里克得意洋洋，來賓臉上卻不見欣喜。威爾金斯不但不想用這些漂亮的方程式來求解，反而想要強調一件事

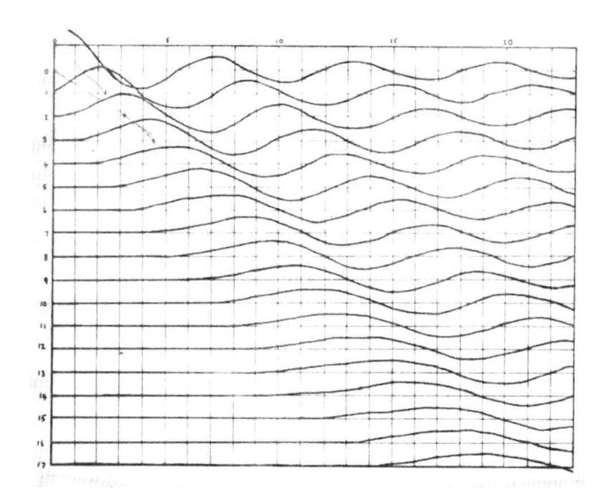

史多克斯計算出來的螺旋結構貝索函數（Bessell functions）圖，他稱之為「濱海貝索波」（Waves at Bessel-on-Sea）。

史多克斯稱他的貝索函數圖為「濱海貝索」，是「濱海貝克斯希爾」（Bexhill-on-Sea）的雙關語，這裡是英國南岸的濱海渡假勝地，從倫敦搭火車來此一日遊，頗受歡迎。

實：克里克的理論，並沒有超越他的同事史多克斯早已解決的數學方法。有天傍晚，史多克斯在回家的火車上解決了這個問題，隔天早上在小紙條上推導出理論，人家可沒有大肆宣揚。[1]

關於誰先導出螺旋理論，富蘭克林一聲不吭，隨著克里克滔滔不絕，她顯得愈來愈不耐煩。她連說教都省了，因為在她看來，沒有絲毫證據顯示 DNA 是螺旋型。到底是不是螺旋型，還有待進一步的 X 射線研究。她對模型本身更是不屑一顧。克里克的論點根本不值得大驚小怪。當話題說到我們三鏈模型中

1 四十年後，史多克斯回想他如何求出他的螺旋繞射理論版本：「威爾金斯知道我喜歡數學，尤其是傅立葉分析，他說：『你能算出螺旋結構會產生何種X射線圖案嗎？』我說，我認為我可以。我在坐火車回家的路上仔細推敲，發現這個問題需要用到的傅立葉分析全是貝索函數。我運氣很好，以前在不同的情況下碰到過貝索函數，所以我知道它們是何方神聖，我一點也不怕它們。隔天我算出一些貝索函數的圖形……顯示和我們得到的X射線繞射圖案有顯著的相似性。後來稱為濱海貝索波。」

連結磷酸基的鎂離子時，她變得咄咄逼人。對於這一點，富蘭克林完全不敢苟同，她很不客氣的指出，鎂離子會被水分子層層包圍，因此不可能是緊密結構的主要連結成分。[2]

最煩人的是，富蘭克林的反駁不只是為了唱反調：事到如今我才發現，這下慘了，我把她的 DNA 樣本的含水量記錯了。尷尬的事實擺在眼前，相較於我們的模型，正確的 DNA 模型至少要含有十倍的水。這不代表我們一定是錯的——運氣好的話，多餘的水或許可以擠進螺旋邊緣的空隙裡。話又說回來，我們的論點很薄弱，這也是無可避免的結論。只要其中牽涉到更多水，可能的 DNA 模型數量就會遽增。

吃午餐時，雖然克里克還是忍不住侃侃而談，但他的口吻不再像是自信滿滿的大師在教訓從未見識過一流學者的鄉巴佬了。球在哪一邊，大家都很清楚。為了挽回殘局，最好的辦法就是針對下一回合的實驗達成協議。尤其是，只要花幾個星期的工夫，便能看出 DNA 結構是不是真的靠某些離子來中和磷酸基的負電荷。至於鎂離子究竟重不重要，這些疑慮到那時候就會煙消雲散了。等到完成這件事，即可展開另一回合的模型建構，運氣好的話，或許耶誕節之前就能搞定。

2　葛斯林描述那天的訪問（2012 年）：

克里克打電話給威爾金斯，說他和華生已經建構出 DNA 的螺旋模型，問我們大家要不要去劍橋看一看。我們有點驚訝，於是從利物浦街車站搭火車去。一路上非常安靜，一半是因為威爾金斯與富蘭克林之間的緊張關係，一半則是擔心卡文迪西那兩個人可能會捷足先登。不過，一到他們實驗室、看了他們的模型，我們明顯鬆了一口氣。富蘭克林毫不留情的訓話：「你們搞錯了，原因是什麼什麼……」，開始列舉理由，反駁他們的提議。他們提出的結構錯在把磷酸基放在內側，以為這樣軸心會比較堅固，否則整條鏈會搖晃不穩。然而，我們的繞射圖案明確顯示，磷酸基是結構中最大的 X 射線散射體，必須位於任何分子的外側，圍繞著含有其餘核苷酸的軸心，半徑大約為 10 埃。如同富蘭克林所指出的，我們的實驗證實了這一點，顯示水可以輕易的在結構中進進出出，無論是什麼樣的結構。

這次訪問也確認了富蘭克林的看法：你可以建構原子模型「直到天荒地老」，但很難說哪個模型比較接近事實。如果威爾金斯願意讓步，讓我們（她和我）繼續進行繞射強度測量，以及既緩慢又辛苦的計算，終有一天「數據會為自己說話」。

吃完午餐，我們漫步進入國王學院，沿著後園繞到三一學院，一路上看不出任何轉圜的餘地。富蘭克林和葛斯林態度堅決：他們未來的行動方向，絕不會因為大老遠來這裡聽小伙子胡說八道而受到影響。威爾金斯和席茲顯得比較通情達理，但這說不定只是反映出，他們不願意附和富蘭克林罷了。

等我們回到實驗室，情況並沒有改善。克里克不想一下子就認輸，所以他又說了一些我們如何建構模型的詳情。可是當時顯然只剩下我在搭理他，他很快就心灰意冷了。再說，到了這時候，我們倆誰也不想看到那個模型。它已經光芒盡失，而且那些臨時粗製濫造的磷原子，根本不可能整整齊齊塞進任何有價值的模型裡。後來，當威爾金斯說，如果他們快點去搭公車，或許趕得上三點四十分的火車回利物浦街車站時，我們連忙說再見。

倫敦利物浦街車站（Liverpool Street station）的尖峰時刻，1951 年 10 月 12 日。

1950 年代初，席茲（右二）參加物理系聚會，葛斯林坐在席茲後面，臉有一半被擋住。

第 14 章
冷凍

小布拉格爵士與夫人愛麗絲（Lady Alice），1951 年。

富蘭克林的勝利，一下子就傳到樓上小布拉格那裡。他無計可施，只能表現出若無其事的樣子。這個令人失望的消息證實，克里克如果可以偶爾閉上他的嘴，說不定動作會快一點。後續的影響果然不出所料。現在顯然該是威爾金斯的老闆和小布拉格談一談的時候了，讓克里克和我這個美國人仿效國王學院，大力投入 DNA 研究，這樣究竟合不合理？[1]

克里克再次掀起不必要的風波，小布拉格爵士對此早已見怪不怪。誰也不知道，下次克里克又會在哪裡興風作浪。如果他繼續如此行事，很容易在實驗室又耗掉五年，要是蒐集不到足夠的資料，保證拿不到博士學位。

小布拉格一想到往後的日子就心寒，在卡文迪西教授任內的最後幾年都得容忍克里克，他實在是受不了，神經有毛病的人才受得了。此外，長久以來，他一直活在父親盛名的陰影下，大部分的人都誤以為，布拉格定律背後的真知灼見是他父親的功勞，不是小布拉格。現在本該是小布拉格坐享科學界第一把交椅最高榮譽的時候，卻必須為這個不得志天才的離譜行為負責。

1　現在我們得知，針對這件事情，克里克和威爾金斯之間也有書信往來。信上告訴我們很多東西，不僅和這次事件有關，也和威爾金斯及克里克的性格有關。信函顯示於以下三頁。

「三螺旋模型」一敗塗地之後的書信。在這封相當正式的信函中，威爾金斯將國王學院研究群的立場告知克里克：「實不相瞞，非常無奈也非常遺憾，這裡大多數的人都反對你們的提議，不同意你們在劍橋繼續研究核酸。」威爾金斯也擔心，他對克里克過於坦白：「和你討論我本身的工作，我個人覺得獲益良多，然而在你上星期六的態度之後，在這方面我開始稍微感到不安。」威爾金斯也將信函的複本給了蘭德爾，並建議克里克將這封信函拿給佩魯茲看。

BIOPHYSICS RESEARCH UNIT,
KING'S COLLEGE,
STRAND,
LONDON, W.C.2.
TELEPHONE: TEMPLE BAR 5651

Dr. F. Crick,
Cavendish Laboratory,
Free School Lane,
Cambridge

11th December 1951

My dear Francis,

Firstly, I want to say I was very sorry to rush off on Saturday without seeing you again and thanking you for the pleasant time.

I am afraid the average vote of opinion here, most reluctantly and with many regrets, is against your proposal to continue the work on n.a. in Cambridge. An argument here is put forward to show that your ideas are derived directly from statements made in the colloquium and this seems to me as convincing as your own argument that your approach is quite out of the blue. It is also said that your type of solution would in any case be arrived at here as our programme is followed through. Fraser is, however, very keen on the whole approach along your lines and has been especially so since your suggestions of a month ago.

~~Apart from this~~, I think it most important that an understanding be reached such that all members of our laboratory can feel in future, as in the past, free to discuss their work and interchange ideas with you and your laboratory. We are two M.R.C. Units and two Physics Departments with many connections. I personally feel that I have much to gain by discussing my own work with you and after your attitude on Saturday begin to have uneasy feelings in this respect. Whatever the precise rights or wrongs of the case I think it most important to preserve good inter-lab relations.

If you and Jim were working in a laboratory remote from ours our attitude would be that you should go right ahead. I think it best to abide by the view taken by the majority of the structure people here and your Unit as a whole. If your Unit thinks our suggestion selfish, or contrary to the interests as a whole of scientific advance, please let us know.

I suggest you show this letter to Max for his information, and having discussed the matter with Randall I am, at his request, letting him have a copy.

Yours very sincerely,

Maurice

於是小布拉格將決定轉達給佩魯茲：克里克和我必須放棄DNA研究。小布拉格問心無愧，並不認為這會妨礙科學進展，因為他徵詢過佩魯茲和肯德魯，得知我們的方法沒有什麼獨到之處。在鮑林一舉成功之後，再也沒人會說相信螺旋除了代表頭腦簡單之外，沒有任何意義。讓國王學院研究群先去試一試螺旋模型，總是件對的事。這樣克里克就可以全心全意做他的論文工作，研究血紅素晶體在不同密度的鹽溶液中如何收縮。腳踏實地工作一年到一年半，

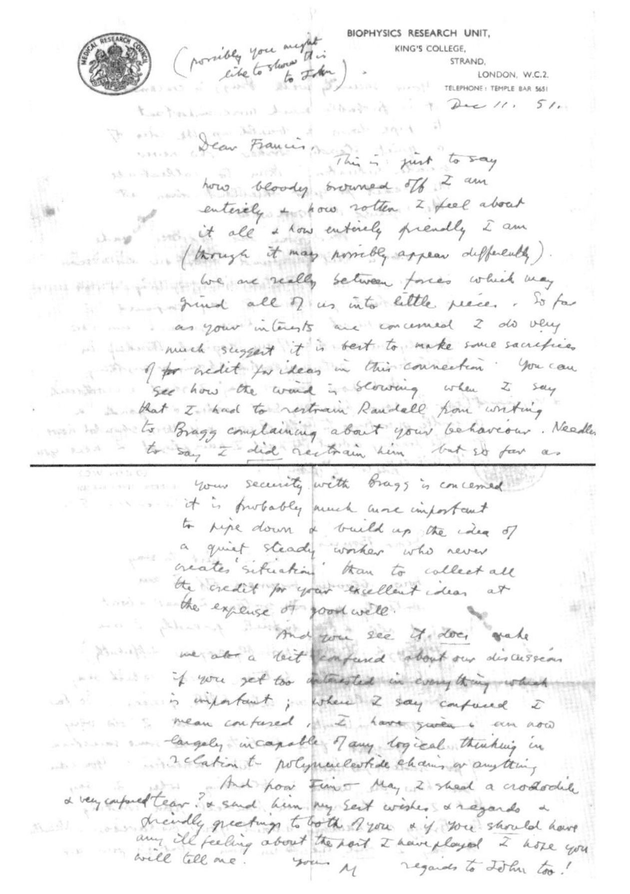

(possibly you might like to show this to John).

BIOPHYSICS RESEARCH UNIT,
KING'S COLLEGE,
STRAND,
LONDON, W.C.2.
TELEPHONE: TEMPLE BAR 5651

Dec 11. 51.

Dear Francis,

This is just to say how bloody browned off I am entirely & how rotten I feel about it all & how entirely friendly I am (though it may possibly appear differently).

We are really between forces which may grind all of us into little pieces. So far as your interests are concerned I do very much suggest it is best to make some sacrifices of credit for ideas in this connection. You can see how the wind is blowing when I say that I had to restrain Randall from writing to Bragg complaining about your behaviour. Needless to say I did restrain him but so far as your security with Bragg is concerned it is probably much more important to pipe down & build up the idea of a quiet steady worker who never creates 'situations' than to collect all the credit for your excellent ideas at the expense of good will.

And you see it does make me also a bit confused about our discussions if you get too interested in everything which is important; when I say confused I mean confused, I have given & am now largely incapable of any logical thinking in relation to polynucleotide chains or anything.

And how Jim — May I shed a crocodile & very confused tear? & send him my best wishes & regards & friendly greetings to both of you & if you should have any ill feeling about the part I have played I hope you will tell me.

Yours M

regards to John too!

這也是威爾金斯寫給克里克的信函，日期也是 12 月 11 日，這封信函沒那麼正式，顯然不是寫給蘭德爾或佩魯茲看的。威爾金斯的痛苦顯而易見：「這封信只是要說，我到底有多厭倦、我對這一切的感覺有多爛、我是多麼有誠意（雖然可能看起來不是這樣）。我們真的是備受壓力，這些壓力可能會把我們大家都磨成碎片。」

建議克里克該如何與小布拉格相處之後，威爾金斯繼續寫道：「你也看得出來，這確實讓我對我們的討論有點疑慮，如果你對每件重要的事情都太興致勃勃……」接著又為華生加了一段特別的慰問：「可憐的吉姆——我能為他一灑鱷魚（譯注：假裝同情）與大惑不解之淚嗎？」但他在信尾送上「友好的問候，致你們二位，如果你們對我扮演的角色有任何不滿，希望你們跟我說一聲。」

或許就會對血紅素分子的形狀有比較具體的看法。博士學位一入袋，克里克便可另謀高就了。

我們並沒有試圖對裁決提出抗議。為了不讓佩魯茲和肯德魯為難，我們忍住了，沒有公開質疑小布拉格的決定。大聲嚷嚷恐怕會洩漏咱們教授根本不知道 DNA 是什麼字的縮寫。沒有理由相信，小布拉格認為 DNA 的重要性比得上金屬結構的百分之一，為了研究金屬結構，他製作肥皂泡沫模型可是樂此不收到前面兩封威爾金斯的來信之後，克里克寫下草稿，回了一封不卑不亢的信給威爾金斯：「……振作吧，且聽我們一句，就算我們有所冒犯，那也是朋友之間的事。希望我們的竊用資料，至少能讓你的研究群團結起來！」

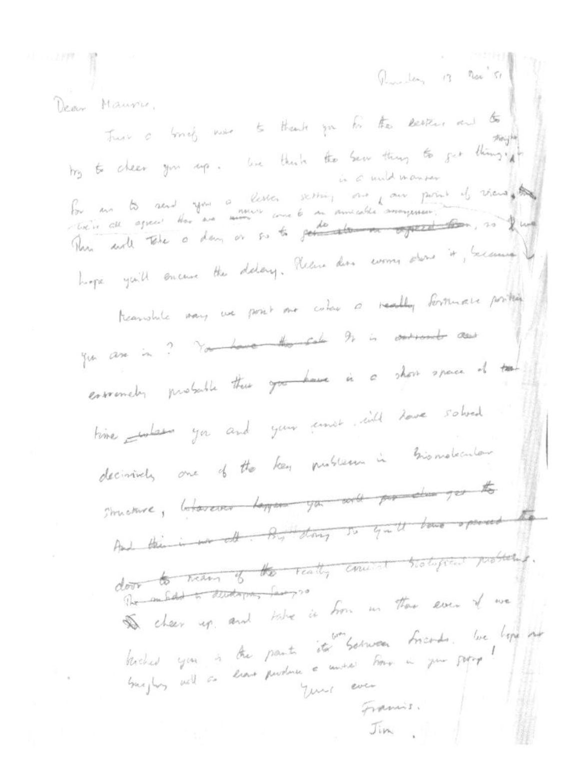

Thursday 13 Nov '51

Dear Maurice,

Just a brief note to thank you for the letter and to try to cheer you up. We think the best thing to get things straight in a mild manner for us to send you a letter setting out our point of view. We're all agreed that we must come to an amicable arrangement. This will take a day or so to do, so we hope you'll excuse the delay. Please don't worry about it, because

Meanwhile may we point out what a fortunate position you are in? [illegible] It is [illegible] extremely probable that in a short space of time you and your crowd will have solved decisively one of the key problems in biomolecular structure, [illegible]

So cheer up and take it from us that even if we kicked you in the pants it was between friends. We hope our burglary will at least produce a united front in your group!

Yours ever

Francis.

Jim.

疲。小布拉格爵士最大的樂趣，就是秀給大家看「泡沫如何互相撞擊」的精采影片。[2]

不過，我們講道理，並不是為了和小布拉格維持和平。而是因為我們以糖－磷酸核心為基礎的模型遇到麻煩，所以低調一點也好。不論怎麼看，看起來都不對勁。國王學院人士來訪的第二天，我們仔細檢視不幸的三鏈模型和幾種可能的變化。我們雖然無法確定，但有這樣的感覺：任何模型如果把糖－磷酸骨幹放在螺旋中央，就會迫使原子之間變得太靠近，不符合化學定律。如果把一個原子與隔壁原子之間擺成適當的距離，往往造成遠處相鄰原子之間變得擁擠不堪。

2 華生輕視小布拉格對泡沫的興趣，其實有失公允。1947年，小布拉格與奈伊（John Nye）指出，液體表面的泡沫形成緊密排列的泡筏（raft of bubbles），表現的行為類似金屬中的原子。泡筏對於發展新的見解還是很有用，但現在都是利用分子動力學來進行原子模擬。

為了讓問題有所轉圜，只好從頭再來一次。然而，我們發現這下慘了，與國王學院之間的糾紛，恐怕會斷絕最新實驗結果的來源。往後甭想有人會邀請我們參加研究座談會，就連不經意的問一問威爾金斯，都會令人懷疑我們故技重施。

更糟的是，我們幾乎確定，我們這邊停止建構模型，並沒有換來他們實驗室的大動作。據我們所知，到目前為止，國王學院沒有建構過任何必要原子的三維模型。為了加速這項工作，我們將劍橋模型的模具給他們，讓他們製作模型。儘管如此，我們的好意，他們也只是勉強接受。但威爾金斯確實說過，幾星期之內，可能會找人組合一些東西，並且約好，下次我們有誰去倫敦時，可以順便把模具帶去他們實驗室。[3]

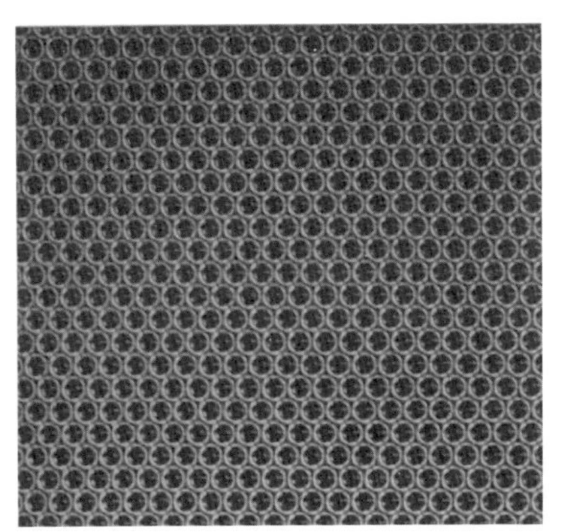

[2] 完美的結晶泡筏。(小布拉格與奈伊，《皇家學會報告 A 系列》，第 190 卷，第 8 片)。

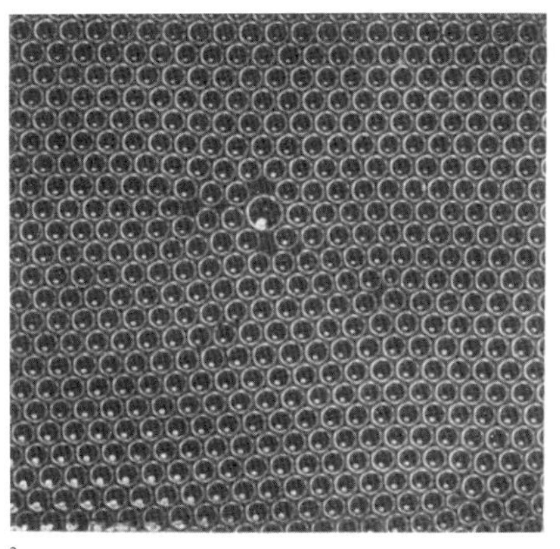

[2] 原子雜質的影響。(小布拉格與奈伊，《皇家學會報告 A 系列》，第 190 卷、第 18 片)。

3　模具（jig）是用來複製同樣物品的模板。以此情況來說，卡文迪西工廠已經製好代表四種鹼基的精確模型，這些模具可用來快速製作更多的各種鹼基。威爾金斯後來寫道，華生和克里克提供這些模具「……是絕佳例子，我們科學本來就該往這條路走」，但富蘭克林拒絕使用這些模具。

耶誕假期即將來臨，指望大西洋這頭的英國有人破解 DNA 的結構，看來是機會渺茫。雖然克里克聽從小布拉格的指示，回去研究蛋白質、寫他的論文，但這並不合他的胃口。相反的，沉寂幾天之後，他開始口沫橫飛談起 α 螺旋本身的超螺旋排列。[4] 只有在吃午餐的時候，我才有把握他會談到 DNA。幸好，肯德魯很明理，中斷 DNA 研究，還不至於連思考都不行，他想也沒想過要讓我對肌紅素產生興趣。我反而利用這段陰冷的日子，多學一點理論化學，或者翻翻期刊，希望說不定會有 DNA 的蛛絲馬跡。

我最常翻開的書，正是克里克擁有的那本《化學鍵的本質》。當克里克需要用這本書來查找重要的鍵長時，書卻愈來愈常出現在實驗室的實驗台角落，那裡正是肯德魯給我用來做實驗的地方。我希望在鮑林這本大作的某處，可以找到真正的祕訣。克里克乾脆又買了一本，送給我當禮物，這是個好兆頭。扉頁上的題字是「致吉姆，克里克贈於 1951 年耶誕節。」基督教遺留下來的風俗，確實很有用處。

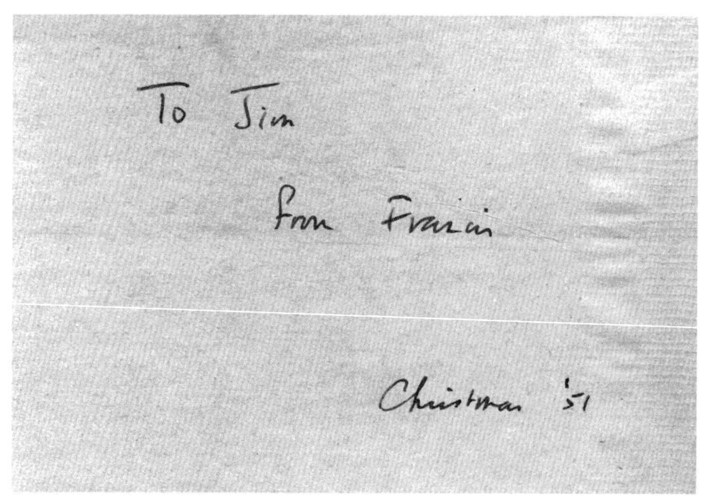

克里克在鮑林所著的《化學鍵的本質》書上題字，他送華生這本書，當作耶誕禮物。

4 克里克研究α螺旋的超螺旋排列，稱為「捲曲螺旋」(coiled coils)，導致他與鮑林的優先權糾紛愈演愈烈（詳見第20章）。

第 15 章
米奇森家族

耶誕假期我並沒有在劍橋枯坐。米奇森邀請我去他父母親位於琴泰岬（Mull of Kintyre）卡拉代爾的家中作客。我實在很幸運，因為聽說過節時，米奇森的母親娜歐蜜（知名作家）和父親迪克（工黨議員）的大房子裡總是充滿各種奇人異士。此外，娜歐蜜正是英國最聰明、最特立獨行的生物學家霍爾丹的妹妹。

我和米奇森及他妹妹薇兒（Val）在尤斯頓車站（Euston Station）會合。無論是 DNA 研究觸礁的挫折感、或是這一年來薪水有沒有著落，此時都顧不了那麼多了。開往格拉斯哥（Glasgow）的夜車座無虛席，我們這十個小時的車程只好坐在行李上，一路聽薇兒評論牛津一年比一年多的美國人那些粗鄙的習性。

娜歐蜜．米奇森（Naomi Mitchison），攝於卡拉代爾（Carradale）附近，1955 年。她後方的漁船「莫文少女號」（The Maid of Morven）是她與當地漁夫麥金塔（Denis McIntosh）共同擁有的。娜歐蜜撰寫科幻小說及歷史小說，她是托爾金（J. R. R. Tolkien）的好朋友，曾幫他校對《魔戒》（*The Lord of the Rings*）。

人稱迪克（Dick）的吉爾伯特．米奇森（Gilbert Mitchison），在凱特靈（Kettering）參加競選活動。他是 1945 年大選的工黨候選人，擊敗人稱傑克（Jack）的保守黨候選人普羅富莫（John Profumo），贏得議員席次。這張照片翻拍自英國文化協會（British Council）為這場選舉拍攝的紀錄片。

1937 年，霍爾丹在特拉法加廣場的聯合陣線（United Front）集會上勸勉群眾。聯合陣線是左翼組織為了打擊法西斯德國而組成的工人聯盟。

我們在格拉斯哥見到我妹妹伊麗莎白，她從哥本哈根搭飛機過來，先飛到普雷斯特威克。兩個星期前，她來信提到，有個丹麥人在追求她。我頓時有大禍臨頭之感，因為那個人是成功的演員。我馬上問米奇森，能不能帶伊麗莎白一起去卡拉代爾。他的肯定答覆讓我放心多了，因為如果我妹妹在偏僻的鄉下別墅待兩個星期之後，還考慮在丹麥定居的話，那就太不可思議了。[1]

我們坐上開往坎貝爾鎮的公車，在卡拉代爾的岔路口下車；迪克開車接我們，行駛最後三十幾公里的山路，送我們到他和娜歐蜜住了二十年的蘇格蘭小漁村。

他們家有一段石板路，連到附有幾個貯藏庫的藏槍室，當我們沿石板路走到飯廳時，晚餐還在進行中，飯廳裡充斥著激烈的高談闊論。米奇森的動

伊麗莎白．華生，1953 年攝於劍橋。

1 華生寫給妹妹的信函，描述他們將如何前往卡拉代爾。華生和米奇森及他的妹妹薇兒從倫敦搭火車去，在格拉斯哥車站和伊麗莎白會合，她會搭飛機飛到普雷斯特威克（Prestwick）。他手繪了大致地理位置，顯示卡拉代爾與格拉斯哥及愛丁堡的相對位置。

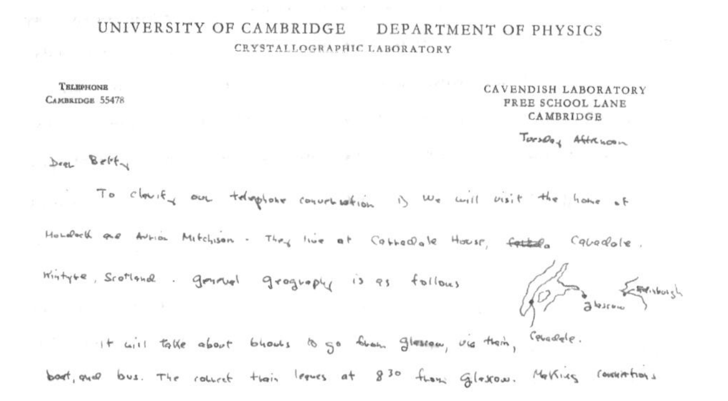

UNIVERSITY OF CAMBRIDGE DEPARTMENT OF PHYSICS
CRYSTALLOGRAPHIC LABORATORY

TELEPHONE
CAMBRIDGE 55478

CAVENDISH LABORATORY
FREE SCHOOL LANE
CAMBRIDGE

Tuesday Afternoon

Dear Betty

To clarify our telephone conversation is we will visit the home of Murdoch and Avrion Mitchison. They live at Carradale House, Carradale, Kintyre, Scotland. General geography is as follows

It will take about 6 hours to go from Glasgow, via train, boat, and bus. The correct train leaves at 8 30 from Glasgow. Making connections

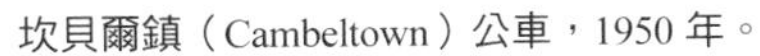
坎貝爾鎮（Cambeltown）公車，1950 年。

卡拉代爾大宅

物學家哥哥默多克已經來了，一群人圍在他身邊，他在談論細胞如何分裂，談得正高興。眾人更常談到的話題是政治，以及美國「妄想狂」想出來的怪論調——冷戰。這些妄想狂還是滾回美國中西部小鎮的律師事務所算了。

到了隔天早上，我發現，禦寒最好的辦法就是躲在被窩裡，不然就出去走一走，除非正在下傾盆大雨。下午的時候，迪克一直想找人陪他去射鴿子，我試了一次，但是等鴿子都不見蹤影之後才開槍，然後便躺在起居室的地板上，盡可能挨著火爐。還有一項暖暖身子的娛樂是去圖書室，在畫家路易斯畫的娜歐蜜及孩子們一臉嚴肅的畫像下打乒乓球。[2]

過了一個多星期，我才逐漸明白，思想左傾的家庭竟然會為了客人的穿著而煩惱。娜歐蜜和幾位女士吃飯時，總是盛裝打扮，但我認為，這種異常行為是老之將至的象徵。我從來沒想過，自己的外表會受人注意，因為我的頭髮已經開始不像美國人的樣子了。我到劍橋的第一天，肯德魯把我介紹給歐蒂時，她嚇了一大跳；接著她告訴克里克，有個禿頭的美國人要來實驗室工作。

為了補救這種情況，最好的辦法就是不要去找理髮師，直到我和劍橋的景色融為一體為止。不過我妹妹總是看我不順眼，我心知肚明，就算不用幾年，也要好幾個月的時間，才能把她的膚淺價值觀改換成英國知識份子的價值觀。下一步就是留鬍子，而卡拉代爾正是絕佳的環境。不可否認，我雖然不喜歡略帶紅色的鬍子，可是用冷水刮鬍子實在很難受。然而，經過薇兒和默多克一個

米奇森兒時畫像。

娜歐蜜·米奇森，1938 年。

《越此界線》（*Beyond This Limit*）小說封面

星期來的尖酸評語，加上我妹妹想必看不下去了，我乾脆把鬍子剃掉，一張臉乾乾淨淨的去吃晚餐。當娜歐蜜稱讚我的外表時，我知道我的決定是對的。[3]

晚上難免會玩益智遊戲，字彙量大的人最占優勢。每次我說出簡單的字彙，就恨不得縮到椅子後面，躲避米奇森家女眷高高在上的目光。還好留宿賓客眾多，不可能常常輪到我，我特意坐在一盒巧克力甜點旁邊，希望沒人注

2 上圖這三幅畫像均為畫家兼作家路易斯（Wyndham Lewis）所繪，他是「漩渦主義」（Vorticism）藝術運動的發起人，也是1914至1915年曇花一現的文學雜誌《疾風》（*Blast*）的編輯。他的小說包括《塔爾》（*Tarr*）及《悼嬰節》（*The Childermass*）。身為畫家，他畫的艾略特及女詩人西特薇爾（Edith Sitwell）肖像尤為著名。1935年，路易斯為娜歐蜜的書《越此界線》繪畫封面。海明威對路易斯的形容令人印象深刻：「我從未見過比他更猥瑣的人……黑帽底下那雙眼睛，當我第一次看到時，簡直是強姦未遂者的眼睛。」

3 諾貝爾文學獎得主萊辛（Doris Lessing）是娜歐蜜的好友。在萊辛的第二本自傳《影中行》（*Walking In The Shade*）中，她曾描述在卡拉代爾的時光：

「有一件事：娜歐蜜要我帶一位不善言辭的年輕科學家出去走一走。『我的天啊！不過讓他說點話，他的舌頭就會縮起來。』他的名字是詹姆斯·華生。約莫三個鐘頭，我們在山坡上石南花叢間到處走，一路上都是我在東聊西扯。果然是有其母必有其女：知道如何讓人家感到自在。到最後，我詞窮了，只想逃之夭夭，終於聽到一句人話：『問題是，你知道嗎，我可以說話的人，全世界只有一個。』我把他的這句話轉述給娜歐蜜。我們都贊同，這句自戀的話似曾相識，即使是個非常年輕的男人說的。沒多久，他和克里克破解了DNA的結構。」

意到，我根本沒傳給別人吃。有時候，我們會在樓上黑漆漆的隱密角落玩「謀殺」遊戲，這就合我胃口多了。最殘忍的「殺人成癮者」是米奇森的妹妹露易絲（Lois），她在喀拉蚩（Karachi）教了一年書，才剛回來，是偽善印度素食主義的堅決擁護者。

幾乎從我待在這裡的頭一天，我就知道，我會很捨不得離開娜歐蜜和迪克的左傾生活。午餐的美酒佳餚，足以彌補西風吹進門裡的狀況。儘管如此，過完新年三天後我就得離開，這是不能改的，因為默多克已經安排好，要我在實驗生物學協會（Society for Experimental Biology）的倫敦會議上演講。

在我預定離開的兩天前，下了一場大雪，荒蕪的高原沼地宛如南極山脈。這是個大好機會，可以沿著封閉的坎貝爾鎮公路走一個下午。米奇森邊走邊聊他的免疫移植論文實驗，我則是想著，這條路到我要離開那天，搞不好還不能通車。可惜天不從人願，房子裡一群人竟然在塔伯特搭上克萊德號輪船（Clyde steamer），隔天早上，我們已經在倫敦了。[4]

默多克·米奇森（Murdoch Mitchison）攝於 1963 年。

塔伯特（Tarbert），位於阿蓋爾—比特（Argyll and Bute）。

4　回到劍橋後，1952年1月8日，華生寫信向父母稟報：「（米奇森家族）所有人都可以形容成極端個人主義者。我也算是有點極端型，這些人在我看來都相當『正常』，我覺得毫不拘束。」
華生和米奇森家族一直很親近。幾個星期之後（1952年1月17日），他寫信給他的妹妹：「我和默多克去參加三一學院盛宴。我原則盡失，因為我竟然盛裝出席。」1957年，華生在米奇森和洛娜的婚禮上當伴郎，後來還把《雙螺旋》這本書獻給娜歐蜜。

娜歐蜜和華生在法國蔚藍海岸的昂蒂布（Antibes, Côte d'Azur）渡假，1958 年。

米奇森和洛娜（Lorna Martin）在蘇格蘭天空島（Isle of Skye）舉行婚禮。從左到右依次為娜歐蜜、身分不詳、洛娜的父親馬丁少將（Major-General Martin），華生的父親、華生。

我一回到劍橋，本以為會收到美國方面的來信，提到我的獎助金下落，但是一封正式的通知都沒有。自從 11 月盧瑞亞寫信叫我不用擔心，到現在音訊全無，看來是凶多吉少了。他們顯然尚未做出決定，我得做最壞的打算。不過，這把斧頭頂多只是很煩而已。肯德魯和佩魯茲向我保證，如果我的經費全被砍了，他們會設法找一小筆英國政府津貼給我。華盛頓方面直到 1 月底才來信，讓我的懸念就此結束：我被解約了。信函上引用研究獎助金條例，說明獎助金只有在指定的研究機構工作才有效。我違反這項規定，他們別無選擇，只好撤銷獎助金。

信函上第二段則是通知我，他們發給我一筆新的獎助金。不過，他們並沒有因為猶豫多時而從輕發落。這筆獎助金並非依照慣例為期十二個月，而是寫明只發放八個月，到 5 月中旬截止。我當初沒有聽從委員會的建議，擅自前往斯德哥爾摩，真正的懲罰算起來是一千美元。到了這時候，我幾乎不可能在新學年 9 月開學前獲得任何補助。理所當然，我接受了這筆獎助金。兩千美元可不能白白扔掉。

事隔不到一星期，從華盛頓又來了一封信函。信函由同一人簽署，但不是以獎助金委員會主席的名義，而是冠上了美國國家研究委員會理事長的頭銜。有一場正在安排中的會議，請我去報告關於病毒的生長。會議將於 6 月中旬在美國麻州威廉斯鎮（Williamstown）舉行，到那時候，我這筆獎助金正好期滿一個月。我當然一點也不想離開英國，無論是 6 月還是 9 月。唯一的問題是找什麼藉口。我的第一個念頭是寫：不克成行，因始料未及的財務危機。但轉念一想，我不能讓他稱心如意，以為他影響到我的事務。於是我去信說：我發現劍橋在學術方面極為引人入勝，所以 6 月不打算回美國了。[5]

韋斯，獎助金委員會新任主席。

5　獎助金事件持續發展（詳見附錄三）。在回覆華生關於獎助金危機的其中一封信函上，盧瑞亞暗指華生日益崇尚英國，以及他不喜歡獎助金委員會主席韋斯：「至於韋斯這個人，我也有點同意你的定義，不過我沒你那麼英國調調，我會叫他『該死的賤貨』而不是『混蛋』。」（1952 年 3 月 5 日）

第 16 章
幌子

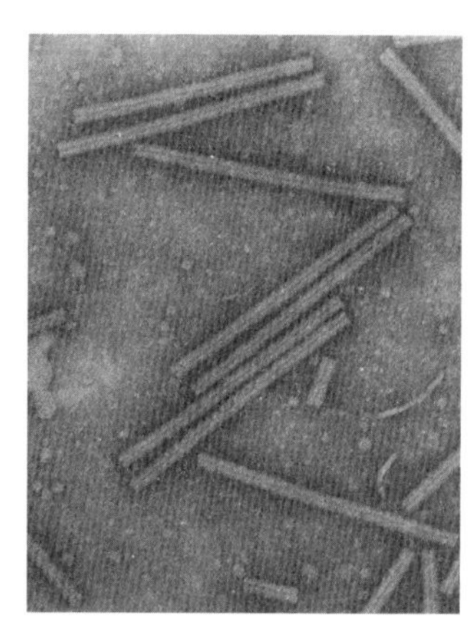
電子顯微鏡下的菸草嵌紋病毒粒子

這時候，我決定靠研究菸草嵌紋病毒（TMV）來度時間。[1] 核酸是 TMV 的重要成分，所以 TMV 是絕佳的幌子，可用來掩飾我對 DNA 還不死心。不可否認，TMV 的核酸成分並不是 DNA，而是另一種形式的核酸，稱為核糖核酸（ribonucleic acid, RNA），不過，兩者的區別有個好處，因為威爾金斯就不能宣稱 RNA 是他的題目了。假如我們解決了 RNA，或許也能為 DNA 提供重要線索。另一方面，一般認為 TMV 的分子量是 4,000 萬，乍看之下，應該比小很多的肌紅素和血紅素更難理解，肯德魯和佩魯茲多年來一直在研究這兩種分子，尚未得到任何具有生物學意義的結果。

此外，先前貝爾納和范庫肯（I. Fankuchen）曾利用 X 射線來檢視 TMV。這件事很嚇人，因為貝爾納無所不知，腦筋堪稱一絕，我永遠不敢奢望，自己能

1 華生研究DNA遭到禁止之後，轉而研究TMV來「度時間」。在寫給戴爾布魯克的報告中，他的挫折感顯而易見（1952年5月20日）：「很明顯，我們應該投入大量的工作來闡釋這種結構〔DNA〕。然而，國王學院那幫人捲入內部鬥爭，因此目前並沒有真正下工夫來解開結構。我們曾試圖讓他們對鮑林的模型建構方式產生興趣，事實上，今年冬天我們花了幾個星期的時間，試圖建構可信的模型。不過，我們已經暫時停下來，由於政治性因素，我們不宜研究好朋友的研究題目。然而，假如國王學院那幫人還是執意什麼事都不做，我們應當再試試我們的運氣。」

像他一樣精通晶體學理論。甚至戰爭初期他們在《普通生理學》（*Journal of General Physiology*）期刊上發表的經典論文，有一大部分我都看不懂。

會在那種期刊上發表論文有點詭異，當時貝爾納變得對戰事很投入，於是范庫肯回到美國後，決定把他們的資料提供給對病毒有興趣的讀者會看的期刊上。戰爭結束後，范庫肯喪失對病毒的興趣，而貝爾納雖然對蛋白質晶體學略有研究，但他更在意的，卻是促進與共產國家的良好關係。[2]

1948年，第一屆國際晶體學聯合會代表大會期間，貝爾納和范庫肯在海灘上忙裡偷閒，霍奇金在旁觀看。

雖然他們很多結論的理論基礎並不可靠，但從中學到的道理很明顯。TMV 由大量相同的次單元構成，這些次單元如何排列，他們並不清楚。另外，蛋白質與 RNA 成分的建構方式可能截然不同，但這事實在 1939 年時還言之過早。然而到了今天就很容易想像，蛋白質是由為數眾多的次單元構成的，RNA 正好相反。若是將 RNA 成分切成大量的次單元，會造成多核苷酸鏈太小、小到無法攜帶遺傳資訊，我和克里克認為，這些遺傳資訊必然存在於病毒的 RNA 中。TMV 結構最可信的假設是：RNA 核心位於中央，周圍環繞著大量相同的小蛋白質次單元。

2　從1930年代到1950年代，有一群左翼科學家備受公眾矚目，貝爾納是其中最直言不諱也最具爭議的人。貝爾納對馬克思主義執迷不悟，曾為蘇聯農業生物學家李森科（Lysenko）的觀點辯護。1950年代，赫魯雪夫（Khrushchev）揭發史達林政權的恐怖，貝爾納也不為所動。1939年，他寫了備受爭議的《科學的社會功能》（*The Social Function of Science*）一書，主張科學研究必須有系統，使社會中的所有人都能受益，而不是只有菁英分子受益。1950年代與1960年代，貝爾納曾研究水的結構。他的多樁桃色事件令他聲名狼藉。

事實上，蛋白質建構成分的生化證據早就有了。1944 年，德國科學家施拉姆首度發表實驗指出，TMV 粒子在弱鹼中會分解成游離 RNA 及大量就算不是一模一樣、至少也很相似的蛋白質分子。

不過在德國以外，幾乎沒有人認為施拉姆的說法是正確的。這是因為戰爭的緣故。大部分的人很難想像，德國禽獸在戰爭輸得一塌糊塗的最後幾年，竟然還會容許施拉姆按照自己的意願，進行廣泛的實驗；反倒很容易想像，施拉姆的研究直接受到納粹的支持，因此他的實驗分析恐怕不正確。生化學家多半不願意浪費時間反駁施拉姆。然而，我在讀貝爾納的論文時，突然變得對施拉姆很感興趣，因為，有可能在他曲解自己實驗數據的狀況下，他還能誤打誤撞、意外發現正確答案。[3]

可想而知，只要再多拍幾張 X 射線照片，就能搞清楚蛋白質次單元如何排列。倘若這些次單元堆疊成螺旋狀的話，更是如此。我興匆匆地將貝爾納與范庫肯的論文從哲學圖書館偷偷拿到實驗室，這樣克里克就可以檢視 TMV 的 X 射線照片。他一看到顯示螺旋型特徵的空白區，立刻動手計算，很快就提出幾種可能的 TMV 螺旋結構。從那一刻起，我知道自己再也不能逃避，一定要

1956 年的核酸與蛋白質戈登會議（Gordon Conference on Nucleic Acids and Proteins）上，施拉姆（Gerhard Schramm，前排左）、富蘭克林、威爾金斯坐在一起拍團體照。沙克曼（Howard K. Schachman）坐在施拉姆後方，蒙羅（Hamish N. Munro）坐在富蘭克林與威爾金斯中間的地板上。

徹底瞭解螺旋理論才行。等克里克有空時可以幫我省掉搞懂數學的麻煩，但是萬一克里克不在，我就束手無策了。幸好，只需掌握要領就能明白，為什麼 TMV 的 X 射線照片顯示，螺旋每 23 埃繞螺旋軸一圈。事實上，規則這麼簡單，克里克甚至考慮以〈賞鳥者之傅立葉轉換〉為標題，將這些規則寫下來。

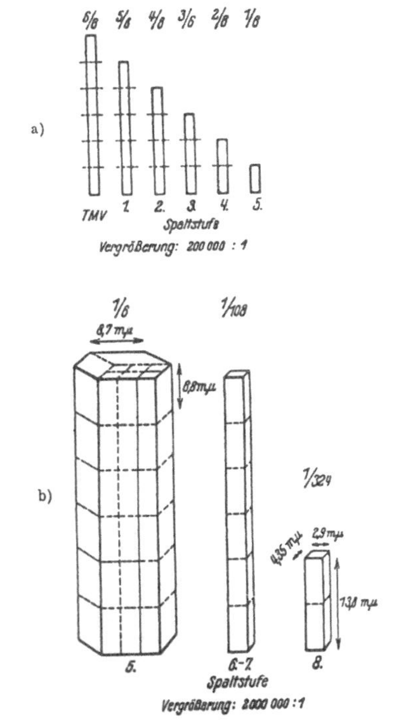

施拉姆的示意圖，說明 TMV 粒子如何分解產生愈來愈短的片段，以及這些片段可能的組合方式。

X-RAY AND CRYSTALLOGRAPHIC STUDIES OF PLANT VIRUS PREPARATIONS

I. Introduction and Preparation of Specimens

II. Modes of Aggregation of the Virus Particles

By J. D. BERNAL and I. FANKUCHEN*

(From the Department of Physics, Birkbeck College, University of London)

Plates 1 to 4

(Received for publication, March 14, 1941)

INTRODUCTION

Since their original isolation by Stanley in 1935, the protein preparations from plants suffering from virus diseases have been much studied, but chiefly chemically and biologically. This paper is an account of a physical and crystallographic study of virus preparations which was carried out in conjunction with the work of Bawden and Pirie (1937 *a*, *b*; 1938 *a*, *b*, *c*).

貝爾納與范庫肯發表了兩篇論文，敘述他們針對 TMV 及其他植物病毒的研究，這是第一篇，發表於《普通生理學》期刊 25 ： 111—146。

3　威廉皇帝生物化學與生物學研究所（Kaiser Wilhelm Institutes for Biochemistry and Biology）位於德國達勒姆（Dahlem），研究人員組成病毒研究小組，施拉姆是其中一員。他是國家社會主義德國工人黨（納粹黨）黨員，但他的研究似乎與德國的戰爭行動毫無關聯。

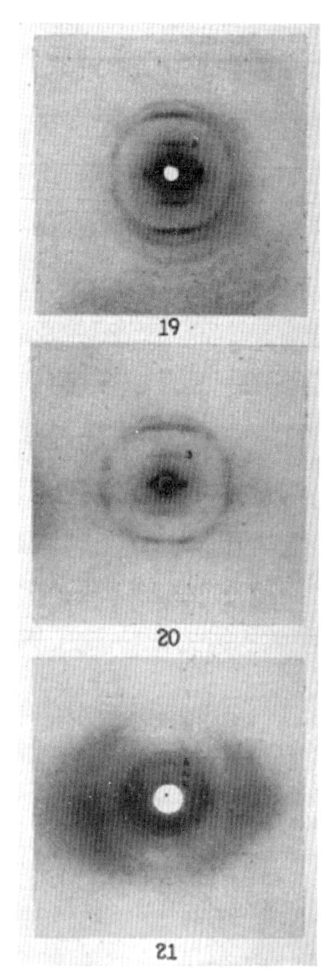

X 射線繞射照片，分別為（19）菸草嵌紋病毒、（20）胡瓜嵌紋病毒、（21）馬鈴薯 X 病毒，取自貝爾納與范庫肯的第一篇論文。

然而這回，克里克對這件事卻不太在意，幾天下來，他還是認為，TMV 螺旋的證據不過爾爾。我的士氣自然而然受到打擊，直到我無意中發現，為何次單元應當排列成螺旋狀的充分理由。

有一天吃完晚飯，百無聊賴之際，我讀了《法拉第學會論述》（*Faraday Society Discussion*）上關於金屬結構的文章。其中包含理論學家法蘭克提出的巧妙理論，解釋晶體如何成長。每次他的計算都很正確，算出來的答案卻很矛盾，顯示晶體不可能以觀測到的速率成長。法蘭克發現，如果晶體不像猜想中那樣規則排列，而是包含不規則排列的地方（dislocations，專有名詞稱為「差排」），導致持續存在可容納新分子的「安穩角落」，那這種矛盾就會消失。

幾天後，我在前往牛津的公車上突發奇想：每個 TMV 粒子應視為微小晶體，成長方式和其他晶體一樣，都是因為擁有「安穩角落」。最重要的是，產生安穩角落最簡單的方法，正是使次單元排列成螺旋狀。觀念這麼簡單，絕對錯不了。那個週末，我在牛津看到的每個螺旋梯，都讓我更堅信其他生物結構也具有螺旋對稱性。一個多星期以來，我仔細查看肌肉及膠原纖維的電子顯微鏡照片，尋找螺旋的線索。不過，克里克還是不太熱中，由於缺乏具體的證據，我知道努力說服他也沒用。

赫胥黎伸出援手，教我如何裝設 X 射線照相機，以便拍攝 TMV。揭露螺旋結構的方法，是將 TMV 樣本定好方向，對準 X 射線光束，再傾斜幾度。范庫肯

理論物理學家法蘭克（Frederick Charles Frank）以研究晶體成長固態物理學著稱。第二次世界大戰期間，他和瓊斯（R. V. Jones）等人在英國皇家空軍情報處（Royal Air Force Intelligence）擔任要角。

沒做過這件事，因為戰前沒有人重視螺旋。我只好去找馬可漢，看他手邊有沒有多餘的 TMV 樣本。

當時馬可漢在莫爾蒂諾研究所（Molteno Institute）工作，跟劍橋其他的實驗室不一樣，馬可漢那裡很暖和。這種罕見的情況是因為凱林（David Keilin）患有氣喘，當時他是「奎克講座教授」（Quick Professor）兼莫爾蒂諾研究所所長。我總是藉故去攝氏 20 度的實驗室取暖，儘管我不確定，馬可漢哪天會一開口就說我看起來有多糟糕，意思是，如果我是喝英國啤酒長大的，就不會這麼淒慘了。沒想到，這次他大發慈悲，毫不猶豫，自願給我一些病毒。一想到克里克和我竟然親自動手做實驗，讓他忍不住覺得好笑。

不出所料，我拍攝的第一批 X 射線照片，透露的細節遠遠比不上那些已發表的照片。拍攝這些勉勉強強還能看的照片，居然也要花一個多月。不過，它們離成為看得出螺旋的好照片，還差得很遠。

2 月份唯一真正好玩的事情，是羅頓（Geoffrey

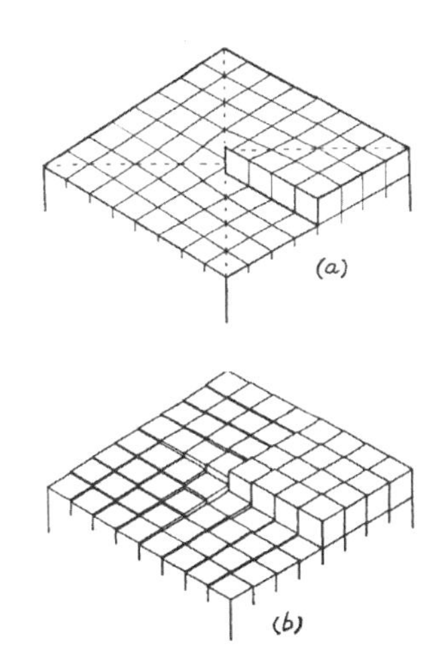

「安穩角落」（cozy corners）是華生對於 TMV 結構的領悟，靈感來自法蘭克的 1949 年論文〈差排對晶體成長的影響〉，《法拉第學會論述》5：48—54，p.49。

Roughton）在他父母家裡辦的化裝舞會，地點在亞當斯路（Adams Road）。儘管羅頓認識很多漂亮女孩，而且據說他寫詩時總戴著一隻耳環，意外的是，克里克竟然不想去。歐蒂卻不想錯過，所以我租了一套復辟時期的軍服，和歐蒂一起去參加。我們從門口擠進半醉跳舞人群的那一刻，我們就知道，晚上一定會很好玩，因為迷人的劍橋女互惠生（au pair girls，在英國家庭打工、換取免費住宿的外國女孩）好像有一半都在那裡。[4]

一星期之後，又有一場熱帶晚會（Tropical Night Ball），歐蒂興致勃勃去參加，一來是因為會場是她布置的，二來則是因為舞會的贊助者是黑人。克里克依然興趣缺缺，這次卻是明智之舉。舞池裡一半是空的，而且就算乾了好幾杯酒，我也不喜歡在眾目睽睽下亂跳一通。有一件事情比較重要：鮑林 5 月要來倫敦，參加英國皇家學會召開的蛋白質結構會議。誰也不知道他的下一招是什麼。格外令人擔心的是，他可能會要求造訪國王學院。[5]

4　羅頓熱愛詩歌，1951至1952年，他曾加入早夭但頗受歡迎的劍橋詩刊《綠洲》（*Oasis*）。他曾寫信給小布拉格，提到詩刊的宗旨是鼓勵更多人閱讀詩歌，尤其是科學家。他的父親羅頓教授（F. J. W. Roughton）是物理化學家；肯德魯大學時在三一學院就讀，羅頓教授激發了他對蛋白質的興趣。羅頓的母親愛麗絲（Alice Roughton）是精神科醫生及醫療改革者，據說她讓病人住在自己家裡，避免病人住在體制化的收容所。他們家辦過許多派對，包括故事中華生參加的這場舞會。華生還記得，羅頓教授曾在派對上表演吃手帕的特技；還有一次，華生到了他們家，竟然發現大廳裡有一匹馬。

5　1952年5月1日，英國皇家學會舉辦為期一天的研討會。阿斯特伯里的評論凸顯了鮑林出席這次會議的重要性：「我們正瀕臨瞭解蛋白質結構的邊緣，茲事體大，而我們當前的任務之一，正是對鮑林與柯瑞提出的這些最新、最令人振奮的概念做出評價。」

第 17 章
出席會議

不過，鮑林受到阻撓，去不成倫敦。由於護照遭到沒收，他的旅程在紐約愛德懷德機場一下子就結束了。[1] 美國政治一度由投資銀行家把持，他們壓制大批的無神論赤色份子（共產主義者），美國國務院不想讓鮑林這樣的麻煩製造者滿世界亂跑，說美國政治的壞話。要是不阻止鮑林，他可能會在倫敦的記者會上，闡述和平共存的大道理。國務卿艾奇遜（Acheson）已經受夠了，不會再讓參議員麥卡錫（McCarthy）有機會宣稱，政府容許受美國護照保護的激進份子，倒退美國人的生活方式。

愛德懷德機場觀景台，1940 年代末。

1　愛德懷德（Idlewild）機場最初是以被取代的高爾夫球場來命名的，甘迺迪總統遇刺後，過了一個月，機場在 1963 年 12 月 24 日改名為約翰·甘迺迪國際機場。

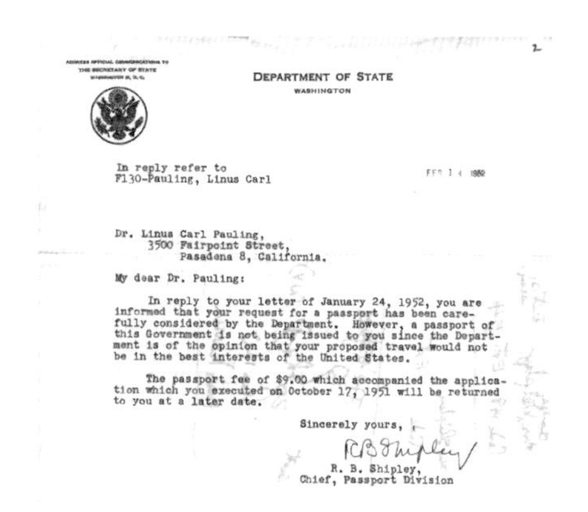

DEPARTMENT OF STATE
WASHINGTON

In reply refer to
F130-Pauling, Linus Carl

Dr. Linus Carl Pauling,
3500 Fairpoint Street,
Pasadena 8, California.

My dear Dr. Pauling:

In reply to your letter of January 24, 1952, you are informed that your request for a passport has been carefully considered by the Department. However, a passport of this Government is not being issued to you since the Department is of the opinion that your proposed travel would not be in the best interests of the United States.

The passport fee of $9.00 which accompanied the application which you executed on October 17, 1951 will be returned to you at a later date.

Sincerely yours,

R. B. Shipley,
Chief, Passport Division

希普利寫給鮑林的信函

當醜聞傳到英國皇家學會時，我和克里克已經在倫敦了。大家的反應都是簡直不敢相信。還不如想成鮑林是在飛往紐約的飛機上突然生病，這樣會令人安心多了。不准世界級頂尖科學家出席完全與政治無關的會議，這種事只有俄國人才做得出來。一流的俄國科學家很有可能潛逃到更富裕的西方國家。然而，鮑林和家人在加州理工學院的生活過得稱心如意，他想要逃亡的風險根本不存在。[2]

不過，如果鮑林自願離職，加州理工學院董事會的幾位成員會很高興。每次他們拿起報紙，看到鮑林的大名出現在世界和平會議贊助者名單上時，他們就會一肚子火，希望有什麼辦法能為南加州除害。不過鮑林老神在在，他知道，這些白手起家的加州富豪的外交政策知識，多半是從《洛杉磯時報》（*Los Angeles Times*）學來的，他們不發火才奇怪。[3]

我們幾個才剛去過牛津，參加普通微生物學會（Society of General Microbiology）舉辦的「病毒繁殖之性質」會議，對這種混亂場面早已見怪不怪。盧瑞亞原本是這場會議的主要演講者之一，在他預定飛往倫敦的兩個星期前，他竟然被告知領不到護照。類似這種芝麻小事，國務院照例不會來收拾善後。[4]

2 1952年2月14日，國務院護照司司長希普利（Ruth B. Shipley）致函鮑林，信函上稱他為「我親愛的鮑林博士」，不過她拒絕了鮑林的護照申請，「因為國務院認為，您提出的行程不符合美國的最大利益。」希普利自1928年起擔任司長，直到1955年為止，她幾乎完全掌握大權，決定誰能拿到、或拿不到護照。羅斯福總統曾形容她是「神奇女魔頭」，國務卿艾奇遜也說過，護照司是她的「護照女王國度」。1951年12月，《時代》雜誌聲稱她是「政府中最無懈可擊、最無法辭退、最可怕、最可敬的職業婦女。」

Los Angeles Examiner
Mon., May 12, 1952 Sec. III—2

PAULING RAPS PASSPORT BAN

Caltech Man Denounces U. S. Refusal of Trip to London

"The damage done to the nation by the refusal to permit me to attend scientific meetings in England must be attributed to the McCarran Act, and is an argument for the repeal of this act."

Dr. Linus Pauling, California Institute of Technology chemistry department head, made this statement yesterday in discussing the State Department's refusal to issue him a passport, as disclosed in yesterday's Examiner.

He had accepted an invitation to speak before the Royal Society of London.

On April 28, despite an earlier appeal by letter to President Truman, officials of the State Department upheld an original refusal to issue him a passport on the ground "that my proposed travel would not be in the best interests of the United States."

Advised on April 21 by a State Department official that the decision was made because he was suspected of being a Communist, Dr. Pauling stated:

"I then submitted to the Department of State my statement, made under oath, that I am not a Communist, never have been a Communist, and never have been involved with the Communist Party, as well as other documents.

"The action of the State Department in refusing me a passport represents a different way of interfering with the progress of science and restricting the freedom of the individual citizen. In my opinion, it reflects a dangerous trend away from our fundamental democratic principles, upon which our nation is based."

SCIENTIST—Dr. Linus Pauling stands beside a model showing protein structure that is the same as that in the horn he holds. He protested U. S. refusal to permit his attendance at London scientists' meeting where he was to explain his theories.
—Los Angeles Examiner photo.

[3]《洛杉磯先鋒觀察報》(*Los Angeles Examiner*)上的文章

AN AMERICAN SCIENTIST

TO THE EDITOR OF THE TIMES

Sir,—On May 1 (possibly an unfortunate choice of day) the Royal Society held a significant symposium on the progress in our knowledge of proteins. As I had the honour to be President of the Royal Society when Professor Linus Pauling, of Pasadena, was awarded the Davy Medal (1947) and again when he was elected a foreign member (1948), it is perhaps appropriate that I should express the keen disappointment generally felt when it was learned that he had not been granted the necessary permit to make the journey to England in order to participate in the discussion. Pauling had an important contribution to make, and it is deplorable that we were deprived of the opportunity to talk it over with him.

It would be insincere to pretend that we have no inkling of the reason for the drastic action taken by the American authorities in this and several similar cases (*e.g.*, that of Dr. E. B. Chain), but that does not lessen our surprise and consternation. It is an ironical circumstance that Pauling's theoretical views have been criticized in the U.S.S.R. as incorrect, western, and bourgeois; or, alternatively, as partly correct but anticipated by the Russian chemist Butlerow. To avoid any misunderstanding it must be added that I am not writing on behalf of the Royal Society.

Yours faithfully,
ROBERT ROBINSON.

The Dyson Perrins Laboratory, South Parks Road, Oxford, May 2.

[3] 給《泰晤士報》的信函

3 鮑林的護照扣押事件，在大西洋兩岸引發議論。左圖是《洛杉磯先鋒觀察報》在5月12日刊登的文章，上方右圖是英國皇家學會前主席魯賓遜爵士(Sir Robert Robinson)在5月2日寫給《泰晤士報》的信函。或許是因為這些媒體的關注，不久之後，國務院推翻先前決議，允許鮑林在那年夏末成行(詳見第19章)。

4 在1952年4月3日給妹妹的信函上，華生寫道：

「我剛從媽媽那裡聽說，盧瑞亞不會來了。我不知道原因，但我懷疑是護照出了問題。我很遺憾他不來，因為我希望和他一起討論我的未來。現在我只好花點工夫寫信了。」

有左傾態度的科學家不只鮑林和盧瑞亞，他們害怕的也不只是美國當局：威爾金斯曾遭到英國安全局(MI5，亦稱軍情五處)及美國聯邦調查局的偵查。他們懷疑，來自紐西蘭或澳洲的九名科學家之一洩漏原子彈機密。威爾金斯也是九名可疑人士之一，因為他曾參與曼哈頓計畫的研究工作(詳見第2章)。偵查於1945年展開，但這封信函要求將英國內政部搜查令(Home Office Warrant，H. O. W，允許搜索他的郵件)轉移到他的新地址，由此可見，1953年還在進行偵查。他的電話也遭到竊聽。大約在同一時期，有線民指稱，威爾金斯是「很可疑的怪人」，儘管如此，他可能是社會主義者，而不是共產主義者。

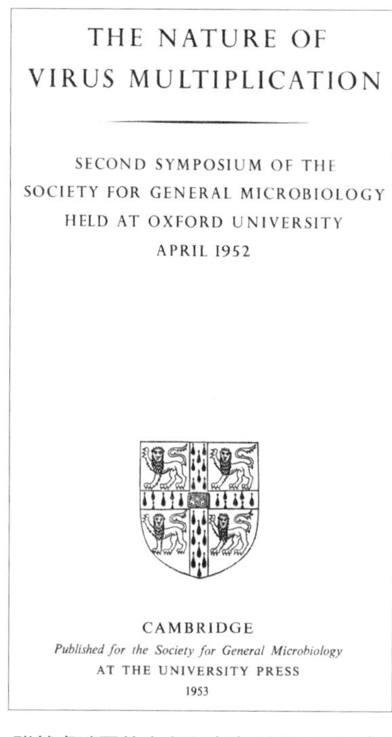

THE NATURE OF
VIRUS MULTIPLICATION

SECOND SYMPOSIUM OF THE
SOCIETY FOR GENERAL MICROBIOLOGY
HELD AT OXFORD UNIVERSITY
APRIL 1952

CAMBRIDGE
Published for the Society for General Microbiology
AT THE UNIVERSITY PRESS
1953

CONTENTS

雖然盧瑞亞的大名和文章刊登在研討會論文集上，但他遭到拒發簽證，因此並未出席會議。

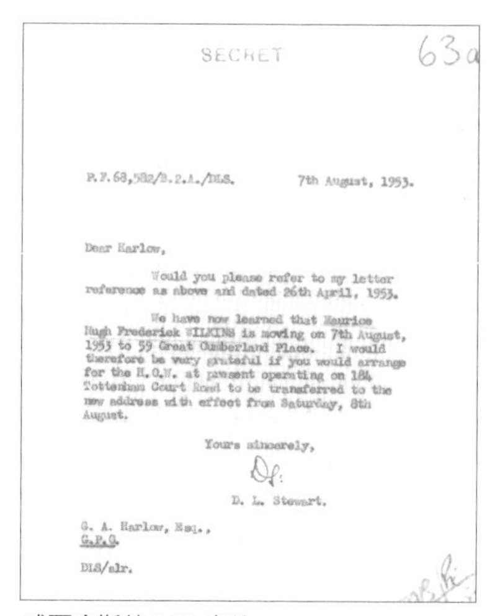

SECRET　　63a

P.F.68,582/B.2.A./DLS.　　7th August, 1953.

Dear Harlow,

Would you please refer to my letter reference as above and dated 26th April, 1953.

We have now learned that Maurice Hugh Frederick WILKINS is moving on 7th August, 1953 to 59 Great Cumberland Place. I would therefore be very grateful if you would arrange for the H.O.W. at present operating on 184 Tottenham Court Road to be transferred to the new address with effect from Saturday, 8th August.

Yours sincerely,

D. L. Stewart.

G. A. Harlow, Esq.,
G.P.O.

DLS/slr.

威爾金斯的 MI5 文件

盧瑞亞缺席，我只好代替他上場，報告美國噬菌體研究人員的最新實驗結果。我不用準備演講稿。開會的幾天前，赫希從冷泉港寄了一封長信給我，概述他和蔡斯最近完成的實驗，他們的實驗確認，細菌遭噬菌體感染的主要特徵，是噬菌體病毒的 DNA 注入細菌宿主體內。最重要的是，進入細菌體內的蛋白質非常少。因此他們的實驗是有力的新證據，證明 DNA 是主要的遺傳物質。

儘管如此，我宣讀赫希的長信時，在場的四百多位微生物學家當中，幾乎沒有人感興趣。勞夫（André Lwoff）、班塞（Seymour Benzer）與史坦特明顯是例外，他們都是從巴黎趕來的。他們知道赫希的實驗非同小可，每個人從此以後都對 DNA 更加重視。不過，對大多數觀眾來說，赫希的名字沒什麼分量。再說，大家發現原來我是美國人，我那捨不得剪的長髮也難以擔保，我的科學判斷力不會同樣古怪。[5]

蔡斯（Martha Chase）與赫希（Al Hershey），1953 年。

戴爾布魯克（左）與勞夫，冷泉港 1953 年。

5　在這場牛津會議上，生物學家賈克柏（François Jacob）首次遇到華生，當時他還是勞夫的學生，他在自傳《內在的雕像》（*The Statue Within*）中記錄了這件事：

「那時候，對從未進過美國大學、從未見過美國大學生的法國學生來說，華生是個令人驚奇的人物。身材高大、矬矬的、有點笨手笨腳，他有一種獨特的風格。獨特在於他的穿著：衣角亂飛、膝蓋露出來、襪子拉到腳踝附近。獨特在於他那不知所措的舉止、他的怪癖：他的眼睛總是凸凸的，嘴巴總是開開的，說話時句子很短，被不時夾雜的『嗯嗯啊啊』弄得支離破碎。獨特也在於，他進到房間伸頭尋找在場最重要的科學家、然後衝到他身邊的方式，活像公雞在尋覓最漂亮的母雞。既笨拙又機敏的驚奇組合；對生活中的事物童心未泯，對科學上的事物成熟世故。」

穿著短褲的華生，冷泉港，1953 年。

會議中最出鋒頭的，當屬英國植物病毒學家鮑登與皮利。沒有人能媲美鮑登的圓融博學、或皮利的絕對虛無主義。他們強烈反對「某些噬菌體有尾巴」、或「TMV 具有固定長度」的說法。

當我試探皮利，提到施拉姆的實驗時，他說不要理會這些實驗，所以我退而求其次，問他比較沒有政治爭議的問題：許多 TMV 粒子的長度都是 3000 埃，這在生物學上是否有意義？皮利對「簡單的答案最好」這種想法不以為然，他知道病毒太大了，不可能具有明確的結構。[6]

鮑登（F. C. Bawden）

皮利（N. W. Pirie，左二）

6　1920年代末，鮑登與皮利在劍橋結識，後來兩人在哈彭登（Harpenden）的洛桑實驗站（Rothamsted Experimental Station）共事多年。他們首先合作研究馬鈴薯X病毒，後來從1936年開始研究TMV。他們與貝爾納及范庫肯（詳見第16章）合作，確認了TMV的化學性質，並首度證明，病毒製劑中存在RNA。賈克柏在自傳中描述，他們在這場會議上有如「……喜歡扮演丑角的死黨，你一句我一句說笑話和警世格言，全部都是用又快又不連貫的英語，害我直冒冷汗。」
皮利後來在科學與社會議題方面的廣泛興趣，反映在上方右圖的照片裡。照片顯示，在1961年9月的核子軍備會談後，皮利和英國小說家普利斯特利（J. B. Priestley）等人正離開蘇聯大使館。

要是勞夫沒有出席，這場會議恐怕會完全走樣。關於二價金屬在噬菌體繁殖作用中所扮演的角色，勞夫很感興趣，因此樂於接受我的想法，認為離子對核酸結構具有決定性的影響。尤其耐人尋味的是，他直覺認為，特定離子可能正是巨分子完全複製、或相似的染色體互相吸引的竅門。然而，我們的夢想沒辦法測試，除非富蘭克林的態度大為轉變，不再堅持完全依賴傳統的 X 射線繞射技術。

在皇家學會的會議上，沒有任何跡象顯示，國王學院自從 12 月初和我跟克里克發生衝突以來，有任何人曾經提到離子。我催問威爾金斯，才知道分子模型的模具送到他的實驗室之後，還沒有人碰過。催促富蘭克林和葛斯林建構模型的時機還沒到。要說有什麼事的話，威爾金斯和富蘭克林之間的不和，比訪問劍橋前更嚴重了。現在她堅稱，她的實驗數據告訴她，DNA 不是螺旋。她不但不會聽從威爾金斯的指示去建構螺旋模型，搞不好還會拿銅絲模型來扭他的脖子。

華生攝於巴黎，前往里維耶拉（Riviera）途中，1952 年春天。他寫信給妹妹（4 月 27 日）：「附上我的個人照，在巴黎拍的。我看到照片有點嚇一跳，因為我不知道自己有那麼多頭髮。不用說，我再也不理平頭了。」

當威爾金斯問我們，要不要把模具拿回劍橋時，我們說要，一半暗示著我們需要更多碳原子，好用來製作模型，顯示多肽鏈如何轉彎。對於國王學院沒有在進行的事情，威爾金斯很開誠布公，這讓我覺得很欣慰。我正在認真進行 TMV 的 X 射線研究，這件事也讓他很放心：我應該不會那麼快又沉迷於 DNA 模型。

第18章
查加夫來了

威爾金斯沒料到，我幾乎一下子就拍到可證明TMV是螺旋型的X射線圖案。我的意外成果，得力於使用卡文迪西剛組裝好的旋轉式陽極X射線管。這部超級射線管功能強大，讓我拍起照片來，比利用傳統設備快了二十倍。不到一個星期，我拍的TMV照片數量多了不只一倍。

當時卡文迪西的規定是晚上十點鎖門，雖然門房住的公寓就在大門旁邊，但門禁後沒有人會去打擾他。拉塞福從不鼓勵學生在晚上工作，因為夏天夜晚比較適合打網球。就算他過世已經十五年了，實驗室還是只留一把鑰匙供夜貓子使用。這把鑰匙現在被赫胥黎占用。他辯稱，肌肉纖維是有生命的，因此不必遵守那些為物理學家訂定的規矩。必要時，赫胥黎會借給我鑰匙，或是走下樓來，幫我打開通往公學巷的沉重大門。

仲夏6月，某天深夜，我回實驗室關掉X射線管，順便沖洗TMV新樣本的照片，當時赫胥黎不在實驗室裡。這張照片拍攝時樣本傾斜約25度，假如我運氣好，說不定找得到螺旋的反射圖樣。當我拿起還濕答答的底片對著燈箱看，那一刻我就知道，我們找到了。顯露出來的圖樣，正是螺旋的紋路沒錯。現在說服盧瑞亞和戴爾布魯克應該沒問題了，我待在劍橋是有意義的。儘管是午夜時分，我卻不想回到我那位於網球場路的房間，我在後園開心地走來走去，走了一個多小時。

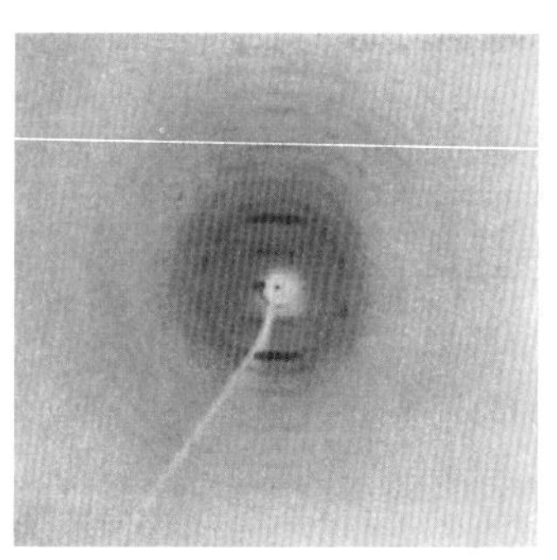
華生拍攝的菸草嵌紋病毒的X射線繞射照片之一。

隔天早上，我焦急地等著克里克到來，好確認螺旋的診斷結果。當時他不到十秒鐘便找出關鍵性的反射點，將我心頭的疑慮一掃而空。為了捉弄克里克，我故意設圈套，讓他以為，我並不覺得自己拍攝的X射線照片其實非常關鍵。我反而辯稱，「安穩角落」的見解才是真正重要的步驟。

這番輕率的話才剛說完，克里克馬上提醒我，不加批判的「目的論」（teleology）有什麼危險性。克里克總是有什麼就說什麼，而且以為我也是這樣。雖說在劍橋和人家聊天時，往往要語出驚人，才會有人把你當一回事，但克里克根本沒必要使出這種招數。就算是最沉悶的劍橋夜晚，通常只要花一、兩分鐘，八卦一下外國女孩的感情問題，便足以令人精神大振。

我們下一步該轉戰什麼問題，自然是很清楚的。短時間內，從TMV身上不會再有什麼斬獲。進一步拆解TMV的詳細結構，需要更專業的進擊，這我可做不來。再說，就算是費盡工夫，也不見得在幾年之內就能解開RNA成分的結構。解決DNA之道，透過TMV是行不通的。

這時候，倒是很適合認真思考DNA化學的某些奇特規律，最早是由奧地利出生的哥倫比亞大學生化學家查加夫發現的。[1] 自戰爭以來，查加夫和他的學生花了很多工夫，分析各種DNA樣本中、嘌呤與嘧啶鹼基的相對比例。在他們所有的DNA樣本中，腺嘌呤（A）分子的數量與胸腺嘧啶（T）分子的數量極為相近，而鳥嘌呤（G）分子的數量與胞嘧啶（C）分子的數量非常接近。此外，腺嘌呤和胸腺嘧啶鹼基的比例隨著其生物來源而改變。有些生物體的DNA含有較多的A和T，有些生命形式則含有較多的G和C。

查加夫（Erwin Chargaff）參加1947年冷泉港定量生物學核酸與核蛋白研討會。

1　艾佛瑞指出，DNA可能是遺傳物質，查加夫因此受到啟發，對DNA的化學成分進行詳細分析。後來，查加夫成為分子生物學文章的毒舌評論家，例如他曾說：「本質上，分子生物學正是『無照開業』的生物化學。」查加夫對《雙螺旋》的尖酸評論轉載於附錄五。

對於自己的驚人成果，查加夫並沒有提出解釋，不過他顯然認為，這些成果意義非凡。當我最初向克里克提到這些結論時，他卻沒有什麼反應，繼續思考別的事情去了。[2]

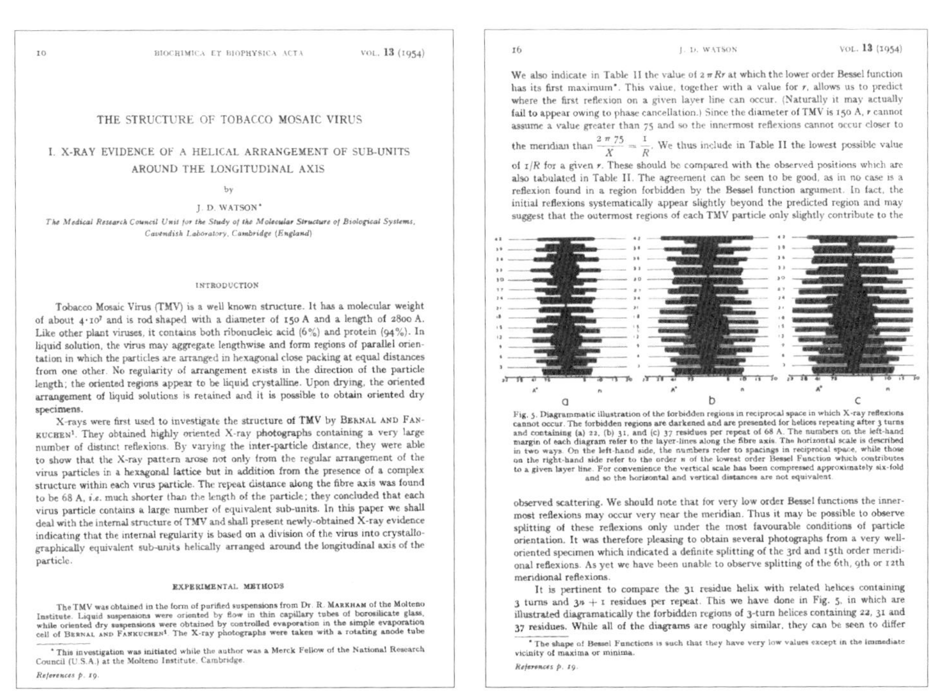

10 BIOCHIMICA ET BIOPHYSICA ACTA VOL. 13 (1954)

THE STRUCTURE OF TOBACCO MOSAIC VIRUS

I. X-RAY EVIDENCE OF A HELICAL ARRANGEMENT OF SUB-UNITS AROUND THE LONGITUDINAL AXIS

by

J. D. WATSON*

The Medical Research Council Unit for the Study of the Molecular Structure of Biological Systems, Cavendish Laboratory, Cambridge (England)

INTRODUCTION

Tobacco Mosaic Virus (TMV) is a well known structure. It has a molecular weight of about $4 \cdot 10^7$ and is rod shaped with a diameter of 150 A and a length of 2800 A. Like other plant viruses, it contains both ribonucleic acid (6%) and protein (94%). In liquid solution, the virus may aggregate lengthwise and form regions of parallel orientation in which the particles are arranged in hexagonal close packing at equal distances from one other. No regularity of arrangement exists in the direction of the particle length; the oriented regions appear to be liquid crystalline. Upon drying, the oriented arrangement of liquid solutions is retained and it is possible to obtain oriented dry specimens.

X-rays were first used to investigate the structure of TMV by BERNAL AND FANKUCHEN[1]. They obtained highly oriented X-ray photographs containing a very large number of distinct reflexions. By varying the inter-particle distance, they were able to show that the X-ray pattern arose not only from the regular arrangement of the virus particles in a hexagonal lattice but in addition from the presence of a complex structure within each virus particle. The repeat distance along the fibre axis was found to be 68 A, *i.e.* much shorter than the length of the particle; they concluded that each virus particle contains a large number of equivalent sub-units. In this paper we shall deal with the internal structure of TMV and shall present newly-obtained X-ray evidence indicating that the internal regularity is based on a division of the virus into crystallographically equivalent sub-units helically arranged around the longitudinal axis of the particle.

EXPERIMENTAL METHODS

The TMV was obtained in the form of purified suspensions from Dr. R. MARKHAM of the Molteno Institute. Liquid suspensions were oriented by flow in thin capillary tubes of borosilicate glass, while oriented dry suspensions were obtained by controlled evaporation in the simple evaporation cell of BERNAL AND FANKUCHEN[1]. The X-ray photographs were taken with a rotating anode tube

* This investigation was initiated while the author was a Merck Fellow of the National Research Council (U.S.A.) at the Molteno Institute, Cambridge.

References p. 19.

華生 TMV 論文的標題頁

16 J. D. WATSON VOL. 13 (1954)

We also indicate in Table II the value of $2\pi Rr$ at which the lower order Bessel function has its first maximum*. This value, together with a value for r, allows us to predict where the first reflexion on a given layer line can occur. (Naturally it may actually fail to appear owing to phase cancellation.) Since the diameter of TMV is 150 A, r cannot assume a value greater than 75 and so the innermost reflexions cannot occur closer to the meridian than $\frac{2\pi 75}{X} = \frac{1}{R}$. We thus include in Table II the lowest possible value of $1/R$ for a given r. These should be compared with the observed positions which are also tabulated in Table II. The agreement can be seen to be good, as in no case is a reflexion found in a region forbidden by the Bessel function argument. In fact, the initial reflexions systematically appear slightly beyond the predicted region and may suggest that the outermost regions of each TMV particle only slightly contribute to the

Fig. 5. Diagrammatic illustration of the forbidden regions in reciprocal space in which X-ray reflexions cannot occur. The forbidden regions are darkened and are presented for helices repeating after 3 turns and containing (a) 22, (b) 31, and (c) 37 residues per repeat of 68 A. The numbers on the left-hand margin of each diagram refer to the layer-lines along the fibre axis. The horizontal scale is described in two ways. On the left-hand side, the numbers refer to spacings in reciprocal space, while those on the right-hand side refer to the order n of the lowest order Bessel Function which contributes to a given layer line. For convenience the vertical scale has been compressed approximately six-fold and so the horizontal and vertical distances are not equivalent.

observed scattering. We should note that for very low order Bessel functions the innermost reflexions may occur very near the meridian. Thus it may be possible to observe splitting of these reflexions only under the most favourable conditions of particle orientation. It was therefore pleasing to obtain several photographs from a very well-oriented specimen which indicated a definite splitting of the 3rd and 15th order meridional reflexions. As yet we have been unable to observe splitting of the 6th, 9th or 12th meridional reflexions.

It is pertinent to compare the 31 residue helix with related helices containing 3 turns and $3n + 1$ residues per repeat. This we have done in Fig. 5, in which are illustrated diagramatically the forbidden regions of 3-turn helices containing 22, 31 and 37 residues. While all of the diagrams are roughly similar, they can be seen to differ

* The shape of Bessel Functions is such that they have very low values except in the immediate vicinity of maxima or minima.

References p. 19.

華生 TMV 論文的其中一頁，顯示他如何詮釋利用他拍攝的 TMV 照片所計算出來的貝索函數（詳見第 13 章）。

2 1950年，查加夫在《實驗》(*Experientia*) 期刊上發表論文，文中圖表顯示，A：T和G：C的比率大約是1。然而，當時查加夫並不瞭解，這些比率對於DNA結構的意義，也沒有發現鹼基配對，儘管他後來宣稱是他發現的。多年來，他持續嚴厲嘲諷雙螺旋，1962年曾寫道：「DNA現在成了神奇的字眼，是我們這個年代的賢者之石、當代煉金術的精髓。」

EXPERIENTIA VOL. VI/6, 1950 · pp. 201–209
BIRKHÄUSER PUBLISHERS, BASEL/SWITZERLAND

Chemical Specificity of Nucleic Acids and Mechanism of their Enzymatic Degradation[1]

By ERWIN CHARGAFF[2], New York, N.Y.

Table II [1]

Composition of desoxyribonucleic acid of ox (in moles of nitrogenous constituent per mole of P).

Constituent	Thymus			Spleen		Liver
	Prep. 1	Prep. 2	Prep. 3	Prep. 1	Prep. 2	
Adenine . .	0·26	0·28	0·30	0·25	0·26	0·26
Guanine . .	0·21	0·24	0·22	0·20	0·21	0·20
Cytosine . .	0·16	0·18	0·17	0·15	0·17	
Thymine . .	0·25	0·24	0·25	0·24	0·24	
Recovery . .	0·88	0·94	0·94	0·84	0·88	

[1] From E. CHARGAFF, E. VISCHER, R. DONIGER, C. GREEN, and F. MISANI, J. Biol. Chem. *177*, 405 (1949); and unpublished results.

查加夫在《實驗》期刊上發表的論文標題與圖表

然而，沒多久，和年輕理論化學家格里菲斯（John Griffith）聊了幾次之後，克里克才逐漸領悟，並且開始懷疑，那些規律可能非常重要。有一天晚上，聽了天文學家戈爾德關於「完美宇宙論原理」的演講之後，他們一起喝啤酒閒聊。[3] 戈爾德很有本事，將遙不可及的概念說得合情合理，讓克里克不禁思索，有沒有可能提出論點，成為「完美生物論原理」？[4] 他知道格里菲斯對基因複製的理論法則很感興趣，於是丟出想法：完美生物論原理正是基因的自我複製——也就是說，在細胞分裂過程中，染色體數目倍增時，基因完全複製本身的能力。不過，格里菲斯對此不以為然，因為幾個月來，他傾向的法則是：基因複製是根據互補表面的交替生成。

1960 年代的戈爾德（Tommy Gold）

3　克里克在劍橋認識很多本身圈子以外的科學家。華生寫信給戴爾布魯克（1951年12月9日）：「克里克把劍橋大多數的青年才俊科學家都吸引到身邊來，所以我在他家喝茶時，總會遇到一些劍橋人物，像是宇宙學家邦迪（Herman Bondi）、戈爾德及霍伊爾（Fred Hoyle）。」

4　「完美宇宙論原理」（Perfect Cosmological Principle）為描述宇宙性質的穩態學說（Steady State Theory）的一部分，是由戈爾德、邦迪、霍伊爾三位好友發展出來的。理論指出，宇宙在空間與時間上是均勻且不變的。他們的穩態學說認為，雖然宇宙正在擴張中（滿足宇宙紅移的觀測），但物質不斷被創造出來，所以宇宙看起來是不變的。先前，加莫夫（George Gamow）曾倡議大霹靂理論（Big Bang Theory），認為宇宙的擴張由單一事件引起。隨著1965年宇宙微波背景輻射的發現，大霹靂已成為廣泛接受的理論。

1954年，加莫夫與華生成立RNA領帶俱樂部（RNA Tie Club），由一群對破解基因密碼感興趣的科學家組成。每位成員皆以某種胺基酸或核苷酸命名，他們繫著加莫夫設計的領帶，由華生遠從美國洛杉磯男裝店訂製，並配戴顯示本身分子名稱縮寫的領帶夾。在229頁的照片上，加莫夫繫著他的專屬領帶；費曼（Richard Feynman）在給華生的電報上署名「Gly」（glycine，甘胺酸），正是費曼在RNA領帶俱樂部的名字，這封電報轉載於231頁。

THE STEADY-STATE THEORY OF THE EXPANDING UNIVERSE

H. Bondi and T. Gold

(Received 1948 July 14)

Summary

The applicability of the laws of terrestrial physics to cosmology is examined critically. It is found that terrestrial physics can be used unambiguously only in a stationary homogeneous universe. Therefore a strict logical basis for cosmology exists only in such a universe. The implications of assuming these properties are investigated.

Considerations of local thermodynamics show as clearly as astronomical observations that the universe must be expanding. Hence, there must be continuous creation of matter in space at a rate which is, however, far too low for direct observation. The observable properties of such an expanding stationary homogeneous universe are obtained, and all the observational tests are found to give good agreement.

The physical properties of the creation process are considered in some detail, and the possible formulation of a field theory is critically discussed.

1. *The perfect cosmological principle*

1.1. The unrestricted repeatability of all experiments is the fundamental axiom of physical science. This implies that the outcome of an experiment is not affected by the position and the time at which it is carried out. A system of cosmology must be principally concerned with this fundamental assumption and, in turn, a suitable cosmology is required for its justification. In laboratory physics we have become accustomed to distinguish between conditions which can be varied at will and the inherent laws which are immutable.

邦迪與戈爾德的論文，發表於《皇家天文學會月報》（*Monthly Notices of the Royal Astronomical Society*）108 ： 252—270，1948 年。

這並不是原創的假說。在對基因複製感興趣的理論遺傳學家之間，這種說法已流傳將近三十年。其論點為：基因複製需要生成互補（負）圖像，其形狀與原始（正）表面有關，關係如同鎖之於鑰匙。互補負像的功能有如模板（範本），用來合成新的正像。

然而，少數遺傳學家不接受互補複製的概念，其中的代表人物是穆勒（H. J. Muller），他受到幾位著名理論物理學家的影響（尤其是約當），認為存在「同類相吸」的作用力。[5] 但鮑林不喜歡這種直接複製的機制，尤其受不了「量子力學支持這種機制」的說法。就在大戰之前，鮑林要求戴爾布魯克（是他讓鮑林注意到約當的論文）與他合寫短文，投到《科學》期刊，堅稱量子力學支持與互補複製體合成有關的基因複製機制。[6]

那天晚上，這些老調重彈滿足不了克里克與格里菲斯。他們倆心知肚明，

5 約當是理論物理學家，曾與海森堡、玻恩（Max Born）合寫重要的量子力學論文。他熱中於將物理學的新發現應用在生物學上：「自1900年以來，物理知識經歷了強烈的深化……其後續影響，必將超越物理學的範疇，進入有機生命科學的範疇。」約當曾加入納粹黨，成為衝鋒隊（SA-Mann，或稱褐衫隊）的一員。戰爭過後，在約當去納粹化的過程中，玻恩拒絕伸出援手為他證言，反而奉送一份慘遭納粹份子殺害的玻恩親人名單。

當前要務是查清楚吸引力到底是什麼。克里克強烈主張，特定的氫鍵絕不是答案。氫鍵無法提供必要的確切特性，因為化學界的朋友一再告訴我們，嘌呤和嘧啶鹼基中的氫原子並沒有固定的位置，而是四處隨機移動。克里克倒是認為，DNA 的複製與鹼基的平坦表面之間的特定吸引力有關。

[5]約當（Pascual Jordan）

幸運的是，這種作用力正好是格里菲斯有辦法計算的。如果「互補法則」是正確的，他可能會算出不同結構的鹼基之間的吸引力。反過來說，假如「直接複製」確實存在，那他可能會算出相同鹼基之間的吸引力。於是，他們在酒館打烊時道別，約好格里菲斯先試一試，看看計算是否可行。幾天之後，他們在卡文迪西排隊喝茶時正好遇到，當時克里克得知，粗略的計算結果顯示，腺嘌呤和胸腺嘧啶應該會藉由平坦的表面連結在一起。類似的論點也可用來解釋鳥嘌呤與胞嘧啶之間的吸引力。[7]

THE NATURE OF THE INTERMOLECULAR FORCES OPERATIVE IN BIOLOGICAL PROCESSES

IN recent papers P. Jordan[1] has advanced the idea that there exists a quantum-mechanical stabilizing interaction, operating preferentially between identical or nearly identical molecules or parts of molecules, which is of great importance for biological processes; in particular, he has suggested that this interaction might be able to influence the process of biological molecular synthesis in such a way that replicas of molecules present in the cell are formed. He has used the idea in connection with suggested explanations of the reproduction of genes, the growth of bacteriophage, the formation of antibodies, and other biological phenomena. The novelty in Jordan's work lies in his suggestion that the well-known quantum-mechanical resonance phenomenon would lead to attraction be-

[1] P. Jordan, *Phys. Zeits.*, 39: 711, 1938; *Zeits. f. Phys.*, 113: 431, 1939; *Fundam. Radiol.*, 5: 43, 1939; *Zeits. f. Immun. forsch. u. exp. Ther.*, 97: 330, 1940.

鮑林與戴爾布魯克合寫的論文，主題為分子的互補性（molecular complementarity），《科學》92：77—79，1940 年。

克里克欣然接受這個答案。如果他沒記錯，這些正是查加夫認為等量出現的鹼基對。他興高采烈的跟格里菲斯說，我最近向他提過查加夫某些奇特的研究成果。不過，那時候他不確定，我說的是不是同樣的鹼基對。但等他一查明資料，就會去格里

6　戴爾布魯克與鮑林在《科學》期刊上發表的文章，反駁了約當關於「相同分子互相吸引」的論點。反之，他們「……認為，在討論分子之間的特定吸引力時，應優先考慮互補性。」

7　關於克里克與格里菲斯之間的討論，我們手上沒有任何文件，但兩年後，克里克要求格里菲斯進行類似的計算。格里菲斯的回信（如次頁的圖），為他對腺嘌呤與鳥嘌呤之原子偶極力的估計。（1953 年 3 月 2 日）

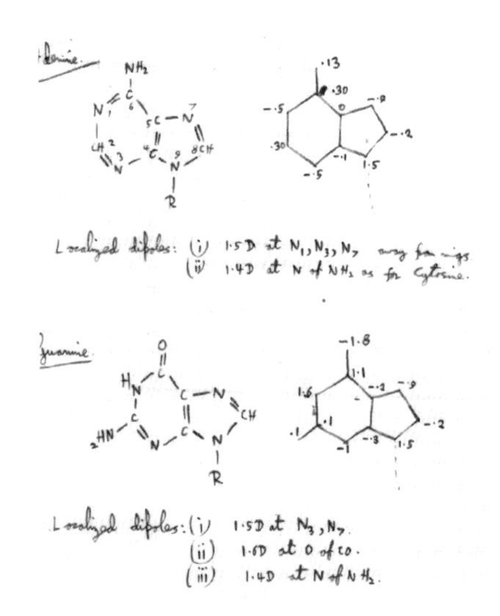

摘自格里菲斯寫給克里克的信函。

菲斯的辦公室跟他說清楚。

吃午餐時，我確認克里克把查加夫的結論記對了。但那時候，他對檢視格里菲斯的量子力學論點並不是太熱中。首先，格里菲斯在受到逼問之下，竟然不願意極力捍衛自己的推理。為了在合理的時間內計算出結果，他忽略了太多變數。其次，雖然每個鹼基都有兩個平面，他卻無法解釋，為何只選其中一面。而且，沒有理由排除「查加夫法則的根源在於遺傳密碼」的想法。特定的核苷酸群必然以某種方式編碼，成為特定的胺基酸。可以想像，腺嘌呤與胸腺嘧啶的數量相當，可能是因為鹼基排序過程中某種尚未被發現的作用。況且還有馬可漢打包票，如果查加夫說鳥嘌呤和胞嘧啶的數量相等，他也同樣確信兩者不相等。依馬可漢看來，查加夫的實驗方法難免低估了胞嘧啶的真正數量。

儘管如此，克里克還不打算捨棄格里菲斯的算法，因為 7 月初，肯德魯走進我們剛遷入的辦公室告訴我們，查加夫本人即將來劍橋待一晚。肯德魯安排他去彼得豪斯學院用餐，並邀請我和克里克在飯後加入他們，去肯德魯的辦公室喝幾杯。

他們在「高桌」用餐時，肯德魯避談正事，只透露，我和克里克打算藉由建構模型來解開 DNA 的結構。查加夫身為世界級的 DNA 專家之一，我們這些黑馬想要贏得比賽，乍聽之下讓他笑不出來。當肯德魯提到我不是典型的美國人、請他放心時，他才發現，他即將聽一個瘋子胡言亂語。一看到我，更證實他的直覺是對的。他立刻嘲笑我的髮型和口音，因為既然我來自芝加哥，我沒有權利改變行事作風。我心平氣和告訴他，我留長髮是為了避免與美國空軍人員混淆，更證明我的心智不太穩定。

當查加夫逼克里克承認自己不記得四種鹼基的化學差異時，查加夫的嘲諷達到了極點。克里克一提到格里菲斯的計算，他便忍不住失禮了。因為克里克不記得哪些鹼基含有胺基，所以無法定性描述量子力學論點，只好請查加夫寫出它們的化學式。克里克隨後反駁說，他隨時可以查出化學式，但這根本說服不了查加夫，我們知道自己要做什麼、或如何做到。[8]

克里克在卡文迪西進行實驗，1950 年代初。

但無論查加夫愛挖苦人的腦子在想什麼，總得有人來解釋他的結論。因此，隔天下午，克里克衝去格里菲斯在三一學院的房間，想找他問清楚關於鹼基對的資料。聽到「請進」之後，他打開門，看到格里菲斯和一個女孩。他很識趣，明白此時不宜討論科學，於是慢慢退出去，請格里菲斯把計算出來的鹼基對數據再告訴他一次。克里克在信封背面草草寫下數據，便告辭了。

他對查加夫的實驗數據還存有疑慮，由於那天早上我已經動身前往歐洲大陸，他只好去哲學圖書館查資料。兩方的資訊穩穩到手之後，他本想第二天再去找格里菲斯。但轉念一想，他明白格里菲斯志不在此。誰也看得出來，有了年輕美眉，恐怕很難有什麼科學前途。

8　查加夫為這次會面寫了生動的紀錄。克里克「……一副賣黃牛票賣不掉的樣子……不斷裝腔作勢，東拉西扯一大串，偶爾有幾句妙言。」華生「……二十三歲了，還沒什麼長進，咧嘴笑著，與其說怯懦不如說狡猾，話不多，也沒什麼意義。」查加夫曾告訴賈德森，華生和克里克「……老是在說『螺距』(pitch)，我記得自己後來寫下：『兩個攤販（pitchmen）在尋找螺旋』。」

第 19 章
鮑林現身

兩星期之後，查加夫和我又在巴黎見面了。我們兩人都去那裡參加國際生化會議。在壯觀的索邦神學院黎胥留劇場外的庭院裡，當我們錯身而過時，他的一絲冷笑表示他還認得我。[1]

那天我一直跟著戴爾布魯克。在我離開哥本哈根去劍橋之前，他給了我一份研究工作，在加州理工學院的生物學部門，並且幫我安排小兒痲痺基金會的獎助金，預計從 1952 年 9 月開始領取。不過，今年 3 月，我已經寫信告訴戴爾布魯克，我想在劍橋多待一年。他二話不說，立刻想辦法，將我的獎助金轉到卡文迪西。我很高興戴爾布魯克這麼快就批准，因為對於鮑林式的結構研究在生物學上的終極價值，他一直半信半疑。

1952 年 7 月在巴黎召開的第二屆國際生化會議（2eme Congrès International de Biochemie）會徽。

現在我的口袋裡有了 TMV 螺旋照片，我感覺更有信心了，戴爾布魯克最後一定會全心全意贊同我對劍橋的喜愛。不過，短短幾分鐘的交談，還是不見他的觀點有任何改變。當我概略描述 TMV 如何組成時，戴爾布魯克幾

1　1974年，查加夫回想起這件事。「很可惜，我只記得自己過去的瑣事，我還記得1952年國際生化會議發生的事情，還有那個笨拙的年輕人，令人聯想起內斯特洛伊（Nestroy）劇作《流浪漢》（*Lumpazivagabundus*）中的學徒鞋匠之一。我一點也不覺得好笑：我正在找廁所；可是無論我打開什麼門，裡頭都是演講室，還有一模一樣的黎胥留紅衣主教（Cardinal Richelieu）大肖像。」

上圖所示為大會精心設計的金屬胸章，為另一位與會者科恩（Waldo Cohn）所擁有，他原本也是物理學家，戰時曾參與製造原子彈，後來轉而研究生物學。他曾研發離子交換色譜法，用來分離核苷酸，後來華生曾形容他是「……美國唯一像樣的核酸化學家。」（寫給戴爾布魯克的信函，1954年1月4日）

伊弗魯西夫婦，攝於冷泉港。

乎沒有發表任何意見。我又急忙概述我們嘗試利用模型建構來解開 DNA 結構，他的反應也同樣冷淡。只有在我提到克里克聰明過人時，戴爾布魯克才好不容易說了幾句話。糟糕的是，我又畫蛇添足，說克里克的思維方式和鮑林的很像。可是在戴爾布魯克的世界裡，沒有任何化學思想比得上遺傳雜交（genetic cross）的威力。那天夜裡，當遺傳學家伊弗魯西提起我愛上劍橋這檔子事時，戴爾布魯克輕蔑地揮了揮手。[2]

鮑林的意外現身，成了會議最轟動的大事。或許因為報紙大肆渲染他的護照遭沒收一事，[3] 美國國務院才會改變主意，准許鮑林來此炫耀 α 螺旋理論。鮑林的演講被臨時安排在佩魯茲演講的那個場次。儘管通知時間倉促，會場仍擠滿想要先睹為快的觀眾。不過，鮑林的演講只是幽默重提發表過的概念而已。然而，除了我們幾個把他最近論文倒背如流的人之外，大家還是聽得心滿意足。沒有迸出什麼新的火花，他的腦子裡在想什麼，也沒有任何線索。他的演講結束後，仰慕者蜂擁而上包圍他，我卻沒有勇氣突破重圍，擠到他和他夫

2　1901年，伊弗魯西（Boris Ephrussi）出生於莫斯科，曾在加州帕薩迪納（Pasadena）與摩根（T. H. Morgan）一起研究果蠅遺傳學。他曾與比德爾（George Beadle）合作，他們的眼部色素遺傳學研究開創了「一種基因一種酶」（one gene, one enzyme）的概念，後來導致比德爾因研究紅麵包黴菌（Neurospora）而獲得諾貝爾獎。伊弗魯西曾與華生合寫惡搞信函，投到《自然》期刊（詳見第20章）。伊弗魯西夫人哈麗特（Harriet）受過艾佛瑞的訓練，為著名的細菌遺傳學家。哈麗特曾與華生合作（1952—1953年），研究轉化因子（transforming factor）的物理特徵。

3　在5月份遭到拒發護照之後（詳見第17章），過了兩個月，鮑林獲准拿到新護照。這項大逆轉可能是新聞媒體大肆報導先前決議的結果，但從右圖這封電報可以看出，大逆轉也取決於他簽了切結書，聲明他絕不是共產主義者。

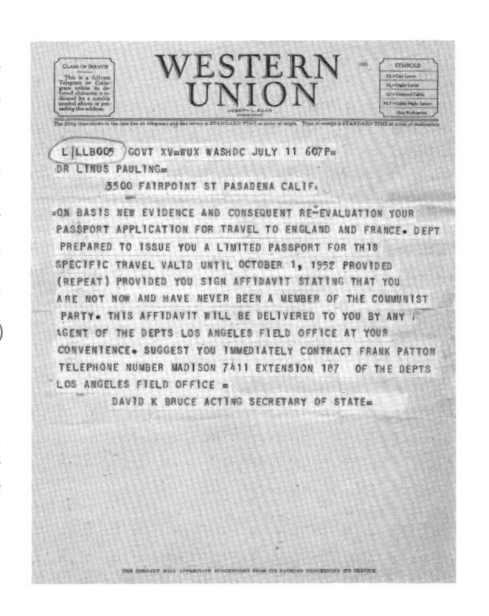

WESTERN UNION

L|LLB005 GOVT XV=WUX WASHDC JULY 11 607P=
DR LINUS PAULING=
3500 FAIRPOINT ST PASADENA CALIF:

=ON BASIS NEW EVIDENCE AND CONSEQUENT RE-EVALUATION YOUR PASSPORT APPLICATION FOR TRAVEL TO ENGLAND AND FRANCE. DEPT PREPARED TO ISSUE YOU A LIMITED PASSPORT FOR THIS SPECIFIC TRAVEL VALID UNTIL OCTOBER 1, 1952 PROVIDED (REPEAT) PROVIDED YOU SIGN AFFIDAVIT STATING THAT YOU ARE NOT NOW AND HAVE NEVER BEEN A MEMBER OF THE COMMUNIST PARTY. THIS AFFIDAVIT WILL BE DELIVERED TO YOU BY ANY AGENT OF THE DEPTS LOS ANGELES FIELD OFFICE AT YOUR CONVENIENCE. SUGGEST YOU IMMEDIATELY CONTRACT FRANK PATTON TELEPHONE NUMBER MADISON 7411 EXTENSION 187 OF THE DEPTS LOS ANGELES FIELD OFFICE =
DAVID K BRUCE ACTING SECRETARY OF STATE=

人艾娃海倫（Ava Helen）面前，只好默默回到附近的特里亞農旅館。

威爾金斯也來了，看起來有點悶悶不樂。他在前往巴西途中短暫停留，準備要去那裡講授生物物理學，為期一個月。[4] 威爾金斯的出席讓我嚇了一跳，因為這有違他的性格，看著兩千名混飯吃的生化學家，在燈光昏暗的巴洛克式演講廳進進出出，這種場面讓他很受不了。我們在鵝卵石小路上邊走邊聊，他問我是否像他一樣，覺得這些演講很單調乏味。幾位學者倒是講得熱情激昂，例如莫納德（Jacques Monod）和史皮格曼（Sol Spiegelman），但一般來說都很枯燥，他覺得很難打起精神來聽取新的結果。

為了提振威爾金斯的士氣，生化會議結束後，我帶他去洛約蒙修道院參加為期一週的噬菌體會議。[5] 雖然他只逗留一晚，便得出發前往里約，但他很高興能見見這些人，他們做過的 DNA 生物實驗相當出色。然而，在前往洛約蒙

洛約蒙修道院（Abbaye at Royaumont）鳥瞰圖

4 威爾金斯在自傳中描述巴西之旅的緣由：「……我收到邀請，和英國的一群分子生物學家去巴西訪問，此行的計畫是參觀實驗室、舉辦會議討論分子生物學的重要進展，使巴西的科學普遍活躍起來。」但在活動中，似乎反倒是巴西使威爾金斯活躍起來：「里約沒有辜負我的期望。舞蹈的曼妙動作、戲劇的熱情洋溢、音樂的歡樂自由，令我深深著迷。」

5 華生寫信給克里克（1952年8月11日）：「修道院本身很漂亮，很像劍橋的學院，因此氣氛頗適合嚴肅的討論，不像巴黎，有太多東西令人分心……利沃夫（André Michel Lwoff）成功使會議保持很高的文化水準……我在所有場合都穿著短褲和襯衫，恐怕是唯一給人不正經印象的人。儘管我最近剛剪頭髮，但我大部分的朋友都覺得我的頭髮很長，而且他們還惡作劇，故意在我頭髮上抹了大量的維斯康提（Visconti's）香水（很濃！）潤髮油。」

的火車上，他臉色蒼白，既不想看《泰晤士報》，也不想聽我瞎扯噬菌體集團的閒事。

我們下榻在整修過的熙篤會修道院（Cistercian monastery），房間的天花板很高，安頓好之後，我開始和一些朋友聊天，自從離開美國以來就沒見過他們。我以為威爾金斯會來找我出去，等到晚餐他都沒來，於是跑去他房間看看。他俯臥在床上，臉背對著我剛打開的昏暗燈光。原來他在巴黎吃壞了肚子，但他叫我別擔心。隔天早上，我收到他留的紙條，說他已經好了，但必須趕早班火車去巴黎，還說他很抱歉給我添了麻煩。

那天接近中午時，利沃夫提到，鮑林隔天會來這裡訪問幾個小時。我馬上開始想方設法，要在午餐時坐到他旁邊。然而，他的造訪非關科學。美國派駐巴黎的科學專員懷曼與鮑林是舊識，[6] 他認為鮑林和夫人艾娃海倫會有興趣看

洛約蒙會議，1952年7月。穿著短褲的華生坐在地上（前排右三）。

6　懷曼出生於波士頓警察世家，擁有多元化的研究人員與外交官生涯。在外交方面，他曾擔任美國駐巴黎大使館科學專員，以及擔任聯合國教科文組織開羅辦事處主任。第一任妻子去世後，他到處遊歷，甚至曾與日本人及阿拉斯加愛斯基摩人生活一段時間，並在日記及水彩畫裡記錄他們的日常生活。

懷曼（Jeffries Wyman）

看具有簡樸魅力的十三世紀建築。在上午會議的休息時間，我瞥見懷曼瘦削貴氣的臉龐正在尋找利沃夫。

鮑林夫婦到了，不久便開始與戴爾布魯克夫婦聊了起來。戴爾布魯克提到，十二個月後我會去加州理工學院，然後我便與鮑林簡短談了一下。我們的話題集中在我去帕薩迪納之後繼續從事病毒 X 射線研究的可能性，隻字未提 DNA。當我提到國王學院的 X 射線照片時，鮑林的意見卻是，他的同事做了非常精確的胺基酸 X 射線研究，對我們最終理解核酸來說非常重要。

我和艾娃海倫聊得比較深入。她聽說我下年度會待在劍橋，便談起她的兒子彼得。我已經得知，小布拉格同意讓彼得跟著肯德魯念博士。儘管彼得在加州理工學院的成績不太理想，而且他長期患有單核細胞增多症，但肯德魯不想拒絕鮑林把彼得託付給他的願望，尤其是，他知道彼得和他美麗的金髮妹妹愛開狂歡派對。如果彼得的妹妹琳達來探望他，他們兄妹倆無疑會使劍橋風光增色不少。在當時，幾乎每個加州理工學院化學系學生都夢想娶琳達為妻，藉此一舉成名。

關於彼得的小道消息，則是集中在女孩身上，令人猜不透。但現在艾娃海倫給我的內幕情報卻說彼得是個出眾的孩子，大家都會像她一樣，樂於跟彼得相處。儘管如此，我沒說什麼，不相信彼得會像琳達那樣，為我們實驗室增色。當鮑林招手說他們該走了時，我告訴艾娃海倫，我會幫她兒子適應劍橋研究生的節制生活。[7]

會議圓滿落幕，最後在羅斯柴爾德家族艾德蒙男爵夫人（Baroness Edmond de Rothschild）的忘憂居鄉間別墅舉行花園派對。[8] 穿著對我來說是個大問題。

鮑林全家福照片，包括鮑林、彼得、克雷林（Crellin）、琳達（Linda）和艾娃海倫（1947年）。照片中少了鮑林的長子小萊納斯（Linus, Jr.）。

生化會議召開之前，我放在火車車廂裡的行李，都在我呼呼大睡時遭人偷光。除了從軍用合作社買來的幾樣東西之外，我僅剩的衣服，都是為了之後遊覽義大利阿爾卑斯山區而準備的。[9] 雖然我覺得穿短褲演講 TMV 很自在，但法國代表團擔心，我會穿著同樣的服裝去忘憂居，那就太失禮了。不過，我借了外套和領帶，當公車司機讓我們在廣闊的鄉間別墅前下車時，我的外表看起來還挺像樣的。

7　華生向克里克提到，他給了艾娃海倫一些關於彼得（Peter Pauling）的建議（1952年8月11日）：「從鮑林夫人的閒聊中，我得知，彼得尚未平靜下來，所以我們當中，應該不會再有另一個像格林（Green）那樣沉默寡言的青年。我建議他母親，給他一小筆生活費就好，這樣才能傾向於清教徒的生活，我現在正在逃離這種生活。」

8　女主人其實是愛德華男爵夫人（Baroness Edouard de Rothschild）。她的丈夫愛德華男爵在三年前過世了；愛德華男爵的父親於1906年去世，不久後，他在尚蒂利的古維厄（Gouvieux-Chantilly）蓋了別墅，離洛約蒙修道院不遠。與忘憂居毗鄰的是羅斯柴爾德家族的騎師與培訓師所使用的牧場；賽馬是父子倆的共同愛好。丈夫死後，男爵夫人經常來這棟別墅，直到她1975年去世為止。此後，別墅已成為烹飪學院。

9　如同華生寫給妹妹的這張明信片所示，他在那年夏天進行長途旅行，直到9月才返回劍橋。華生在法國、義大利、瑞士旅行，除了與肯德魯和貝塔尼（Bertani）一起健行，也拜訪伊弗魯西家族及探視戴爾布魯克家族。詳見附錄二的遺珠章節。

忘憂居（Sans Souci），花園派對的場所。

Aug 26

I am now in the Grand Parras[?] Range with John Kendrew. I was for 2 weeks with Joe Bertini in the Bernin Alps above Sondrio. In both places the weather has been very good and I suspect I may look healthy. I go to Palanza for a weeks meeting on Sept 1st and then return to Cambridge

Jim

Miss Elizabeth L Watson % MAAG
American Embassy
Copenhagen
Denmark

Ediz. ris. G. Brail - A. XX
S.A.C.A.T. - Torino - Riproduzione vietata
Fot. Mottura

華生寫給妹妹的明信片，1952 年 8 月 26 日。

史皮格曼和我直接走向端著煙燻鮭魚和香檳的管家，幾分鐘之後便領教到貴族階級的價值。[10] 就在我們準備上車之前，我逛進掛滿哈爾斯（Hals）和魯本斯（Rubens）畫作的大客廳。男爵夫人正在跟幾位來賓說，她非常榮幸有這麼多貴客光臨。不過她很遺憾，劍橋那位瘋狂英國人決定不來了，不然氣氛會更加熱鬧。我一時沒聽懂，後來才恍然大悟，利沃夫認為慎重起見，應該先警告男爵夫人，可能會有服裝不整、行為怪異的客人出現。我和貴族的第一次接觸，得到的訊息很清楚：如果我的行為舉止像其他人一樣，以後恐怕再也不會有人邀請我了。

史皮格曼，1950 年代。

華生在義大利阿爾卑斯山區渡假，1952 年 8 月。

10 這段時期，史皮格曼正在研究細菌與酵母中的酶誘導作用，後來轉而研究RNA病毒與RNA複製，分離出第一個RNA複製酶。史皮格曼最著名的是他與霍爾（Ben Hall）合作發展RNA—DNA雜交技術，起初是在溶液中，後來與吉萊斯皮（David Gillespie）合作，則是在硝酸纖維素濾膜上。

第20章
性

暑假結束了，當時我顯得對DNA不太專注，使克里克頗為失望。我的心思都放在「性」上，但這種「性」並不是需要鼓起勇氣的那種。無可否認，細菌的交配習性是個獨特的話題，在克里克和歐蒂的社交圈裡，絕對沒有人猜得到，細菌也有性生活。

話又說回來，搞清楚它們如何交配，最好還是留給別人去傷腦筋。雌、雄細菌的風聲在洛約蒙流傳開來，但直到9月初，我去義大利帕蘭薩（Pallanza）參加微生物遺傳學小型會議時，才得到第一手消息證實。卡瓦利斯佛薩（Cavalli-Sforza）與海斯在會議上談到，他們和萊德伯格（Joshua Lederberg）的實驗剛剛確認，存在兩種不同性別的細菌。[1]

海斯在帕蘭薩的非正式演講

在為期三天的會議中，海斯一鳴驚人：在他的演講之前，除了卡瓦利，沒有人知道他的存在。不過，當他不卑不亢的報告一結束，在場所有人都知道，一枚炸彈在萊德伯格的世界裡暴發了。1946年，當時年僅二十歲的萊德伯格宣布

1 第二次世界大戰期間，海斯（Bill Hayes）在印度擔任英國軍醫，之前則是在愛爾蘭求學。後來他在哈默史密斯醫院（Hammersmith Hospital，見第148頁照片）建立細菌遺傳學實驗室，1957年實驗室成為MRC單位，1968年遷往愛丁堡。除了細菌遺傳學方面的重要研究，他還撰寫該領域的權威教科書《細菌與噬菌病毒遺傳學》（*The Genetics of Bacteria and Their Viruses*），1964年首次出版。

細菌會交配並證實基因重組，在生物界一炮而紅。從那時起，他進行了為數可觀的精采實驗，除了卡瓦利，根本沒有人敢研究相同領域。聽萊德伯格的馬拉松式演講，長達三到五小時不間斷，看得出他是少年得志。不僅如此，他的本領有如神仙，一年比一年強大，簡直到了無所不知的地步。[2]

萊德伯格夫婦（Joshua and Esther Lederberg），攝於1951年冷泉港定量生物學基因與突變研討會。

儘管萊德伯格的頭腦超人一等，細菌遺傳學卻一年比一年撲朔迷離。萊德伯格的最新論文複雜至極，簡直有如希伯來文，只有他自己看得懂。偶爾我會拿一篇來努力鑽研，卻免不了看到一半就卡住，只好放在一邊等改天再看。[3]

然而，不需要太用力想也知道，發現細菌有雌雄之分，可能很快就會使細菌的遺傳分析變得輕而易舉。儘管如此，跟卡瓦利談過之後，我才知道，萊德伯格還不打算想得很簡單。他喜歡傳統的遺傳假設，儘管分析結果異常複雜，他仍舊認為，雄性與雌性細胞貢獻等量的遺傳物質。相反的，海斯的推

No. 4355　April 18, 1953　NATURE　701

miles and some of the treatments were destructive to other aquatic life as well as black-fly larvæ. In contrast with those results, during 1948–51 larvæ of *Simulium arcticum* Mall. were largely eradicated from sections of the Saskatchewan River for as long as 98 miles by single applications of DDT. The DDT was applied at rates as low as 0·09 p.p.m. for 16 min. as a 10 per cent solution in methylated naphthalene and kerosene.

Outstanding characteristics of the Saskatchewan River include its large rate of discharge (up to 120,000 cusec.), its freedom from aquatic vegetation, and the turbidity of the water during certain seasons of the year. During the tests, the suspended solids content of the water ranged as high as 551 p.p.m., and samples obtained by sedimentation from river water collected so far as 68 miles downstream from the point of application contained 0·24–2·26 μgm. of DDT per gram of solids. This material consisted mainly of clay and fine silt, and laboratory experiments showed that it would adsorb DDT from suspensions of 0·1 p.p.m. of DDT in distilled water.

A study of the feeding habits of the larvæ of *S. arcticum* showed that suspended particles in the river water, including much inorganic material, were consumed. It was also noted during the larvicide tests that the treatments produced much greater mortality of black-fly larvæ than of other aquatic insects, which normally do not feed on small particles suspended in the water. Quantitative samples of aquatic organisms collected before and after single applications of DDT indicated that, whereas black-fly larvæ were almost eliminated for distances ranging from 40 to 98 miles, populations of other aquatic insects were reduced by an average of 50 per cent in two tests and were unchanged in two others.

The results suggest that other fast-flowing rivers in which the water is turbid at the time of treatment might be treated similarly, and perhaps in certain clear-water streams and rivers, finely divided inorganic material with marked DDT adsorptive properties could be added along with the larvicide and kept in suspension.

F. J. H. FREDEEN

Division of Entomology,
Science Service,
Canada Department of Agriculture,
Saskatoon, Sask.

A. P. ARNASON

Saskatoon, Sask., now of Ottawa.

B. BERCK

Winnipeg, Man.
Jan. 12.

[1] Fredeen, F. J. H., Arnason, A. P., Berck, B., and Rempel, J. G. (in preparation).

[2] Garnham, P. C. C., and McMahon, J. P., *Bull. Ent. Res.*, 37, 619 (1947). Gjullin, C. M., Cope, A. B., Quisenberry, B. C., and DuChanois, F. R., *J. Econ. Ent.*, 42, 1 (1949). Hocking, B., Twinn, C. R., and McDuffie, W. C., *Sci. Agric.*, 29, 2 (1949). Hocking, B., *Sci. Agric.*, 30, 12 (1950).

Terminology in Bacterial Genetics

THE increasing complexity of bacterial genetics is illustrated by several recent letters in *Nature*[1]. What seems to us a rather chaotic growth in technical vocabulary has followed these experimental developments. This may result not infrequently in prolix and cavil publications, and important investigations may thus become unintelligible to the non-specialist. For example, the terms bacterial 'transformation', 'induction' and 'transduction' have all been used for describing aspects of a single phenomenon, namely, 'sexual recombination' in bacteria[2]. (Even the word 'infection' has found its way into reviews on this subject.) As a solution to this confusing situation, we would like to suggest the use of the term 'interbacterial information' to replace those above. It does not imply necessarily the transfer of material substances, and recognizes the possible future importance of cybernetics at the bacterial level.

BORIS EPHRUSSI

Laboratoire de Génétique,
Université de Paris.

URS LEOPOLD

Zurich.

J. D. WATSON

Clare College,
Cambridge.

J. J. WEIGLE

Institut de Physique,
Université de Genève.

[1] Lederberg, J., and Tatum, E. L., *Nature*, 158, 558 (1946). Cavalli, L. L., and Heslot, H., *Nature*, 164, 1058 (1949). Hayes, W., *Nature*, 169, 118 (1952).

[2] Lindegren, C. C., *Zb. Bakt.*, Abt. II, 92, 40 (1935).

Histochemical Demonstration of Amine Oxidase in Liver

DIANZANI[1] has shown that ditetrazolium can be used for demonstrating the activity of, among other enzymes, tyramine (amine) oxidase in mitochondria isolated from liver and kidney. The essential reaction here is a dehydrogenation[2], and hydrogen acceptors other than oxygen may be used in the oxidation of tyramine by amine oxidase[3]. It is therefore of interest that amine oxidase activity can be demonstrated in frozen sections of the tissue, using a tetrazolium compound as the hydrogen acceptor; even though the method is not entirely satisfactory, it shows the general distribution of the enzyme. Neo-tetrazolium[4] was found to be much more satisfactory than blue (di-)tetrazolium.

Frozen sections (15–20 μ thick) of guinea pig and rabbit liver were well washed in phosphate buffer for about thirty minutes to remove all endogenous substrates and then incubated with equal parts of 0·1 per cent neo-tetrazolium, 0·1 *M* phosphate buffer of *p*H 7·4 and 0·5 per cent tyramine solution, for 2–4 hr. At the end of the incubation period, the sections were washed in distilled water, fixed in 10 per cent neutral formalin and mounted in dilute glycerol. The use of very thin slices of liver instead of frozen sections for the incubation was found to be advantageous; they can then be fixed in formalin and sectioned on the freezing microtome. Control sections were incubated with (1) octyl alcohol[5] for three hours before incubation with tyramine and (2) potassium cyanide in a final concentration of 3×10^{-3} *M*, which inhibits other oxidases but has no inhibitory effect on amine oxidase.

Fat stains red with neo-tetrazolium and, together with the precipitated blue formazan, gives a general purple colour. Large fat globules can be seen in the liver, staining a bright red. This red colour can be eliminated by treating the sections with acetone, which dissolves away the fat, leaving the true (blue) colour of the precipitate. The acetone is removed by washing with water. In many cases the red colour is of advantage as it serves as a counter stain.

For the same period of incubation guinea pig liver showed a more dense precipitate than rabbit liver.

2　津德（Norton Zinder）當時是萊德伯格的研究生，他曾描述萊德伯格在1951年冷泉港定量生物學基因與突變研討會上的表現：「萊德伯格報告我們實驗室的論文，我相信這篇論文贏得所有『不知所云』比賽冠軍。他講了六個多小時。只有穆勒勉強跟得上。」

3　萊德伯格的論文有如希伯來文般複雜（如上圖），給了伊弗魯西（見135頁照片）、利奧波德（Urs Leopold）、華生、韋格爾（見41頁照片）靈感，他們發表短文，以〈細菌遺傳學術語〉為題，《自然》期刊編輯卻沒看出那是惡搞文章。他們提議用「細菌間訊息」（interbacterial information）來取代諸如「轉型」（transformation）等術語。最後一句話露出了馬腳，因為他們提出「……確認控制論（cybernetics）未來在細菌層面上的潛在重要性。」

華生在帕蘭薩的合照（後排左二）。前排左二為莫納德。

理則是基於看似武斷的假說，認為只有一小部分的雄性染色體物質進入雌性細胞。有了這項假設，進一步的推理就簡單多了。

我一回到劍橋，馬上直奔圖書館，查閱含有萊德伯格最新研究成果的所有期刊。之前搞不清楚的遺傳雜交問題，我幾乎都弄懂了，這讓我很開心。有些交配問題依然令人費解，但即便如此，大量實驗數據現正漸漸就緒，讓我確信我們的方向是正確的。尤其令人高興的是，萊德伯格可能跳脫不出他的傳統思維方式，說不定我會搶得先機，正確詮釋他的實驗，完成難以置信的壯舉。[4]

我想把萊德伯格的實驗搞得一清二楚，這個願望簡直令克里克心都涼了。細菌分為雌、雄兩性的發現很有意思，但並未引起他的重視。整個夏天，他幾乎都在蒐集賣弄學問的博士論文資料，現在他正處於思考重要事實的狀態。細菌到底有一、二或三種染色體，關心這種無聊問題，對我們解開 DNA 結構沒什麼幫助。只要我持續留意 DNA 的相關文獻，就有可能在午餐或下午茶聊天時迸發一些靈感。但如果我回去研究純生物學，我們稍微領先鮑林的優勢，可能一下子就消失了。

這時候，克里克的腦海裡還縈繞著「查加夫法則才是真正關鍵」的想法。事實上，我在阿爾卑斯山區遊覽時，克里克花了一個星期的時間，試圖以實驗證明，在水溶液中，腺嘌呤與胸腺嘧啶之間、鳥嘌呤與胞嘧啶之間具有吸引力。但他的努力毫無結果。

4　1952年10月27日，華生寫信給妹妹：「看起來，我從帕蘭薩回來之後假設的理論，很有可能是正確的，因為它完全料中卡瓦利的最新結果……還剩下一個更具決定性的實驗：如果做得出來，那就太美妙了，因為它將解決五年來的矛盾，使細菌遺傳學領域取得相當迅速的進展……要是能搶先萊德伯格（威斯康辛大學），解決他畢生（還很短——他才二十八歲左右）研究的問題，那就太好了。」

此外，他與格里菲斯討論時，一點也不自在。不知怎麼回事，他們的想法總是不搭調，而且克里克推敲出某特定假說的優點之後，總會有漫長尷尬的停頓。不過，可以想像的是，腺嘌呤受胸腺嘧啶吸引、鳥嘌呤受胞嘧啶吸引，這件事沒有理由不告訴威爾金斯。由於克里克為了別的事情，10月下旬必須去倫敦一趟，所以他寫信告訴威爾金斯，說他可以順道去國王學院。威爾金斯回信說要請他吃中飯，令他喜出望外，於是他滿心期待一場關於DNA的真正討論。

克里克卻犯了策略上的錯誤，他一開始先聊到蛋白質，故意顯得對DNA不太感興趣的樣子。當威爾金斯把話題轉到富蘭克林身上，嘮嘮叨叨抱怨她缺乏合作精神時，半頓飯的時間就這麼浪費掉了。[5] 同時，克里克不斷扯到某個更有趣的話題，等到吃完飯，他才想起自己必須趕去赴兩點半的約。他匆匆忙忙離開大樓，到了街上才發覺，他根本沒提到，格里菲斯的計算符合查加夫的實驗數據。再趕回去恐怕有點尷尬，所以他還是走了，當天晚上就回到劍橋。隔天早上，克里克告訴我這頓中飯毫無結果之後，曾試著燃起熱情，再度挑戰解開DNA的結構。

然而對我來說，再度專注於DNA毫無意義。沒有新的證據，可以驅除去年冬天慘敗的霉味。在耶誕節之前，我們唯一可能得到的新結果，就是含有DNA的噬菌體T4中的二價金屬含量。如果發現含量很高，表示鎂離子極有可能與DNA結合。有了這樣的證據，也許我終於可以強迫國王學院研究群去分析他們的DNA樣本。但是，不見得可以立即取可靠結果。首先，馬婁的同事傑尼必須將噬菌體從哥本哈根寄過來。其次，我需要安排二價金屬及DNA含量的精確測量。最後，富蘭克林必須讓步。[6]

5　威爾金斯後來寫信給克里克（1952年初）：「富蘭克林老是吠，卻咬不了我。因為我重新安排自己的時間，好讓自己可以專注在工作上，她再也惹不到我了。我上次見到你時，正在氣頭上。」

6　在1952年5月20日的信函上，華生向戴爾布魯克描述自己的計畫：「傑尼正從哥本哈根寄來一些純化的T4，我已經安排好官方實驗室，要進行完整的陽離子分析。我希望在洛約蒙會議之前能得出結果。」傑尼出現在第46頁的照片上。

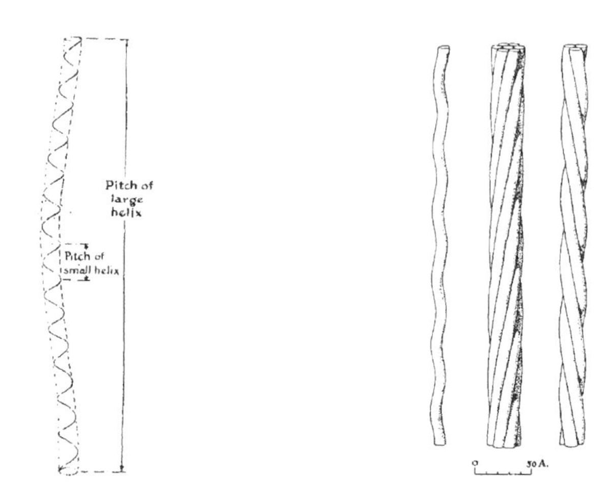

鮑林與柯瑞的 α 角蛋白捲曲螺旋（coiled coils of α-keratin）論文中的說明圖。
左圖顯示 α 螺旋多肽鏈沿著較大的螺旋路徑，
右圖顯示 α 螺旋如何捲成三股與七股索鏈。

幸好，在 DNA 的研究競爭上，鮑林看起來不像是迫在眉睫的威脅。彼得帶來內幕消息，說他父親忙著思考毛髮蛋白（角蛋白）中的 α 螺旋如何捲成超螺旋。對克里克來說，這可不是好消息。近一年來，他一直反反覆覆拿不定主意，捲曲螺旋中的 α 螺旋如何纏繞在一起。問題在於，他的數學向來不太嚴謹，他不得不承認，自己的論點有鬆散之處。現在他面臨的問題是，鮑林的答案不見得比較高明，卻可能會搶走捲曲螺旋的所有功勞。

克里克停下論文的實驗工作，這樣才能用加倍的工夫來解決捲曲螺旋方程式。正確的方程式這次終於算出來了，一半要歸功於克雷澤爾的協助，他來劍橋和克里克一起度週末。投給《自然》期刊的信函很快就擬好了，委請小布拉格寄給編輯，並且附上短箋，請求盡速發表。假如編輯得知，某篇英國文章的意義超乎水準，幾乎馬上會設法刊登論文稿。運氣好的話，克里克的捲曲螺旋論文就算不能提前，至少也會跟鮑林的論文同時發表。[7]

[7] 克里克、鮑林與捲曲螺旋

克里克的捲曲螺旋研究為他惹來更多麻煩，因為《自然》期刊編輯火速發表克里克的論文，延遲了鮑林的論文。鮑林的論文在 1952 年 10 月 14 日寄達《自然》期刊，克里克的論文則是一個星期後才寄出的，克里克的論文在 11 月 22 日發表，竟然比鮑林發表於 1953 年 1 月 10 日的論文早了六個星期！根據彼得的說法，結果是克里克和肯德魯「……最後請小布拉格寫信給編輯，告訴他趕快行動。」

事件後來愈演愈烈，因為克里克指稱，鮑林在他們1952年夏天的交談後，從他（克里克）那裡得到捲曲螺旋的概念。鮑林聽到傳聞，1953 年 3 月 29 日寫信給佩魯茲：「我寫這封信是想要澄清一件事，這件事可能已經引起您的關注……話已經傳到我這裡，說您認為我從克里克那裡獲得 α 角蛋白中的捲曲螺旋概念，而且不承認自己受惠於他……克里克先生曾問我，有沒有考慮過 α 螺旋互相纏繞的可能性。我回答說我考慮過……當時這對我來說，並不是新的概念，但尚未得出很好的研究結果，而且在我看來，我們的研究方法（如我們在《自然》期刊上的論文所述）和克里克所討論的方法有很大的差別。關於我們在劍橋的討論，如果我有記錯的地方，我希望克里克先生會告知我。」

克里克在 4 月 14 日回信，「因此，當彼得告訴我們，說您正在研究捲曲螺旋時，我自然而然想到，我曾向您提出這個概念。」但克里克證實，他們的方法不同：「……對我來說，這種想法顯然沒有什麼根據，有的話也很薄弱。尤其是您曾提出明確的模型，而我還沒有，更重要的是，您提出了不同的捲曲理由。」不過，克里克又補充，「仔細想想，如果您事先告知，您正針對此概念撰寫論文，好讓我有機會同時提出我的想法，我認為這樣可能會使事情變得更簡單。然而，事到如今，拜加州理工學院與卡文迪西之間的許多溝通管道所賜，事情就變成這樣。」

如此一來，劍橋裡裡外外有愈來愈多人認為，克里克是真正的人才。雖然有些人持不同意見，依然認為他是可笑的說話機器，但他畢竟能把問題看得很透澈。初秋他收到聘書，哈克邀請他去布魯克林工作一年，這正反映出他的地位日益提升。哈克募得一百萬美元經費，用來解開核糖核酸酶（ribonuclease）的結構，目前正在招聘人才，在歐蒂看來，年薪六千美元簡直慷慨無比。[8]

不出所料，克里克憂喜參半。有那麼多關於布魯克林的笑話，其中一定有什麼原因。話又說回來，他從來沒去過美國，至少可以在布魯克林先打好基礎，再從那裡去看看其他更理想的地方。另外，如果小布拉格知道克里克會離開一年，說不定會比較贊成佩魯茲和肯德魯的請求，他們希望等克里克提交博士論文之後，再延聘他三年。克里克最好的辦法似乎是暫時先接受聘書，於是

倫敦哈默史密斯醫院

他在10月中旬寫信給哈克，說他會在翌年秋天前往布魯克林。

秋天過去了，我還沉迷於細菌交配的問題，常常去倫敦找海斯討論，地點在他位於哈默史密斯醫院的實驗室。[9]有幾個晚上，在返回劍橋途中，我把威爾金斯拉來一起吃晚餐，當時我的心思又回到DNA上。不過，他有幾天下午悄悄開溜，實驗室的人還以為他有了要好的女朋友。最後真相大白，一切都很光明正大——原來，他那幾天下午都在體育館學習劍術。

威爾金斯和富蘭克林的關係還是像以前一樣膠著。威爾金斯從巴西回國後，富蘭克林的態度很清楚，她認為兩人不可能繼續合作。因此，為了消愁解悶，威爾金斯竟拿起干涉顯微鏡來尋找染色體的測重方法。

請富蘭克林另謀高就的問題，他已經向老闆蘭德爾提了，但新的職位最快也要等到下年度才開始。以她擺臭臉為由，馬上解雇她，這恐怕行不通。[10]再說，她拍的X射線照片愈來愈漂亮了。不過，還是看不出她對螺旋有任何好感。此外，她認為有證據顯示，糖—磷酸骨幹是在分子的外側。這種說法有沒有任何科學依據，並沒有簡易的方法可以判斷。既然我和克里克還是拿不到實驗數據，上上之策就是保持虛心。所以我又回頭為「性」傷腦筋了。

8　1949年，朗繆爾（Irving Langmuir）問X射線晶體學家哈克（David Harker），他會用一百萬美元來做什麼。哈克的回答是，他會用十年的時間（和金錢）來確認某種蛋白質的結構。朗繆爾從基金會籌措到一百萬美元，1950年，哈克在布魯克林理工學院（Polytechnic Institute of Brooklyn，譯注：現已改名為紐約大學坦登工程學院）創立「蛋白質結構計畫」（Protein Structure Project）。

9　海斯的實驗室位於倫敦醫學研究所（Postgraduate Medical School of London），後來稱為皇家醫學研究所（Royal Postgraduate Medical School）。後者坐落在倫敦西區的哈默史密斯醫院。

10　富蘭克林也很想離開國王學院，正如威爾金斯希望她快點走人。關於這件事，我們將她與好友塞爾之間、及給未來老闆貝爾納的信函轉載如次頁。

富蘭克林轉到倫敦大學伯貝克學院

在 1952 年 3 月的信函上，富蘭克林向她的好友塞爾夫婦（Anne and David Sayre）提到，她在國王學院所受的委屈：「我過完暑假，一回來就和威爾金斯發生嚴重衝突，我一氣之下，差點直接返回巴黎。從那以後，我們同意井水不犯河水，各做各的，事實上，研究進行相當順利。為了決定到底要不要回去，我 1 月份回巴黎待了一個星期。本來已經說好，要和維托里奧（Vittorio）一起研究液體，後來又覺得，這畢竟有點傻。不知何故，我覺得就算退讓這麼一大步也沒用。所以我去找貝爾納，他很高興，承蒙他的認可，還給了我一些希望，哪天能進入他的生物學研究群工作……無論有誰反對他，我都認為他很傑出，我應該考慮在具有啟發性的人底下工作。」

安妮·塞爾很同情富蘭克林在國王學院的抗爭（她 3 月 8 日的回信：「萬一妳在國王學院殺了什麼人，我會飛過來扮演證人角色，發誓這是正當殺人。」）。但對於富蘭克林轉到伯貝克學院的提議，她也有所保留：「如妳所知，我的反貝爾納情結很強烈，所以我對妳計畫加入他的研究群，忍不住感到失望。」不過計畫還是繼續進行，6 月 2 日，富蘭克林又從南斯拉夫寫信給塞爾夫婦：「我又去找過貝爾納，如果蘭德爾同意，他隨時會聘請我，但我覺得在離開前一個月才跟蘭德爾談，恐怕不妥，所以等我回去，就會準備跟他談。」她一回來，真的跟蘭德爾說了，如以下給貝爾納的信函中所述。

親愛的貝爾納教授，

很抱歉，這麼久才讓您更瞭解我的立場——我離開的比我預期還要久。

關於轉到您的實驗室的可能性，我跟蘭德爾教授談過了，並且向獎助金委員會申請許可，讓我能領取剩餘的特納與紐沃爾獎助金（Turner and Newall Fellowship）。我這麼做，蘭德爾教授並不反對。

這樣的安排，我希望您還滿意。如果滿意的話，能否請您告知，何時與您見面討論細節比較方便？

您誠摯的

羅莎琳·富蘭克林

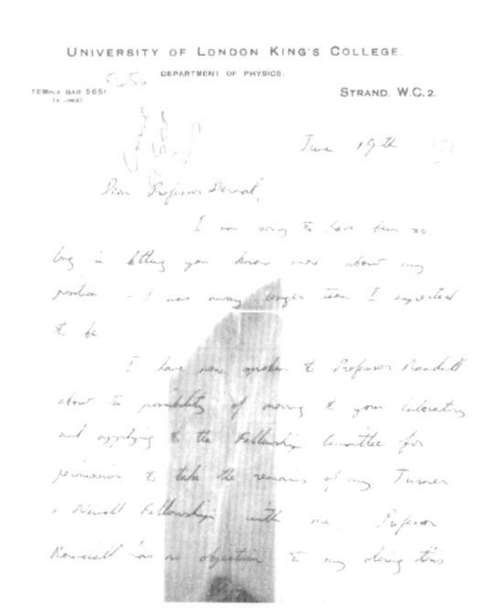
UNIVERSITY OF LONDON KING'S COLLEGE
DEPARTMENT OF PHYSICS.
STRAND. W.C.2.

富蘭克林寫給貝爾納的信，討論轉到伯貝克學院事宜。信上的 1952 字樣，是克魯格加上的。

第 21 章
鮑林捷足先登？

這時候，我住在克萊爾學院。在我來到卡文迪西後不久，佩魯茲讓我以研究生的名義，把我安插在克萊爾學院。再念一個博士學位沒什麼意義，可是唯有用這種藉口，我才有機會住進學院宿舍。沒想到，選擇克萊爾學院實在是太幸福了。不只因為它跨越康河，還有很棒的庭園，而且後來我才知道，它為美國人的設想特別周到。[1]

克萊爾學院的雙螺旋結構，為詹克斯的雕塑作品。

在此之前，我差點被困在耶穌學院（Jesus College）。由於時間倉促，佩魯茲和肯德魯認為，小學院收我的可能性比較大，因為比起如三一學院或國王學院這種既有名又有錢的大學院，小學院的研究生相對較少。於是佩魯茲去問物理學家威爾金森（當時在耶穌學院當研究員），看他的所屬學院是否

1　克萊爾學院成立於1326年，為劍橋大學第二古老的學院，照片附在第6章。1952年10月的某一天，華生與克里克吃過午飯後，在後園散步，在古特弗倫德拍攝的著名照片中（見第7章），可以看到國王學院禮拜堂旁邊的舊庭（Old Court）。

1952年10月8日，華生寫信給妹妹：

「我現在住在學院裡，我很喜歡。我的房間很大很舒服，但有點沉悶。不過，有了歐蒂幫忙，我希望可以讓房間熱鬧起來。」10月18日又寫了一封：「……克萊爾學院的食物還是難以下嚥，所以我有很多餐都是在英語演說聯盟（English Speaking Union）吃的。我也會在學院的房間裡吃東西，因為我發現，十二點左右就很餓了。我嚇了一跳，我發現自己竟然會泡茶。」華生一直很懷念從前待過的學院，2005年，他將詹克斯（Charles Jencks）的雙螺旋結構雕塑作品捐贈給學院，如上圖所示。

華生常去奇想餐館吃早餐

有空缺。第二天，威爾金森來了，說耶穌學院願意收我，要我約個時間瞭解入學手續。[2]

不過，與學院主任導師談了之後，我就想去找別的門路了。耶穌學院只有區區幾位研究生，看來這與它令人敬畏的聲譽有關。研究生都不能住校，所以成為耶穌學院中人，唯一可預見的後果，就是博士班的學費帳單，而且我根本拿不到博士學位。古典學家哈蒙德是克萊爾學院的主任導師，他為外籍研究生描繪的前景燦爛多了。我從第二年開始就可以搬進學院，況且，克萊爾學院有幾位美國籍研究生，我說不定會遇見他們。[3]

儘管如此，在劍橋的頭一年，當時我和肯德魯夫婦一起住在網球場路，對學院生活幾乎一無所知。辦完入學手續後，我進學院飯廳吃過幾頓飯，直到我發現，每天晚上的菜色大多是濁濁的濃湯、又老又硬的肉、難消化的布丁。要在十到十二分鐘之內吃完這些，因此也不太可能遇見任何人。

即使到了劍橋第二年，我搬進克萊爾紀念園（Clare's Memorial Court）R樓的房間，我對學院的伙食還是敬謝不敏。去奇想餐館（the Whim）吃早餐的話，

2 威爾金森（Denis Wilkinson）後來成為牛津大學實驗物理學教授，1974年受封爵士。他曾設計威爾金森類比數位轉換器。

3 哈蒙德（Nicholas G. L. Hammond）是研究古希臘的學者，以亞歷山大大帝之研究著稱。他對希臘與阿爾巴尼亞很熟悉，語言也很流利，戰爭期間受同盟國重用，徵召他出任英國特種作戰部軍官，曾參與多次破壞任務。戰後他回到學術界，1950年代初在克萊爾學院擔任資深導師，華生就是在那裡遇到他的。

可以比去學院飯廳晚很多。只要花三先令六便士，奇想餐館便提供還算暖和的座位，讓我在那裡看《泰晤士報》，戴著平頂帽的三一學院學生則是翻閱《每日電訊報》（*Daily Telegraph*）或《新聞紀事報》（*News Chronicle*）。

貝斯酒店，特別場合的用餐場所。

在城裡想吃頓好一點的晚餐，那就更麻煩了，只有在特殊情況下，我才會去雅士餐館（the Arts）或貝斯酒店（Bath Hotel）用餐。所以如果歐蒂或伊莉莎白沒邀我去他們家吃晚飯，我就只能去當地的印度或賽普勒斯館子，吃那些簡直像毒藥的食物。

才11月初，我的胃就撐不下去了，幾乎每天晚上都痛得要命。牛奶加小蘇打的偏方也不管用，所以，儘管伊莉莎白叫我放心，說我沒什麼毛病，我還是去冷冰冰的三一街（Trinity Street）診所，看當地的醫生。等我欣賞完醫院牆上掛的船槳，醫生開了一大瓶白色藥水處方，便把我打發走，叫我飯後服用。[4]這瓶藥水讓我撐了將近兩個星期，藥瓶空了，我怕自己得了胃潰瘍，所以又回診所看醫生。然而，異鄉遊子持續胃痛的消息，並沒有博得半句同情的話，結果我又在三一街拿了更多的白色藥水處方。

白色藥水大概是鎂乳劑。

4　華生去看的當地醫生是貝文（Edward Bevan）醫生，他熱愛划船，擔任大學划船隊教練，曾是英國「無舵手四人划船隊」隊員，奪得1928年奧運會金牌。值得一提的是，診斷及治療維根斯坦前列腺癌的醫生，正是貝文醫生。在這位哲學家生前的最後兩個月，甚至搬進貝文位於斯多里路（Storey Way）的家，1951年4月在他家中過世，正好是華生來到劍橋的六個月前。

葡萄牙廣場街十九號（19 Portugal Place），為歐蒂所畫的素描，1960年前後，克里克夫婦以這張素描作為耶誕賀卡。

那天晚上，我路過克里克夫婦新買的房子，希望和歐蒂閒話家常會讓我忘記我的胃痛。他們最近剛搬離綠門，搬到較大的住處，在葡萄牙廣場街附近。樓下的舊壁紙已經剝落，這房子夠大，容得下一間浴室，歐蒂正忙著縫製搭配房子的窗簾。歐蒂端給我一杯熱牛奶，然後我們就開始聊起彼得看上的妮娜，她是在佩魯茲家打工換宿的年輕丹麥女孩。後來問題又討論到，我該如何與斯庫魯台街八號的高級寄宿公寓套交情，那裡由普萊爾夫人經營，大家都叫她老媽（Pop）。

老媽供應的伙食，比學院飯廳的好不了多少，至於那些來劍橋進修英文的法國女孩，那就另當別論了。[5] 想去老媽那裡搭伙，可不能直接這麼問。相反的，老媽的先夫在戰前是法文教授，歐蒂和克里克都覺得，登門入室的最佳策略，就是開始跟老媽學法文。如果老媽中意我，說不定會邀請我參加她的雪利酒派對，和那票外國女孩見面。歐蒂答應打電話給老媽，看看能不能安排上課。我懷著希望騎腳踏車返回學院，但願我的胃痛因此很快就會好起來。[6]

回到我的房間之後，我點燃炭火，心知在

5　1951年12月9日，華生寫信給戴爾布魯克，哀嘆在劍橋找活潑女伴的難處。「不用說你也猜得到，劍橋和牛津的女生很稀罕，想找漂亮活潑的女孩去參加舞會，一定要絞盡腦汁才行。」

上床睡覺前，恐怕還是看得見自己的呵氣成煙。我的手指頭凍到無法好好寫字，只好蜷縮在壁爐旁做白日夢，想像幾條 DNA 鏈如何摺得既漂亮又合乎科學。然而，我很快就放棄思考分子層面的問題，開始閱讀 DNA、RNA、蛋白質合成之間相互關係的生化論文，這就輕鬆多了。

1950 年代中，克里克夫婦與古特弗倫德、貝奈特（Christine Bennett，後來的詹寧斯夫人）在葡萄牙廣場街的家中合影。

當時幾乎所有的證據都讓我認定，形成 RNA 鏈所依據的範本就是 DNA。依此類推，RNA 鏈可能是蛋白質合成範本的候選者。利用海膽所得到的數據不太明確，其詮釋則是 DNA 可轉化為 RNA，但我寧可相信其他實驗所顯示的：DNA 分子一旦合成，就會非常非常穩定。「基因永存」的概念似乎有道理，所以我在書桌上方的牆壁上貼了一張紙，寫著 DNA → RNA →蛋白質。這些箭頭並非代表化學變化，而是表示遺傳訊息從 DNA 分子中的核苷酸序列，轉移到蛋白質中的胺基酸序列。

雖然我入睡時心滿意足，以為自己把核酸與蛋白質合成之間的關係搞清楚了，但一早起來，在冷冰冰的臥室穿衣時，陣陣寒意又讓我認清事實：DNA 結構絕不是一句標語就能替代的。少了它，我和克里克唯一可能擁有的影響力，就是說服我們在附近酒吧遇到的生化學家：我們永遠無法體會生物學複雜性的根本意義。更糟的是，就算克里克不再思考捲曲螺旋，我也不再思考細菌遺傳

6　1952年的最後幾個月，華生在寫給妹妹的信函上常常提到法文課。10月8日，他寫信說：「我已經開始上法文家教課，老師是有名的普萊爾夫人（Camille Prior），她經營『高級寄宿公寓』，專供年輕的歐陸女孩住宿。這些法文課應該會很好玩、也很實用。」
普萊爾夫人在劍橋戲劇界很有名，人們形容她是「……樂此不疲的各種戲劇與音樂表演製作人，」她每年搬上舞台的盛大歷史劇，尤其為人津津樂道。

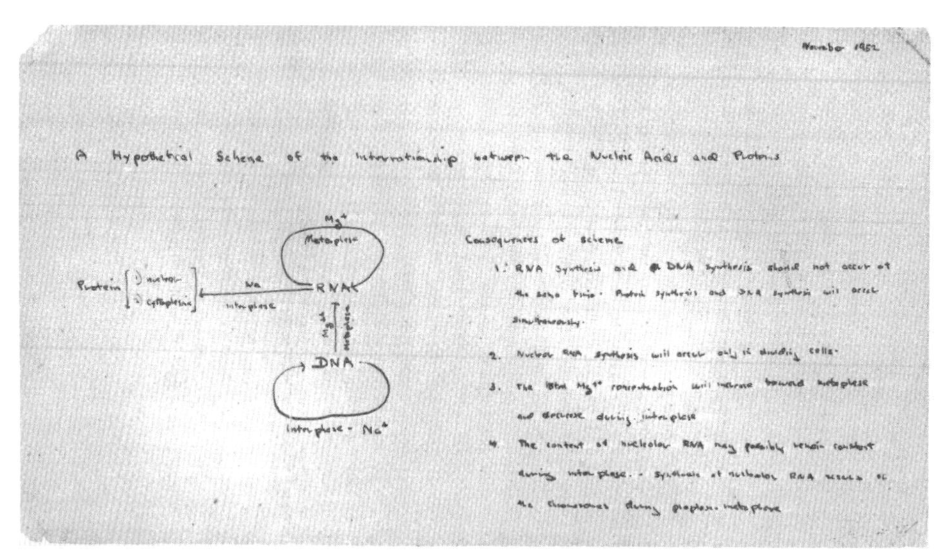

華生最早的「DNA—RNA—蛋白質關係」概念，1952 年 11 月。

7　1952年11月，鮑林開始一心一意思考DNA結構。這兩頁是從他的筆記摘錄出來的。在筆記第一頁（左圖），他寫著：「說不定是三鏈結構！」；筆記第十三頁的圖（右圖）與發表論文中的圖很類似（詳見第22章）。

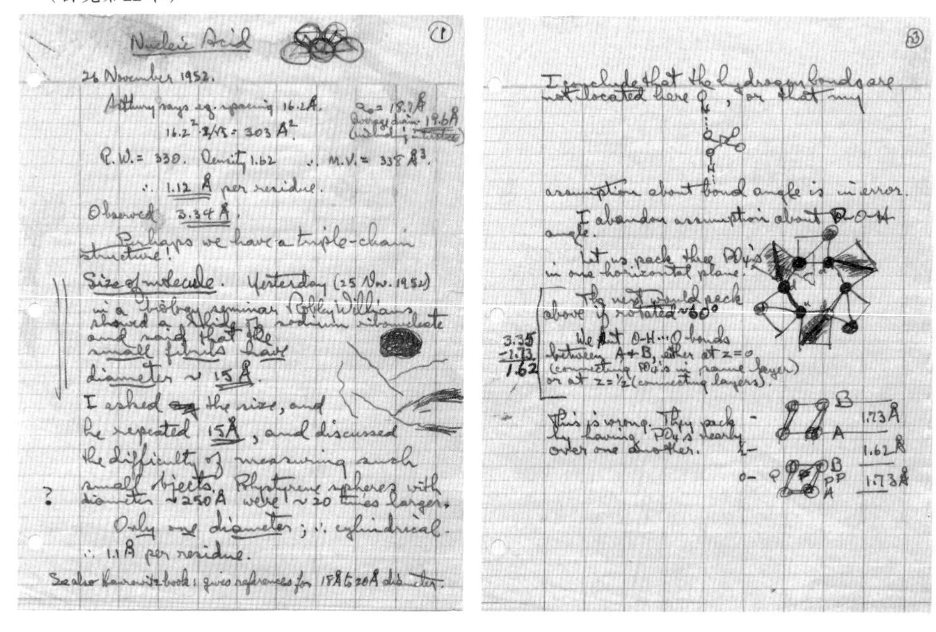

學，我們還是卡在十二個月前的老地方，毫無進展。我們在老鷹酒吧吃中飯時，常常連提都沒提到DNA，不過飯後在後園散步時，倒是偶爾會聊到基因。

有幾次在散步時，我們聊得很起勁，竟然激動到一回辦公室就拿出模型來擺弄的地步。但克里克幾乎馬上就看出來，暫時給了我們一線希望的推理還是行不通。於是他只好回去研究血紅素的X射線照片，他的博士論文離不開這些資料。有幾回，我獨自摸索半小時左右，但是少了克里克那令人安心的叨叨絮絮，我那差勁的三維思考能力更顯得無所遁形。

因此，彼得和我們共用辦公室，我完全不介意，當時他以肯德魯研究生的身分，住在彼得豪斯學院宿舍。彼得的存在意味著，每當再多的科學討論也沒意義時，話題就會停留在英國、歐洲大陸、加州女孩的優點比較上。不過，12月中旬的某天下午，彼得晃進辦公室，還把腳蹺在書桌上，當時他臉上的燦爛笑容，倒是和女孩的迷人臉蛋無關。他手上拿著美國的來信，是他回彼得豪斯學院吃中飯時收到的。

信是他父親寄來的。除了閒話家常之外，還有我們長久以來害怕聽到的消息：鮑林想出DNA的結構了。[7,8] 他到底做了什麼，信上並沒有提到細節，所以每次這封信在克里克和我之間傳來傳去時，我們的挫折感就愈大。克里克開始在房間裡來回踱步，邊想邊大聲說出他的思緒，腦力激盪一番，期望能重新建構鮑林可能已經做出來的東西。只要鮑林還沒告訴我們答案，假如我們同時宣布，應該還是可以享有同樣的功勞。

彼得・鮑林

8　彼得在1月13日回覆這封父親的信函，說他想要一份複本。
「麻煩給我『您』的文章複本，多謝。MRC單位也想要一份。他們都很感興趣。幾個月前，柯瑞寫信給唐納休（Donahue）還是誰，說『我們』正在寫另一篇文章……，其中的我們用了引號。我不知道該不該告訴您這一切。實在很好笑。」

不過，一直到我們上樓喝茶、順便把這封信的事情告訴佩魯茲和肯德魯時，我們還是一無所獲。小布拉格進來待了一會兒，但是我們倆誰也不想幸災樂禍，跟他說英國實驗室又要在美國人面前丟臉。我們一面嚼著巧克力餅乾，肯德魯一面為我們加油打氣，說鮑林搞不好弄錯了。畢竟，他從來沒看過威爾金斯和富蘭克林的照片。可是，我們心裡想的卻不是這樣。[9]

9 除了寫信給兒子，12月31日，鮑林也寫信給蘭德爾（左下圖），讓他知道結構已經解開了，但是沒有透露細節。「值此耶誕佳節，柯瑞教授和我特別開心。最近這幾個月，我們一直在解決核酸結構的問題，並且已經發現一種結構，我們認為那可能正是核酸的結構——也就是說，我們覺得核酸分子可能有一種、而且只有一種穩定的結構。我們針對這個題目的第一篇論文，已經提交發表了。」鮑林寫給蘭德爾的信也提到，鮑林實驗室正在拍攝他們自己的X射線繞射照片。這些照片是瑞奇（Alex Rich）拍攝的。右下方的照片為一、兩年後，瑞奇與歐蒂及赫胥黎在葡萄牙廣場街家中的合照。

31 December 1952

Professor J. T. Randall, F.R.S.
King's College
University of London
Strand, W. C. 2
London, England

Dear Randall:

I am pleased to have your letter of 23 December, and to learn about the meeting on the Nature and Structure of Connective Tissues, that you are organizing for 26 and 27 March.

I am not sure at the present time whether any of the members of our staff will be able to attend the meeting. I myself am planning to come to Europe for the Ninth Solvay Congress, 8-14 April. This trip, however, requires me to be absent from the California Institute of Technology during term time, and I am accordingly planning to make it as short a trip as possible. It seems unlikely that I shall be able to leave Pasadena nearly two weeks earlier than would otherwise be necessary, in order to participate in your meeting, although, of course, I am very much interested in the subject.

Professor Corey and I are especially happy during this holiday season. We have been attacking the problem of the structure of nucleic acid during recent months, and have discovered a structure which we think may be the structure of the nucleic acids - that is, we feel that the nucleic acid molecule may have one and only one stable structure. Our first paper on this subject has been submitted for publication. I regret to say that our x-ray photographs of sodium thymonucleate are not especially good; I have never seen the photographs made in your laboratory, but I understand that they are much better than those of Astbury and Bell, whereas ours are inferior to Astbury and Bell's. We are hoping to obtain better photographs, but fortunately the photographs that we have are good enough to permit the derivation of our structure.

Sincerely yours,

Linus Pauling:W

鮑林寫給蘭德爾的信函，提到自己的論文。

赫胥黎、瑞奇、歐蒂在葡萄牙廣場街的家裡合照。

第22章
虛驚一場

耶誕節之前，帕薩迪納方面並未傳出進一步的消息。[1]我們漸漸打起精神，因為如果鮑林真的找到什麼驚人的答案，不可能保密這麼久。他的研究生當中，必定有人知道他的模型長什麼樣子，而且假如有顯著的生物學意義，風聲很快就會傳到我們這裡。就算鮑林在某些方面離正確的結構不遠，他也不太可能解開基因複製的奧祕。而且，關於DNA的化學性質，我們愈想愈覺得，在完全不知道國王學院研究的情況下，連鮑林也不太可能拆解出DNA的結構。

加州理工學院的克雷林化學實驗室（Crellin Laboratory of Chemistry），帕薩迪納，1940年代。

1　帕薩迪納是加州理工學院（California Institute of Technology，簡稱Caltech）的所在地。1927至1964年，鮑林幾乎以加州理工學院及化學系為家。

耶誕節時，我去瑞士滑雪渡假途中經過倫敦，順便告知威爾金斯，鮑林闖入他的地盤了。我希望鮑林進軍 DNA 所造成的緊張局勢，會使威爾金斯向克里克和我求援。然而，威爾金斯是否認為鮑林有機會奪魁，他並沒有透露。更重要的消息是，富蘭克林在國王學院的日子剩下沒幾天了。她已經告訴威爾金斯，她希望盡快轉到伯貝克學院的貝爾納實驗室。[2] 此外，她不會把 DNA 的研究帶過去，這讓威爾金斯嚇了一跳，也鬆了一口氣。未來這幾個月，她準備結束這裡的工作，將研究結果寫成論文發表。等到富蘭克林終於離開他的生活，那時候他就會開始全力以赴，研究 DNA 的結構。[3]

1 月中旬，我一回到劍橋就去找彼得，想知道他最近的家書上寫些什麼。除了一則關於 DNA 的簡短消息外，其餘全是一些家中瑣事。這項附帶的消息卻令人不安——有關 DNA 的手稿已經寫好了，複本不久就會寄給彼得。至於鮑林的模型長什麼樣子，還是沒有絲毫線索。

在等候這篇手稿寄達的同時，我寫出自己對細菌性行為的想法，免得神經緊張過度。在瑞士策馬特（Zermatt）的滑雪假期結束後，我趕赴米蘭，匆匆拜訪卡瓦利，此行使我深信，我對於細菌如何交配的推測，很可能是正確的。由於我擔心，萊德伯格可能很快也會有相同的看法，所以我急著趕快發表與海斯合寫的文章。可是到了 2 月的第一個星期，鮑林的論文已經橫渡大西洋，這篇手稿卻還沒完成最後的定稿。

2　富蘭克林寫信給友人威爾（Adrienne Weill），告知她的最新動向（1953 年 3 月 10 日）：「我下星期開始在伯貝克學院工作。這件事一拖再拖——首先是秋天時，我因為感冒和幾件事情，延了一個月，後來則是因為，我以為再多待一個月會得到更多結果——可是並沒有，結果，為了離開國王學院不再耽擱，我只好放棄尚未完成的工作……至於說到實驗室，我可能是從皇宮轉到貧民窟，但我確定，我還是會覺得伯貝克比較愉快。」富蘭克林在伯貝克學院確實快樂多了，不過，塞爾的某些顧慮是合理的。1953 年 12 月，富蘭克林寫信給塞爾夫婦，暗指貝爾納支持共產主義：「伯貝克學院比國王學院好多了，本來就是這樣。但貝爾納研究群的缺點顯而易見——心胸非常狹窄，針對那些非黨員橫加阻撓。」

事實上，寄來劍橋的複本有兩份，一份給小布拉格爵士，另一份給彼得。小布拉格不知道彼得也收到一份，所以就把複本擱在一邊，猶豫要不要拿論文稿去佩魯茲的辦公室。拿去那裡，克里克就會看到，結果又會開始瞎忙半天。按照目前的進度，只要再忍受克里克的笑聲八個月，假使他的論文能按時完成的話。然後，克里克就會放逐到布魯克林至少一年，小布拉格就可以平平靜靜過日子了。

3　在1953年4月17日的信函中，蘭德爾提醒富蘭克林，她在轉到伯貝克學院之後不得研究DNA。雖然科學家因轉到新實驗室而放棄計畫的情況並不罕見，但蘭德爾的信函上語氣強硬，有失學院派作風。

UNIVERSITY OF LONDON KING'S COLLEGE.

From The Wheatstone Professor of Physics,
J. T. RANDALL, F.R.S.

TEMPLE BAR 5653.　　STRAND, W.C.2.

Miss R.E. Franklin,
Birkbeck College Research Laboratory,
21 Torrington Square,
London, W.C.1

17th April 1953

Dear Miss Franklin,

You will no doubt remember that when we discussed the question of your leaving my laboratory you agreed that it would be better for you to cease to work on the nucleic acid problem and take up something else. I appreciate that it is difficult to stop thinking immediately about a subject on which you have been so deeply engaged, but I should be grateful if you could now clear up, or write up, the work to the appropriate stage. A very real point about which I am a little troubled is that it is obviously not right that Gosling should be supervised by someone not specifically resident in this laboratory. You will realise that the necessary reorganisation for this purpose which arises from your departure cannot really proceed while you remain, in an intellectual sense, a member of the laboratory.

Yours sincerely,

J T Randall

GENETIC EXCHANGE IN ESCHERICHIA COLI K12: EVIDENCE FOR THREE LINKAGE GROUPS

BY J. D. WATSON* AND W. HAYES

MEDICAL RESEARCH COUNCIL UNIT FOR THE STUDY OF THE MOLECULAR STRUCTURE OF BIOLOGICAL SYSTEMS, THE CAVENDISH LABORATORY, CAMBRIDGE, ENGLAND; AND DEPARTMENT OF BACTERIOLOGY, POSTGRADUATE MEDICAL SCHOOL, LONDON, ENGLAND

Communicated by M. Delbrück, February 27, 1953

The genetic analysis of recombination within strain K-12 of *Escherichia coli* has, until recently, been considered entirely in terms of the hypothesis of an orthodox sexual mechanism involving union of entire cells, followed by a normal meiotic cycle of chromosome pairing, crossing over, and reduction.[1] The evidence in favor of this assumption was many-sided and included both the existence of unstable strains which behaved like heterozygous diploids by segregating out stable recombinant strains, and the inability of cell-free filtrates (in contrast to type transformation in pneumococcus) to induce recombination. Since recombination is a rare event, it has not been possible to observe zygote formation and the evidence for a classical genetic mechanism has remained circumstantial.

1953 年 5 月，華生與海斯的細菌性行為論文，發表在《美國國家科學院院刊》。
這篇論文及發表過程，在第 26 章會有進一步的討論。

正當小布拉格爵士考慮要不要冒這個險，看看克里克會不會分心時，克里克和我卻正在鑽研彼得吃完午餐後帶過來的複本。彼得進門時，臉上露出一副事關重大的神情，我的胃往下一沉，明白一切都完了。彼得看我和克里克都受不了他繼續賣關子，於是趕緊告訴我們：那個模型是三鏈螺旋，糖—磷酸骨幹位居中央。

這聽起來實在很像我們去年捨棄不用的模型，我立刻在心裡琢磨，要不是小布拉格扯後腿，說不定我們早已因為這項重大發現而功成名就。克里克還來不及向彼得要論文稿，我已經從彼得的外套口袋一把抽出論文稿，開始讀了起來。我用不到一分鐘的時間讀完摘要和簡介，很快就看到顯示重要原子位置的示意圖。

我馬上察覺有什麼地方不對勁，卻又說不出到底錯在哪裡，直到我又看了

Chemistry

A Proposed Structure for the Nucleic Acids

By Linus Pauling and Robert B. Corey

Gates and Crellin Laboratories of Chemistry,* California
Institute of Technology, Pasadena 4, Calif.

(Communicated December 1952)

The nucleic acids seem to be comparable in importance to the proteins, as constituents of living organisms. There is evidence that they are involved in the processes of cell division and growth, that they participate in the transmission of hereditary characters, and that they are important constituents of viruses. An understanding of the molecular structure of the nucleic acids should be of value in the effort to understand the fundamental phenomena of life.

Only recently has reasonably complete information been gathered about the chemical nature of nucleic acids. The nucleic acids are giant molecules, composed of complex units. Each unit consists of a phosphate ion, HPO_3^{--}, a sugar (ribose in the ribonucleic acids, deoxyribose in the

摘自鮑林與柯瑞的 DNA 三螺旋結構論文稿。

示意圖好幾分鐘，這才恍然大悟。原來，鮑林模型中的磷酸基不是離子狀態，而是每個磷酸基都含有一個鍵結氫原子，所以沒有淨電荷。在某種意義上，鮑林的核酸根本不是酸。更重要的是，磷酸基不帶電，這樣的特性茲事體大。氫原子是氫鍵的一部分，而氫鍵使互相纏繞的三條鏈結合在一起。少了氫原子，三條鏈就會立刻飛散開來，結構便瓦解了。[4]

我所知道的核酸化學在在指出，磷酸基絕對不含鍵結氫原子。DNA 是中強酸，沒有人質疑過這一點。因此，在生理條件下，總會有鈉或鎂之類的正離子在旁邊，中和帶負電的磷酸基。如果有氫原子與磷酸基緊緊相連，那我們推

4　舒梅克（Verner Schomaker，見第207頁照片）是鮑林的同事，據說他曾評論鮑林的三螺旋：「如果那是DNA的結構，它就會爆掉！」

測「是不是二價離子將這些鏈結合在一起」就會毫無意義。鮑林無疑是全世界最厲害的化學家，然而不知何故，他竟然得出相反的結論。

當克里克同樣也對鮑林的反傳統化學感到驚訝時，我開始鬆了一口氣。那時候我才知道，我們還沒出局。不過，鮑林怎麼會步入歧途，我們兩人都毫無頭緒。假如有學生犯了類似的錯誤，人們會認為他不配在加州理工學院化學系受教育。因此，我們一開始不免擔心，鮑林的模型依據，會不會是來自他對巨分子的酸鹼性質有了革命性的新發現？然而，從論文稿的語氣來看，卻看不出化學理論有任何這方面的進展。為了第一流的理論突破而保守祕密，這實在說不過去。反過來說，如果確有其事，鮑林恐怕早已寫出兩篇論文，第一篇描述他的新理論，第二篇說明如何利用新理論來解開 DNA 的結構。

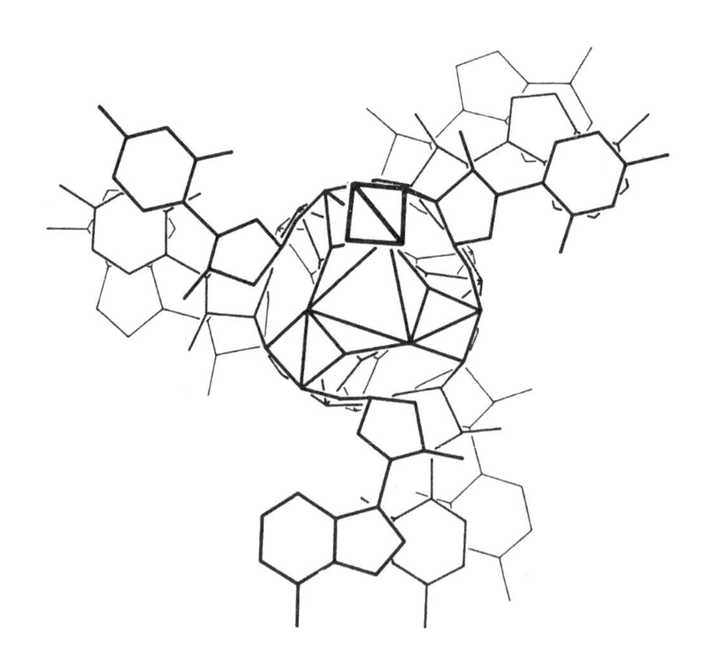

此圖摘自鮑林與柯瑞的論文〈核酸結構之建議〉(A Proposed Structure for the Nucleic Acids)，1953 年 2 月發表於《美國國家科學院院刊》。以俯視角度來看，三螺旋有三條糖—磷酸骨幹，鹼基在外側，從中心延伸出去。(參見第 21 章，鮑林筆記中的草圖)。

鮑林出這種洋相，太不可思議了，很難保密超過幾分鐘。我衝到馬可漢的實驗室爆料，順便得到進一步的確認：鮑林的化學很離譜。不出所料，馬可漢也覺得很好笑，化學大師竟然忘了大學的基礎化學。他忍不住透露，劍橋有一位大人物，偶爾也會鬧同樣的笑話。接著我又跑去請教有機化學家，在他們那兒又聽到令人寬慰的話：DNA 當然是一種酸。

到了下午茶時間，我回到卡文迪西，克里克正在向肯德魯和佩魯茲解釋，大西洋這頭絕不能再浪費時間了。一旦發現錯誤，鮑林恐怕不會罷休，直到他找出正確的結構為止。我們眼前的希望在於，他的化學同儕比以往更敬畏他的才智，不敢戳破他的模型細節。但由於這份論文稿已經寄給《美國國家科學院院刊》，最遲在 3 月中旬，鮑林的論文就會傳遍世界各地。到時候，人們發現他的錯誤，只不過是幾天的事情。在鮑林再度全力研究 DNA 之前，我們頂多只有六個星期的時間。

雖然我們不得不警告威爾金斯，但我們並沒有馬上打電話給他。克里克說話的速度，可能會讓威爾金斯找個理由結束談話，來不及強調鮑林的蠢事所代表的意義。由於過幾天我打算去倫敦找海斯，因此，我把論文稿帶去給威爾金斯和富蘭克林過目，才是明智之舉。

過去幾個小時的激動情緒，使我們無法繼續工作，於是克里克和我索性去老鷹酒吧。傍晚酒吧一開門營業，我們就在那裡舉杯慶祝鮑林的失手。喝的不是雪利酒，我讓克里克請我喝威士忌。雖然看起來我們還是勝算不大，但鮑林也還沒有贏得他的諾貝爾獎。[5]

5　兩年後，也就是1954年，鮑林以化學項目獲得他的第一座諾貝爾獎。後來他又獲得1962年諾貝爾和平獎。

第23章
第51號照片

鮑林的模型錯得很離譜，我走進威爾金斯的實驗室，想要告訴他這個消息，那時候快四點了，他正在忙。於是我沿著走廊，走到富蘭克林的實驗室，希望能找到她。由於門虛掩著，我推開門，看見她彎著身子，正在測量光箱上的X射線照片。我的闖入嚇了她一跳，但很快又恢復鎮定，她直瞪著我的臉，用眼神告訴我：不速之客應該懂得敲門的禮貌。

我先說威爾金斯正在忙，但在她出口罵人之前，我問她想不想看一看鮑林寄給彼得的論文稿複本。雖然我很好奇，她要花多久的時間才看得出錯誤，但富蘭克林不想跟我玩這種遊戲。我立刻解釋，鮑林在哪裡出了差錯。這時候，我忍不住指出，鮑林的三鏈螺旋和十五個月前克里克跟我給她看過的模型之間的相似處。雖然我們一年前的努力成果有點尷尬，但相較之下，鮑林關於對稱性的推論也沒有高明多少。

我以為這件事會讓她覺得很好笑，結果卻正好相反。由於我一再提到螺旋結構，讓她反而變得愈來愈不耐煩。她很不客氣的指出，沒有絲毫證據容許鮑林或任何人假定DNA具有螺旋型結構。我跟她說了半天都白說了，因為我一提到螺旋，她就認定鮑林搞錯了。

我打斷她的高談闊論，堅稱任何規律性聚合分子最簡單的形式，就是螺旋。明知她或許會用「鹼基序列未必有規律」的事實來反擊，我繼續辯駁說，既然DNA分子可以形成晶體，核苷酸的順序必然不影響整體結構。富蘭克林那時候幾乎按捺不住自己的脾氣，她提高嗓門告訴我，如果我廢話少說，去看看她的X射線證據，就會明白我說的話有多愚蠢。

富蘭克林攝於實驗室，這張照片是她還在法國的時候拍的。

她不知道，我對她的資料其實很瞭解。威爾金斯早在幾個月前就告訴我，富蘭克林有所謂的「反對螺旋結構」性格。由於克里克已經向我保證，這些資料不可靠，所以我決定冒著觸怒她的風險。我不再猶豫，暗指她沒有能力解讀 X 射線照片。只要她懂一點理論，就會明白，她所謂的反對螺旋特徵，是由輕微的變形引起的，這樣才能將規則的螺旋塞進晶格（crystalline lattice）裡。[1]

突然間，富蘭克林從隔在我們之間的實驗台後面走出來，開始向我逼進。我怕她在盛怒下會動手打我，嚇得我一把抓起鮑林的論文稿，趕緊溜到門口。可是我的逃命之路被威爾金斯堵住了，他正好在門口探頭進來找我。威爾金斯和富蘭克林看著對方，把驚慌失措的我夾在中間，我支支吾吾告訴威爾金斯，我和富蘭克林的談話結束了，正要去茶水間找他。我邊說邊從他們中間抽身，讓威爾金斯和富蘭克林面對面。然後，當威爾金斯一下子脫不了身時，我很擔心他會出於禮貌，邀請富蘭克林和我們一塊喝茶。不過，富蘭克林轉頭就走，用力關上門，省得威爾金斯不知如何是好。

在走廊上，我邊走邊跟威爾金斯說，他的意外出現，可能因而阻止富蘭克林攻擊我。他慢條斯理地向我保證，這是非常有可能發生的。幾個月前，富蘭克林也像這樣對他兇過。他們在他的辦公室裡大吵一架，後來差點動起手來。當他想脫身時，富蘭克林竟然擋住門，直到最後一刻才放他走。可是那時候，並沒有第三者在場解圍。

我和富蘭克林的交手，讓威爾金斯對我敞開胸懷，以前從來沒有這樣過。他這兩年來面臨的精神折磨，現在我再也不用光靠想像了，威爾金斯幾乎可以把我當成合作夥伴，而不是泛泛之交；對泛泛之交完全信任，難免會招致令人痛苦的誤會。沒想到，他竟然向我透露，在助手威爾森[2]的協助下，他一直在悄悄重複進行富蘭克林和葛斯林的某些X射線研究。[3,4] 因此，時間不需要太久，威爾金斯的研究工作就能全面展開。接著他又透露更重要的祕密：自仲夏以來，富蘭克林已經得到DNA三維形式的新證據。如果DNA分子周圍有大量

1 富蘭克林與螺旋型DNA：

前一年的7月，富蘭克林以最令人難忘的方式，表達「反對螺旋」的看法，當時她寫了半開玩笑的訃聞，宣告「DNA螺旋之死」。富蘭克林及葛斯林在畫了黑色邊框的卡片上簽名，拿給威爾金斯和史多克斯，他們收到卡片時並不覺得好笑。

富蘭克林認為DNA不是螺旋型，她堅持己見究竟到何種程度，向來有很多爭議。這張卡片具體提到A型（結晶）DNA，其結構正是她的研究重點。1953年2月，她才再度檢視B型資料，她和葛斯林早在幾個月前就拿到這些資料，卻一直擱在一邊。從她當時的筆記來看很明顯，她認為B型DNA事實上是螺旋型（見第28章）。但1953年1月底，她在國王學院的研討會上依然隻字未提B型DNA、螺旋、或她從51號照片得到的數據。她的研究集中在A型DNA上，得到的顯然是非螺旋的證據，因此她在1952年始終沒有考慮過螺旋。

克里克也告訴富蘭克林，她誤解了A型數據的不對稱性，以為那不是螺旋。這段簡短的對話發生在幾個月前，當時他們在劍橋大學動物學博物館的會議上排隊。正如《DNA光環背後的奇女子》的記述，克里克後來曾說：「恐怕我們總是習慣用……這麼說吧，用高人一等的態度對待她。當她告訴我們，DNA不可能是螺旋時，我們說她『胡說八道』。當她又說，她的測量顯示不可能是螺旋時，我們說『好吧，那就是量錯了』。」儘管克里克很有信心，但他直到結構完成之後，才看到A型照片。1953年6月5日，他在寫給威爾金斯的信函中承認：「這是我第一次有機會仔細研究A型結構的照片，我不得不說，我很高興我以前沒有看過，因為它會讓我非常擔心。」

IT IS WITH GREAT REGRET THAT WE HAVE
TO ANNOUNCE THE DEATH, ON FRIDAY 18TH JULY 1952
OF D.N.A. HELIX (CRYSTALLINE)
DEATH FOLLOWED A PROTRACTED ILLNESS WHICH
AN INTENSIVE COURSE OF BESSELISED INJECTIONS
HAD FAILED TO RELIEVE.
A MEMORIAL SERVICE WILL BE HELD NEXT
MONDAY OR TUESDAY.
IT IS HOPED THAT DR. M.H.F. WILKINS WILL
SPEAK IN MEMORY OF THE LATE HELIX
R. E. Franklin R.G. Gosling

1952年7月18日，富蘭克林及葛斯林送的訃聞卡片，宣告DNA螺旋之死。

的水，就會產生這種形式。當我問起繞射圖案長什麼樣子時，威爾金斯走進隔壁的房間，去拿這種新形式的照片，他們稱之為「B」型結構。

看到照片的那一剎那，我嘴巴張得大大的，心跳也開始加速。這個圖案比先前拍到的那些（「A」型）簡單多了，真是不可思議。而且，照片中最顯眼的黑色十字反射圖案，只有螺旋結構才可能產生。以A型來說，絕對無法直接用螺旋論點來解釋，而且到底會出現哪一種螺旋對稱，也存在顯著的不確定性。然而，以B型來說，只要檢視它的X射線照片，就能得出幾個重要的螺旋參數。可以想像，只要簡單計算一下，就能確定分子裡有幾條鏈。

2　1952年9月，威爾森（Herbert Wilson，左圖）加入國王學院的威爾金斯研究群，他獲得威爾斯大學（University of Wales）獎助金，利用X射線繞射研究DNA及核蛋白。1953年4月號的《自然》期刊中，宣布DNA結構的第二篇論文，正是他與威爾金斯、史多克斯合寫的。接下來那幾年，他和威爾金斯合作，對DNA結構加以琢磨，後來轉往蘇格蘭，研究核酸各種成分的詳細結構。

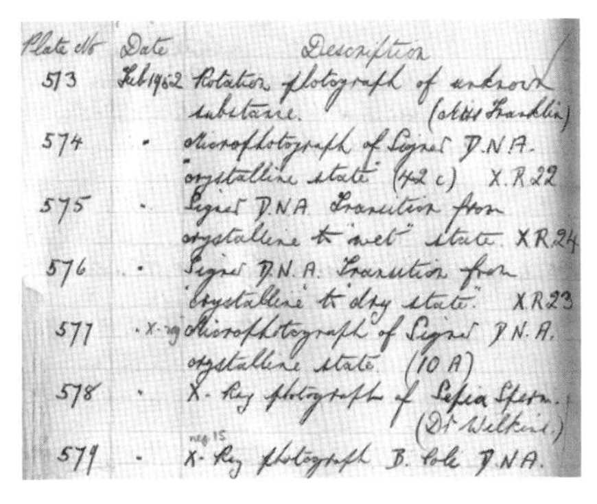

Plate No	Date	Description
573	Feb 1952	Rotation photograph of unknown substance. (Miss Franklin)
574	.	Microphotograph of Signer D.N.A. crystalline state (42 c) X.R 22
575	.	Signer D.N.A. Transition from crystalline to wet state XR24
576	.	Signer D.N.A. Transition from crystalline to dry state. XR23
577	. X-[illegible]	Microphotograph of Signer D.N.A. crystalline state (10 A)
578	.	X-Ray photograph of Sepia Sperm. (Dr Wilkins)
579	.	X-Ray photograph B. Cole D.N.A.

3　右圖摘自1952年國王學院進行之DNA繞射實驗紀錄本，其中有一些是富蘭克林利用塞納提供的DNA，進行A型（結晶）與B型（濕）之間的轉換。威爾金斯拍的第578號片子，是完整的烏賊精子頭部的X射線繞射照片，目的是觀察較天然狀態下的DNA與染色體結構。值得注意的是，依照當時的慣例，富蘭克林被稱為「富蘭克林小姐」，威爾金斯則是「威爾金斯博士」。

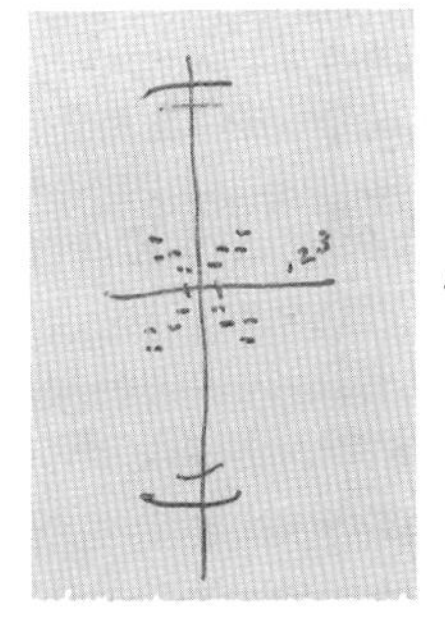

4　威爾金斯當時正在拍攝烏賊精子的X射線繞射照片，左圖為照片的示意圖，出現在1952年威爾金斯寫給克里克的信函中。在同一封信函裡，威爾金斯提到研究暫緩，但是又寫道他「……期待再跟你一起討論我們所有的最新想法和結果。你下次來倫敦時，何不過來跟我一塊吃中飯？」

我追問威爾金斯，他們利用 B 型照片做了哪些事情，才知道他的同事弗雷澤早就在認真玩三鏈模型，但至今還沒有玩出什麼驚人的結果。[5] 雖然威爾金斯承認，目前有壓倒性的證據支持螺旋（史多克斯—柯可倫—克里克理論明確顯示，螺旋結構必然存在），但這對他來說沒有什麼重大意義。畢竟，他之前早就認為會出現螺旋。真正的問題在於，沒有任何結構方面的假說，可以讓他們有規律的將鹼基塞進螺旋內側。當然，這是假定富蘭克林說對了——她認為鹼基在中央、骨幹在外側。雖然威爾金斯告訴我，他現在確信她是對的，但我還是半信半疑，因為克里克和我依然拿不到她的證據。[6]

弗雷澤（Bruce Fraser），1951 年。

我們去蘇活區吃晚飯，半路上，我又談到鮑林的問題，並且強調，花太多時間嘲笑他的錯誤，恐怕會讓自己的下場很慘。如果認為鮑林只是弄錯了，而不是看起來像個傻瓜，情勢才會安全得多。就算鮑林現在還沒有，不久也會日以繼夜解決這個問題。而且還有個風險，萬一鮑林派他的助理去拍 DNA 照片，帕薩迪納那邊也會發現 B 型結構。如此一來，頂多一個星期，鮑林就會把結構搞定。[7]

威爾金斯不為所動。我一再的嘮叨，DNA 可能隨時會水落石出，這些話聽起來實在跟老是緊張兮兮的克里克太像了。多年來，克里克一直試圖告訴他，什麼才是重要的事情。但威爾金斯愈平心靜氣回想自己這輩子，愈知道他相信自己的直覺是明智的。當服務生眼巴巴望著我們，希望我們趕緊點菜時，威爾金斯要我明白，假如我們對於科學的進展都能看法一致，那一切事情都會迎刃而解，我們沒有什麼可研究的，只好去當工程師或醫生了。

5 弗雷澤的DNA模型從未發表，不過在華生與克里克1953年4月的論文中，曾以「印刷中」引用，我們會在之後的章節回頭談這件事。弗雷澤的模型是三鏈，但不同於華生與克里克1951年、鮑林1953年的模型，他的磷酸基骨幹在外側、鹼基在內側，藉由鹼基堆疊（不是鹼基配對）的交互作用，將三條鏈結合起來。

上菜之後，我試圖將我們的思緒鎖定在鏈數上，我的論點是，也許測量最內側第一和第二層反射線的位置，就能讓我們立刻步入正軌。可是威爾金斯的回答拖拖拉拉的，老是說不到重點，我實在聽不出來他到底是在說，國王學院沒有人測量過相關的反射線，還是他想在飯菜冷掉之前快點吃完。

6　著名的第51號照片：

葛斯林的敘述（2012年），記錄富蘭克林將第51號照片交給威爾金斯的經過：「華生與克里克在卡文迪西做出的NaDNA模型一鳴驚人，即使在這之前，國王學院的氣氛早已變得暗潮洶湧，這都是因為富蘭克林和威爾金斯之間的緊張關係。蘭德爾不得不採納意見，富蘭克林應該離開國王學院。

至於富蘭克林方面，她已經跟伯貝克學院的貝爾納討論她的菸草嵌紋病毒結構研究。蘭德爾也讓她的特納—紐沃爾獎助金順利轉過去，並且把她的離職時間定在1953年3月。富蘭克林當時和我正努力計算A型結構的帕特森函數（Patterson function），不過蘭德爾下令，要她停止所有的DNA研究。這項禁令根本辦不到，因為我們有那麼多東西要寫。事實上，1953年1月份，我們正在為兩篇論文做最後的潤飾，準備投給《晶體學報》(*Acta Crystallographica*)。那時候富蘭克林才意識到，關於我們已經開始進行的B型結構分析初稿，她恐怕沒時間修改了，後來這些初稿發表，成為1953年4月號《自然》期刊三篇論文中的第三篇。因此她決定為威爾金斯準備一份『大禮』，把我們B型結構繞射圖樣的最佳原始底片送給他，這就是我們用單纖維樣本，在各種穩定的濕度下，進行一系列X射線曝光的第51張照片。

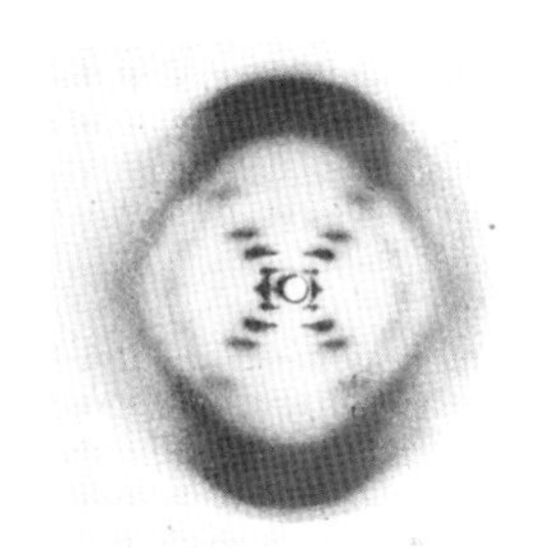
B型DNA第51號照片。這就是威爾金斯展示給華生看的照片。

於是，1953年1月的某一天，我沿著走廊，走到威爾金斯的實驗室，給他這張漂亮的底片。富蘭克林說，他可以隨心所欲使用這份有趣的資料，威爾金斯很意外，要我保證她真的這麼說。當然，這張照片證實史多克斯和他本人的想法——結構果然是螺旋型。就這點來說，看過華生與克里克的模型之後，富蘭克林改變主意，特別以X射線的角度來看氫鍵連結的特定鹼基對，她承認，A型結構必然也含有螺旋單元。儘管蘭德爾三令五申，富蘭克林和我還是利用我們的帕特森資料，開始製作向量差異圖，結果相當符合雙鏈螺旋對稱單元，令我們非常滿意和得意。」

威爾金斯也在他的自傳中描述第51號照片是怎麼來的：「1953年1月的某一天〔30日〕，葛斯林在走廊遇到我，交給我一張很棒的B型結構照片，那是富蘭克林和他拍攝的。像這樣子把原始資料給我看，對我來說是前所未有的。更不可思議的是，葛斯林說得清清楚楚，我可以保留這張照片……我近來如釋重負，聽說富蘭克林打算離開我們實驗室，去伯貝克學院工作，所以正在為她的研究收尾。我認為，他們給我看結構圖案，和她離開的計畫有關，她正在移交資料，這樣我們才能跟進她和葛斯林做過的研究……葛斯林跟我說，富蘭克林要把結構圖案移交給我，隨我任意使用。」

7　彼得告訴他父親，華生和克里克一直慫恿國王學院研究群，叫他們趕快研究DNA：「……我今天聽到一個故事。你也知道，小孩會被威脅說，『你最好乖乖的，不然妖怪會來抓你。』一年多來，克里克等人一直在跟國王學院研究核酸的人說，『你們最好努力研究，不然鮑林會對核酸產生興趣……』」(1953年1月13日)

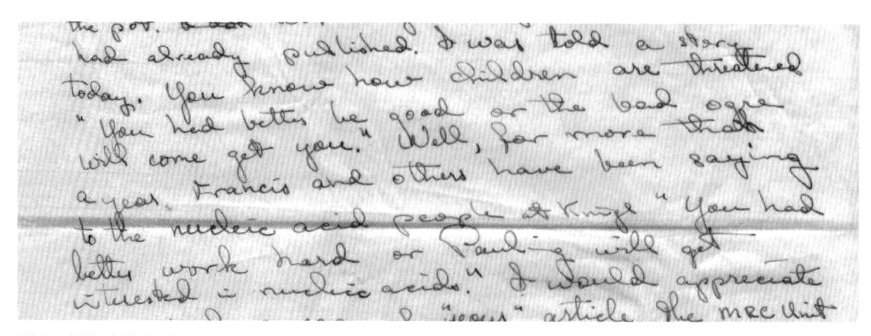

had already published. I was told a story
today. You know how children are threatened
"You had better be good or the bad ogre
will come get you." Well, for more than
a year, Francis and others have been saying
to the nucleic acid people at King's "You had
better work hard or Pauling will get
interested in nucleic acids." I would appreciate

彼得寫給鮑林的信函，1953 年 1 月 13 日。

我勉強跟著吃，希望喝完咖啡，如果我陪他走回他的公寓，也許能獲知更多細節。不過，我們點的那瓶夏布利酒（Chablis），打消了我想要追根究柢的欲望，當我們走出蘇活區、穿過牛津街時，威爾金斯只說，他打算在安靜一點的區域，找間沒那麼陰暗的公寓。[8]

後來，在幾乎沒有暖氣的冰冷車廂中，我把記得的 B 型結構圖案畫在報紙的空白邊上。隨著火車一路駛向劍橋，我試圖決定到底是雙鏈、還是三鏈模型。據我所知，國王學院研究群不喜歡雙鏈的理由並非萬無一失，而是取決於 DNA 樣本的含水量，他們也承認，這個數值可能有很大的誤差。因此，等我騎車回到學院、從後門翻牆而過時，我已經決定要建構雙鏈模型了。克里克不得不同意。就算他是物理學家，也知道重要的生物物質都是成雙成對的。[9]

8 幾個月之後，威爾金斯終於找到新的公寓，1953年6月3日，他在給克里克的信函上寫到這件事。想必這正是軍情五處文件上提到的公寓（詳見第17章），位於大坎伯蘭廣場（Great Cumberland Place）59號。

9 大概在本章的事件後不久，威爾金斯在寫給克里克的信函上加了一段後記：「告訴吉姆，他問我：『你上次跟她說話是什麼時候？』答案是今天早上。整段對話只有我說了一個字。」

第 24 章
劍橋第一美男子

第二天，我衝進佩魯茲的辦公室，報告我所得知的情況，當時小布拉格也在場。克里克還沒來，因為那是星期六早上，他還坐在家裡的床上，翻閱一早剛送來的《自然》期刊。

我先很快的說明 B 型結構的細節，還畫了簡圖，指出 DNA 是螺旋的證據——沿著螺旋軸，每隔 34 埃出現重複的圖樣。小布拉格馬上插嘴問我問題，我知道，我的論點他聽懂了。因此我趁機趕緊提到鮑林的問題，說出我的意見：要是大西洋此岸的人袖手旁觀，讓鮑林對 DNA 再次叩關，那就太危險了。我打算請卡文迪西的機械師製作嘌呤和嘧啶模型，我說完這句話就閉嘴了，等候小布拉格定奪。

克里克並不是在閱讀《自然》期刊，而是正陪女兒坐在床上。他的右邊是嘉布麗爾（Gabrielle），左邊是賈桂琳（Jacqueline）。

小布拉格爵士不但不反對，反而鼓勵我繼續模型建構的工作，讓我鬆了一口氣。他顯然不認同國王學院的內鬨——尤其是，這樣可能會讓鮑林（怎麼偏偏是他）得意洋洋，因為他又發現另一種重要分子的結構。

同時，我的菸草嵌紋病毒研究，對我們的工作也有幫助。它給小布拉格的印象是，我已經可以獨當一面。如此一來，他那天晚上可以睡個好覺了，否則他會被惡夢嚇醒，夢到自己把全權交給克里克，結果克里克又不顧大局、肆意妄為。於是我飛奔下樓，去機械工廠提醒他們，我準備要擬定計畫來做模型，一個星期內就要完成。

我回到辦公室後不久，克里克晃進來說，他們昨晚的晚宴十分成功，歐蒂被我妹妹帶去的法國小伙子迷得魂顛倒。

卡文迪西機械工廠

一個月前，伊麗莎白在返回美國途中，來這裡無限期停留。幸運的是，我把她安頓在普萊爾夫人的寄宿公寓，順便安排我的晚餐，在那裡和老媽及那些外國女孩一起吃。這麼一來，省得伊麗莎白受不了典型的英式宿舍，同時我的胃痛也可望減輕，真是一舉兩得。[1]

1 1952年12月11日，華生在寫給妹妹的信函上提到她在劍橋的住處。「我剛上完普萊爾夫人的法文課回來……我跟她談到，要幫妳在劍橋找地方住。她很好心，願意讓妳住在她家，萬一沒辦法每天都住在她家，至少會安排妳在她家吃飯。」結果，雖然伊麗莎白確實在普萊爾夫人家用餐，但她至少有部分的時間是和康福德（Frances Cornford）一起住在米林頓路（Millington Road）。康福德是達爾文的孫女，也是著名的詩人（最有名的詩是〈致火車上看見的胖女士〉）。過不久，康福德的表妹拉芙拉特（Gwen Raverat）就出版了回憶錄《時代樂章：劍橋童年》（*Period Piece: A Cambridge Childhood*），獻給康福德。

歐蒂、華生、伊麗莎白攝於劍橋，1953 年。

佛卡德（Bertrand Fourcade）也住在老媽那裡，他是劍橋第一美男子。佛卡德為了學好道地英語，來劍橋玩幾個月，他自認英俊非凡，所以很歡迎衣著打扮配得上他的女孩相伴，免得和他剪裁合身的衣服不搭調。

我一提到我們認識這位外國帥哥，歐蒂立刻顯得心花怒放。和眾多劍橋女子一樣，每當看到佛卡德在國王街（King's Parade）上漫步，或是戲劇社表演中場休息時，他站在那裡的俊秀模樣，歐蒂都會看得目不轉睛。因此伊麗莎白被賦予重任，去打聽佛卡德有沒有空和我們去葡萄牙廣場街，和克里克夫婦一起吃飯。時間終於敲定，卻跟我的倫敦之行撞期。當我看著威爾金斯認真的吃光他盤裡的食物時，歐蒂正一面欣賞佛卡德勻稱的臉龐，一面聽他訴說：夏天快到了，去里維耶拉避暑時，不知該挑選哪些社交活動才好。[2]

2　右圖為正在享受夏天的「劍橋第一美男子」佛卡德，身旁有包羅琪（Countessa Christina Paolozzi）和澳洲模特兒艾卡特（Maggi Eckardt）相伴。照片是布拉特（Pierre Boulat）於1963年拍攝的，即華生敘述這些事件的十年後。佛卡德去劍橋是為了拿到英語證書，以便進入哈佛商學院就讀。在《新聞週刊》（*Newsweek*）工作一段時間後，他進入巴黎《時尚》（*Vogue*）雜誌擔任廣告總監。佛卡德有三個兄弟。文森（Vicent）是著名的室內設計師，和他的夥伴丹寧（Robert Denning）住在紐約和巴黎。他們公司信奉1980年代的超奢華風格——「我們客戶要的是頂級奢華。我們教他們要愈奢華愈好。」賽維爾（Xavier）是現代藝術品代理商，公司設在紐約，他認識許多旗下代理的藝術家，其中包括德庫寧（William de Kooning）。第三位兄弟多明尼克（Dominique）是詩人兼藝術評論家。

這天早上，克里克看出我一反常態，對這位法國富少爺沒什麼興趣。相反的，有一度他還擔心，我會開始變得格外煩人。他說，就算你這個前鳥類觀察專家現在有本事解開 DNA 結構，也不能用這種態度招呼略帶宿醉的朋友。

不過，等我一透露 B 型結構的細節，克里克就明白，我不是在跟他開玩笑了。特別重要的是，我強調 3.4 埃處的子午線反射，比其他任何反射都要強很多。唯一的解釋是：厚度為 3.4 埃的嘌呤和嘧啶鹼基互相堆疊，方向與螺旋軸垂直。此外，我們從電子顯微鏡和 X 射線證據也看得出來，螺旋的直徑約為 20 埃。

生物系統中一再出現成雙成對的現象，就是告訴我們要建構雙鏈模型，克里克卻斷然否決我的主張。依他來看，做法應該是排除任何不符合核酸鏈化學的論點才對。既然我們已知的實驗證據還無法確認是雙鏈、還是三鏈模型，他希望對這兩種選擇一視同仁。雖然我還是滿腹狐疑，但我看不出反駁他的話有什麼用。當然，我會先從雙鏈模型開始玩。

可是幾天下來，我們並沒有建構出什麼像樣的模型。我們不只缺乏嘌呤和嘧啶的組合零件，而且機械工廠連一個磷原子都還沒組好。機械師光是做出比較簡單的磷原子，至少也需要三天的時間。所以我吃完中飯，乾脆返回克萊爾學院，把遺傳學論文稿的完稿敲定。

後來，我騎車去老媽家吃晚飯，發現佛卡德和我妹妹在跟彼得聊天，一個星期前，彼得不知給老媽灌了什麼迷湯，竟然也享有來此用餐的權利。彼得正在抱怨，星期六晚上佩魯茲夫婦無權把妮娜留在家裡，佛卡德和伊麗莎白正好相反，兩人看起來頗自得其樂。他們開朋友的勞斯萊斯汽車，去貝德福附近的

3　勞斯萊斯汽車的主人是巴瓦（Geoffrey Bawa），他是斯里蘭卡人，在劍橋待了一年，後來轉到倫敦就讀，成為建築聯盟學院（Architectural Association）學生。回到斯里蘭卡之後，巴瓦成為舉世聞名的建築師，他也是「熱帶現代主義」（tropical modernism）的創始人。

著名鄉村別墅玩，才剛回來。[3] 屋主是一位雅好古風的建築師，從來不受現代文明誘惑，他的房子裡一直沒有瓦斯也沒有電。他盡一切可能維持十八世紀鄉紳的生活方式，甚至提供特製手杖給陪他逛庭園的訪客。[4]

晚飯才剛吃完，佛卡德又拉著伊麗莎白去參加另一場派對，剩下彼得和我沒事可做。彼得先是決定要組裝他的高傳真（hi-fi）音響，之後又跟我一起去看電影。我們就這樣玩到午夜，彼得開始發牢騷，說羅斯柴爾德爵士在逃避當父親的責任，因為他沒邀請彼得去跟他的女兒莎拉吃飯。我不得不同意，因為如果彼得進入上流社會，我說不定有機會逃過「娶大學教授當老婆」的命運。[5]

4　屋主理查森（Albert Edward Richardson）是建築師，主要的愛好是後喬治亞時期（late Georgian period）建築。他曾擔任英國皇家藝術研究院（Royal Academy）院長，1956年受封維多利亞勳章二級爵士（Knight Commander of the Victorian Order）。他的家是位於貝德福郡安特希爾鎮（Ampthill, Bedfordshire）的大道之家（Avenue House）。如同華生所寫的，房子裡沒有電，這樣他才能體驗（至少部分）喬治亞時期的生活。他曾抗議安特希爾鎮裝設現代路燈（右圖是理查森與他的抗議牌），但反對無效，這並不意外。

5　維克多・羅斯柴爾德（Victor Rothschild）是第三羅斯柴爾德男爵。他是劍橋大學三一學院畢業生，從事的研究是精子的受精與生理作用，與默多克・米奇森（見第107頁照片）合作。二次世界大戰期間，羅斯柴爾德從事軍情工作，獲頒喬治勳章（George Medal）。他曾代表北安普敦郡（Northamptonshire）參加板球比賽。在三一學院念大學時，他與菲爾比（Kim Philby）、麥克林（Donald McLean）、伯吉斯（Guy Burgess）、布朗特（Anthony Blunt）結為死黨，這些人都被發現是蘇聯間諜。已知還有第五名間諜，1970年代，羅斯柴爾德本人曾受到懷疑。1980年，「第五人」身分公布，原來是凱恩克羅斯（John Cairncross），他也是三一學院的本科生。

羅斯柴爾德爵士，1965年。

三天之後，磷原子準備好了，我很快就把幾段短短的糖—磷酸骨幹串在一起。接下來的一天半時間，我試圖找出「骨幹在中央」的適當雙鏈模型。不過，若以立體化學的角度來看，所有符合 B 型結構 X 射線數據的可能模型，都比我們十五個月前的三鏈模型更不理想。所以，看到克里克在忙他的論文，我下午乾脆休息，去和佛卡德打網球。喝完下午茶回來，我說，幸好我發現，打網球比建構模型好玩。克里克對大好春光完全無動於衷，他立刻停筆提醒我 DNA 的重要，而且他可以向我保證，總有一天我會發現戶外消遣也有令人不滿意的地方。

在葡萄牙廣場街的克里克家裡吃晚飯時，我的心情又開始七上八下，擔心哪裡出差錯。儘管我始終堅持，應該把骨幹擺在中央，可是我知道，我的理由沒有一個站得住腳。

喝咖啡時我終於承認，我不肯把鹼基擺在內側，一半是因為我懷疑，這類的模型建構起來恐怕會有無限多種。然後我們還得判斷每個模型是否正確，這是不可能的任務。但真正的絆腳石是鹼基。只要鹼基在外側，我們就不需要考慮它們。如果把鹼基推到內側，可怕的問題就來了——如何將帶有不規則鹼基序列的兩條或多條鏈組合在一起？克里克不得不承認，這裡他一點頭緒也沒有。所以當我從他們家地下室的餐廳走到街上時，我留給克里克的印象是，他必須先提出能自圓其說的論點，我才會認真看待「鹼基在中央」的模型。

不過，隔天早上，當我拆掉某個特別不順眼的「骨幹在中央」的分子時，我決定要用幾天的時間來建構「骨幹在外側」的模型，反正也沒什麼壞處。這代表暫時不用管鹼基，但無論如何，我都得這麼做，因為還要再等一個星期，工廠才能交出切割成嘌呤和嘧啶形狀的扁平錫片。

把位於外側的骨幹扭成符合 X 射線證據的形狀，那倒不難。事實上，在克里克和我的印象中，相鄰的兩個鹼基之間，最理想的旋轉角度介於 30 到 40 度之間。相反的，如果角度變成兩倍或一半，看起來都不符合相應的鍵角。所以如果骨幹在外側，34 埃的晶體重複，一定是代表沿螺旋軸整整轉一圈所需要的距離。

在這個階段，克里克的興致開始提振起來，他常常計算到一半，便抬起頭來瞄一下模型，次數愈來愈多。儘管如此，我們倆到了週末，還是毫不猶豫地放下工作。三一學院星期六晚上有派對，而且威爾金斯星期天要來克里克夫婦家作客，這是在拿到鮑林論文稿的幾個星期前就約好的。

達金格（Hugo "Puck" Dachinger）為威爾金斯所畫的素描，1980 年。

不過，我們不容許威爾金斯忘記 DNA。幾乎是他一從車站過來，克里克就開始向他打聽 B 型結構更完整的細節。但是等到午飯吃完，克里克得知的，還不如我一個星期前聽來的多。就連在場的彼得說，他確定他父親會盡快展開行動，也無法動搖威爾金斯的計畫。

威爾金斯再次強調，他想要等到富蘭克林離開之後，再進行更多的模型建構工作，算起來是六個星期以後的事了。克里克逮住機會問威爾金斯，如果我們開始玩 DNA 模型，他會不會介意。當威爾金斯慢吞吞的回答「不會」時，我的心跳才恢復正常。因為即使他的答案是「會」，我們的模型建構也會繼續進行。[6]

6　威爾金斯在他的自傳裡回想這段關鍵性的情節。當華生和克里克問他，他們能不能再度研究DNA時，他「……發現他們的問題很可怕……可是當我評估我們國王學院的DNA研究僵局有多嚴重時，我顯然不能再要求克里克和華生暫緩模型建構……DNA並不是私人財產：所有人都可以研究，和平競爭，沒有任何一個人可以霸占。我別無選擇，只能接受他們的立場——我有原則，而且科學必須前進。但我非常沮喪，這是掩飾不了的。」

第25章
乍現

接下來那幾天，看得出克里克愈來愈煩躁不安，因為我對分子模型心不在焉。他十點左右進來之前，即便我通常都在實驗室裡，也無濟於事。幾乎每天下午，他知道我泡在網球場上，常常論文寫到一半就會不耐煩，轉過頭去看那個沒人理睬的多核苷酸骨幹。[1]更過分的是，喝完下午茶，我會出現短短幾分鐘，隨便弄一弄模型之後，又衝去老媽家跟那些女孩子喝雪利酒。克里克抱怨連連，我卻老神在在，因為再怎麼改善我們最新建構的骨幹，要是鹼基的問題解決不了，也稱不上真正有進展。

我大部分的夜晚都耗在電影院裡，隱隱約約夢想著，答案隨時會突然冒出來。有時候，我的瘋狂追電影也會導致反效果，最糟的一次是特地去看《神魂顛倒》(*Ecstasy*)那晚。當年電影首映時，彼得和我因為年紀太小，沒能看到海蒂·拉瑪裸體嬉戲的畫面，所以在我們期待已久的那天晚上，我們約伊麗莎白一起去雷克斯電影院。[2]不過，唯一的游泳場景，竟然被英國電檢單位刪剪得支離破碎，只剩下一池水中倒影。電影還沒演到一半，當配音訴說著情不自禁的台詞時，我們也跟著其他看不下去的大學生起鬨、大爆噓聲。[3]

我發現，即使是在看好看的電影時，也幾乎不可能忘掉鹼基。我們終於想

1 華生熱愛網球，其實他很多天下午都不在實驗室。他在寫給妹妹的信函上，常常提到自己泡在網球場上的次數。例如一年前的4月27日：「我開始頻繁地打網球——上星期打了三次。」7月8日：「我這幾天打了好幾次網球，沒想到打得還不錯……看到自己用反手拍擊出好球得分，真是滿意極了。」

2 雷克斯電影院是頗受劍橋學生歡迎的老戲院，綜合放映藝術電影與經典電影，經營者為剛畢業不久的哈利維爾(Leslie Halliwell)，後來他因出版《電影指南》(*Film Guides*)而聞名。

雷克斯電影院

出了符合立體化學理論的骨幹排列方式，這件事始終讓我念念不忘。此外，我們再也不用擔心模型不符合實驗數據，那時候，模型已經用富蘭克林的精確測量數據檢查過了。富蘭克林當然沒把她的資料直接交給我們。

說到這件事，國王學院根本沒有人知道數據落在我們手裡。我們碰巧有這些數據，是因為醫學研究委員會成立審查委員會，負責審查蘭德爾實驗室的研究活動，而佩魯茲正好是審查委員之一。由於蘭德爾想要說服外界的審查委員會，他擁有一支成果豐碩的研究群，因此他指示手下人員，將他們的研究成果寫成綜合摘要報告。在限定的時間內，這份報告以油印型式印好，依照慣例發送給所有的審查委員。

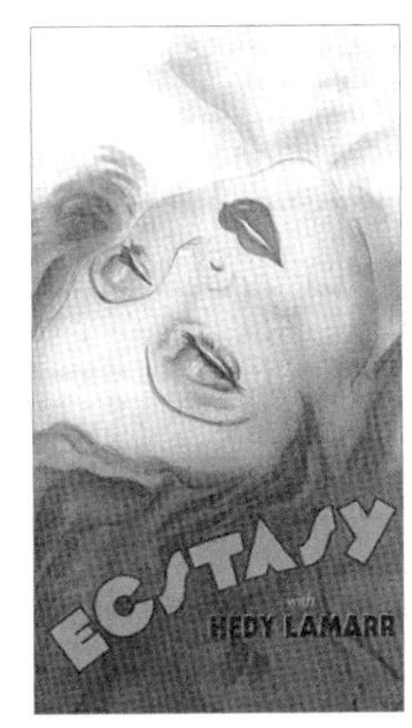

3 《神魂顛倒》這部1933年的捷克影片，由年輕的海蒂．拉瑪（Hedy Lamarr，當時仍稱為Zvonimir Rogoz）主演。游泳場景遭到刪剪，令人大失所望，這是可以理解的：這部電影主要正是因為拉瑪的裸泳、以及她在樹林裡裸奔的畫面，才會備受爭議而聲名大噪。

佩魯茲一看到富蘭克林和威爾金斯所寫的部分，便把報告拿來給克里克和我。克里克很快的瀏覽內容，他發現，我從國王學院回來後向他報告的B型主要特徵是正確的，這下他就放心了。如此一來，我們的骨幹排列方式只需稍作修改即可。[4,5]

4　右上圖為蘭德爾在1952年12月15日呈交給MRC生物物理學委員會的報告首頁，委員會負責審查他的MRC單位的研究成果。他的單位成員在報告中個別敘述自己的研究工作。
從MRC報告中，華生與克里克蒐集到最重要的新證據：空間群（space group，見注5說明）。佩魯茲將報告拿給華生和克里克看，在《雙螺旋》出版當時，這件事受到嚴厲批評。尤其是，查加夫在《科學》期刊上發表書評，指出佩魯茲給華生和克里克看「機密」報告是不恰當的。這篇書評引發佩魯茲、華生紛紛投書《科學》期刊，澄清他們對這件事的看法。他們聲稱，蘭德爾編寫MRC報告呈交給委員會，而委員會是為了確保MRC單位之間的資訊交流而成立的，報告上既沒有標示、也不被認為是機密。不過佩魯茲坦承，他給華生和克里克看報告細節，禮貌上應該徵求蘭德爾的許可。查加夫的評論與回覆信函轉載於附錄五。

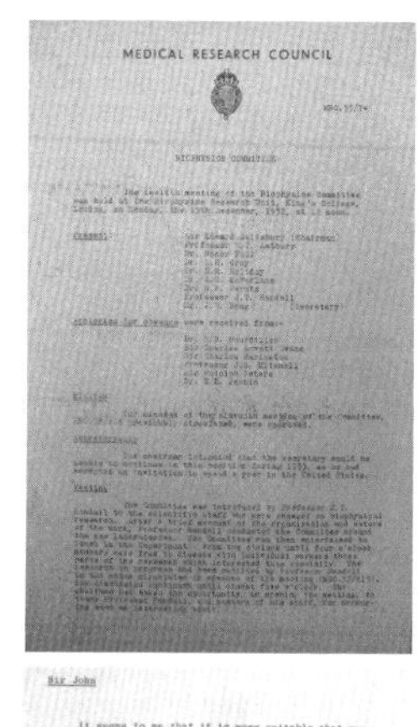
MEDICAL RESEARCH COUNCIL

Sir John

It seems to me that it is more suitable that you, rather than I, reply to Perutz concerning the question of how proper it was for him to pass on the Report to Watson and Crick. My guess is that you would have sent a rather different Report to Head Office if you had known that the members of the Committee were going to hand it round generally? If Perutz thinks that the only documents one should not show to other people are those marked "Restricted" or "Confidential", he seems to me to be living in a funny world!

I enclose a draft copy of my reply to Perutz.

I wonder how many more repercussions there will be of the Watson book?

MHFW
19 December '68

佩魯茲將MRC報告交給華生與克里克。威爾金斯對於此舉的看法，在他1968年12月19日給蘭德爾的便函上說得很清楚（右下圖），他認為：「如果佩魯茲覺得，只有那些標上『限閱』或『機密』的文件，才不能給別人看，那他顯然是活在另一個世界。」

5　C2空間群的重要性：
富蘭克林拍攝的繞射圖案非常清晰，使她得以確認A型晶體的空間群。她去牛津大學拜訪霍奇金，跟這位晶體學女王討論她最新的研究成果，當時她已將空間群的範圍縮小到三種可能性。霍奇金立刻看出，其中兩種情形是不可能的。那時是1952年的年中，因此從那時候開始，富蘭克林已經知道空間群是C2。不過，她不瞭解這項發現的意義，而克里克在MRC報告裡無意中看到，卻一下子就看出其重要性。
到了這時候，兩個研究群（華生與克里克、富蘭克林與葛斯林）都在思考雙鏈模型。空間群告訴克里克的是：DNA分子中的雙鏈帶有相反的極性。1968年，克魯格（Aaron Klug）評價富蘭克林的DNA研究時指出，她已經快要找到結構了，就差那麼一點點。他對此問題討論如下：
「值得注意的是（如同她後來告訴我的），A型的空間群是C2，富蘭克林竟然沒看出這項證據的重要性。這意味著，單位晶胞若非含有四個非對稱分子，就是含有兩個分子，每個分子都具有垂直於纖維軸的二重對稱軸（two-fold axis of symmetry）。富蘭克林的密度測量值排除了前者的可能性，但她還算不上是受過正規訓練的晶體學家（國王學院的任何人顯然都不是），以致無法推斷：DNA分子必然具有垂直二分體（dyads）。故事的主要人物中，似乎只有克里克領悟這件事——事實上，他一直在研究馬的血紅素晶體，其空間群正是C2，和A型DNA的空間群是一樣的。」

一般來說，我都是等到深夜回房後，才試著破解鹼基之謎。戴維森的《核酸生物化學》冊子上有鹼基的分子式，這本冊子我放在克萊爾學院，因此我可以確定，我在卡文迪西便箋紙上畫的那些鹼基結構圖是正確的。我的目標是設法將鹼基排列在中央，而且這種排列方式會使外側的骨幹井然有序——也就是說，使每個核苷酸的糖—磷酸基都具有完全相同的三維結構。

我試著找出解決方法，但每次都會碰到障礙，因為四種鹼基的形狀截然不同。除此之外，我有充分的理由相信，任何一條多核苷酸鏈的鹼基序列都很不規則。因此，除非有什麼非常特殊的訣竅，否則隨便將兩條多核苷酸鏈纏繞在一起，恐怕會變得一團亂。有些地方是較大的鹼基，它們一定要緊靠在一起，而有些地方是較小的鹼基，它們面對面排列時，中間一定要有空隙，不然它們的骨幹區域肯定會凹進去。

另外還有一個棘手的問題：互相纏繞的兩條鏈，如何藉由鹼基之間的氫鍵結合在一起？儘管一年多來，克里克和我已經排除「鹼基形成規律氫鍵」的可能性，但現在看來，我們這麼做顯然是錯的。我們觀察到，每個鹼基上的一個或多個氫原子，可從某個位置轉移到另一個位置，這種互變異構轉位

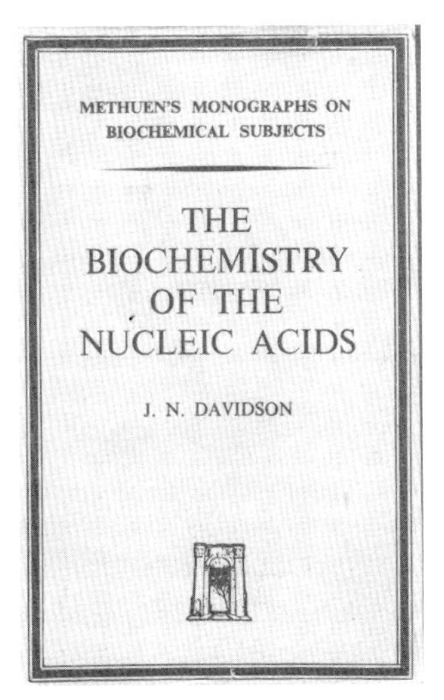

戴維森（J. N. Davidson）的經典教科書：《核酸生物化學》（*The Biochemistry of Nucleic Acids*）。

（tautomeric shift）原本使我們斷定，就特定鹼基的所有互變異構形式而言，每一種可能形式的發生頻率都是均等的。但最近重讀古蘭德和喬丹的 DNA 酸鹼滴定論文之後，我才終於領悟他們得出的有力結論：就算不是全部，起碼是大部分的鹼基之間，都會形成氫鍵。[6]

更重要的是，在 DNA 含量非常低的情況下，也出現這些氫鍵，這強烈暗示，氫鍵所連結的，是同一個分子上的鹼基。另外，X 射線晶體學的研究結果也顯示，至今檢驗過的每一種純鹼基，在立體化學容許的範圍內，形成很多不規律的氫鍵。因此，可想而知，問題的關鍵，在於一套「控制鹼基之間如何形成氫鍵」的法則。

6 諾丁漢學院大學（University College Nottingham）的古蘭德和喬丹先開始進行這項研究，最後的實驗則是由他們的年輕研究生克里斯完成的。論文發表於 1947 年。
遺憾的是，諾丁漢研究群的研究工作就此結束，因為 1947 年 10 月 26 日，古蘭德搭上早上十一點十五分，從愛丁堡開往倫敦的特快列車，中午十二點四十五分左右，列車在伯威克（Berwick）以南十公里的高斯維克（Goswick）出軌，造成二十七人死亡，包括古蘭德在內。

喬丹（D. O. Jordan）

古蘭德（J. M. Gulland）

克里斯（James Michael Creeth）

古蘭德在火車出軌事故中不幸喪生。

我在紙上畫著鹼基結構圖，起初畫來畫去毫無進展，無論我有沒有去看電影都一樣。即使《神魂顛倒》這部電影已經從我的腦海中抹去，我還是畫不出任何說得通的氫鍵。上床睡覺時我滿心期盼，隔天下午的唐寧街大學派對上會有一大堆美女。可是，我的期望落空了，一到現場，只見一群健壯的曲棍球選手和幾個其貌不揚的社交新鮮人。佛卡德也立刻發覺，他來錯地方了，我們禮貌性的待了一段時間就閃人了。這段時間我向佛卡德解釋，我和彼得的父親正在爭奪諾貝爾獎。

隔了一個星期，我卻豁然開朗，有了非比尋常的想法。當我正在紙上畫著腺嘌呤的稠環（fused rings）時，突然領悟 DNA 結構的潛在奧妙含意：腺嘌呤殘基（residue）之間形成的氫鍵，類似純腺嘌呤晶體中發現的氫鍵。如果 DNA 像這樣的話，每個腺嘌呤殘基都會形成兩個氫鍵，與另一個「互相對應、但旋轉 180 度」的腺嘌呤殘基結合。最重要的是，兩個對稱的氫鍵，可能也會使成對的鳥嘌呤、胞嘧啶、胸腺嘧啶結合。

於是我開始懷疑：每個 DNA 分子，是否都是由鹼基序列相同的兩條鏈構成，並藉由相同鹼基對之間的氫鍵結合？然而，麻煩的是，這種結構的骨幹不可能有規律，因為嘌呤（腺嘌呤和鳥嘌呤）和嘧啶（胸腺嘧啶和胞嘧啶）的形狀不同，產生的骨幹必然會顯得參差不齊、有凸有凹，端視位於中央的是嘌呤或嘧啶鹼基對而定。

儘管骨幹一團亂，我的心跳卻開始加速。如果這就是 DNA 結構，我宣布這項重大發現，應該會引發震撼彈。互相纏繞的兩條鏈，具有一模一樣的鹼基序列，這種現象絕非偶然。相反的，這強烈暗示，每個分子中，有一條鏈在某早期階段的作用，是當成另一條鏈生成時的範本。

根據這項法則，基因的複製過程，一開始是兩條相同的鏈分開，然後，在這兩條母鏈範本上，生成兩條新的子鏈，繼而形成兩個 DNA 分子，與原始分子一模一樣。由此可見，基因複製的關鍵訣竅，可能正是這個必要條件：在新合成的鏈中，每個鹼基都要跟另一個相同的鹼基以氫鍵結合。

不過，那天晚上，我想不通的是：為什麼鳥嘌呤的常見互變異構形式，不會跟腺嘌呤以氫鍵結合？同樣的，其他幾種配對錯誤應該也會發生。但既然沒有理由排除特定酶的參與，我也不必太擔心。比方說，可能存在某種專門作用腺嘌呤的酶，使腺嘌呤總是安插在範本鏈上的腺嘌呤殘基對面。

過了午夜時分，我愈想愈高興。這麼多天以來，克里克和我一直擔心，DNA 結構說不定根本乏善可陳，既不能解釋本身如何複製，也無法解釋它在控制細胞生化作用方面的功能。但現在我又驚又喜，答案竟然如此奧妙。我躺在床上兩個多小時，開心得睡不著，成雙成對的腺嘌呤殘基，在我緊閉的眼前飛舞。只不過，有那麼一瞬間，我生怕這概念如此絕妙，搞不好是誤會一場。

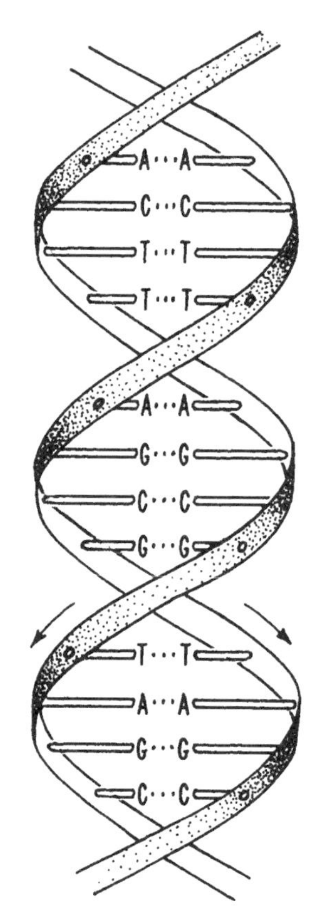

DNA 分子由同類鹼基對建構而成。

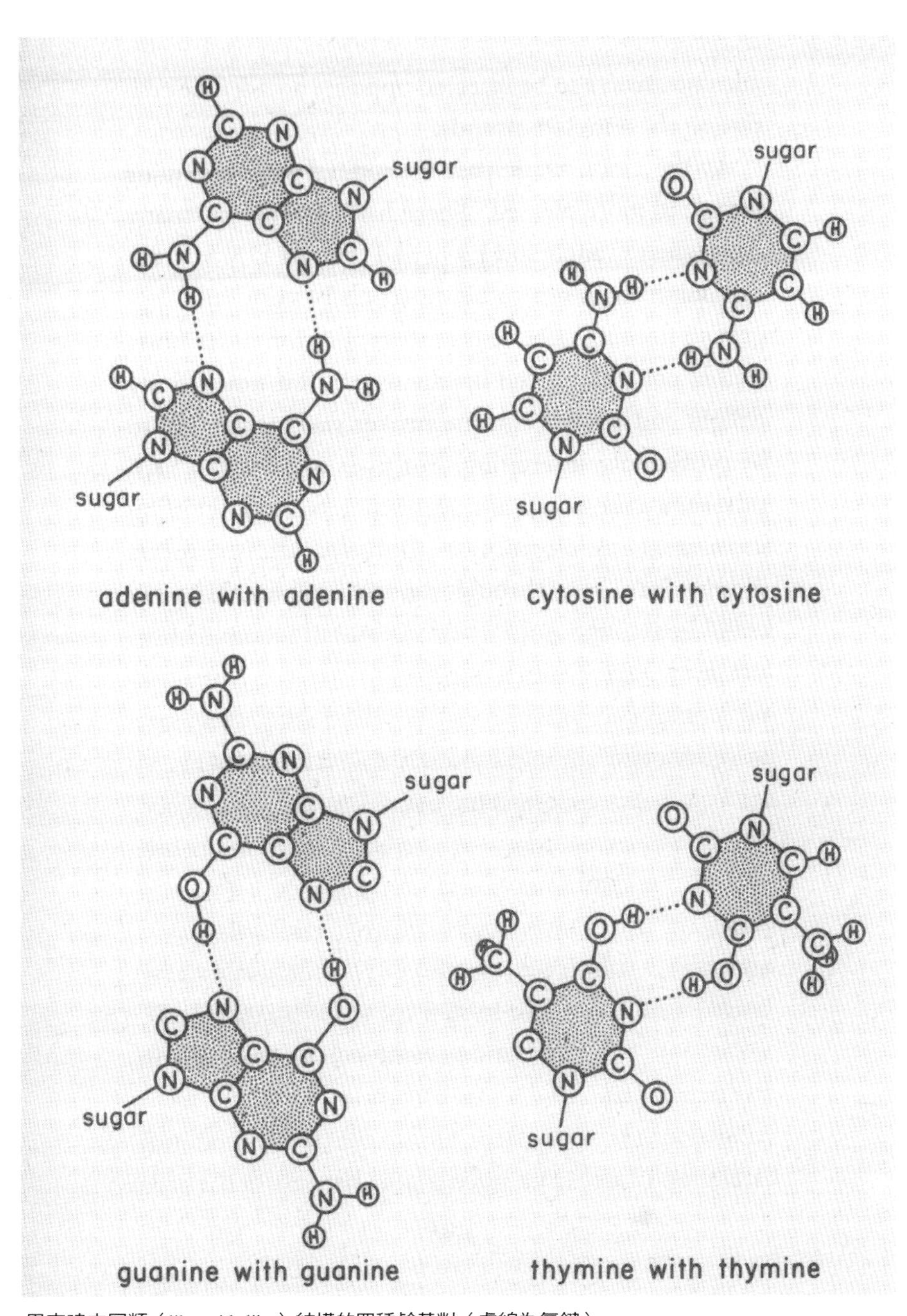

用來建立同類（like-with-like）結構的四種鹼基對（虛線為氫鍵）。

第26章
我們發現生命的祕密

到了隔天中午，我的想法出現破綻。難纏的化學事實跟我作對，原來我錯選了鳥嘌呤及胸腺嘧啶的互變異構形式。在發現這件煩心事之前，我已經在奇想餐館囫圇吞完早餐，又匆匆趕回克萊爾學院寫信回覆戴爾布魯克。戴爾布魯克在信上說，以加州理工學院遺傳學家的眼光來看，我那篇有關細菌遺傳學的論文稿不太可靠。儘管如此，他還是答應我的請求，把論文稿寄去給《美國國家科學院院刊》。如此一來，我會在年紀尚輕時做出「發表荒謬想法」的蠢事，然後及時醒悟，我的職業生涯就不會過得渾渾噩噩、一事無成了。[1]

1 1953年2月25日，儘管態度有所保留，但戴爾布魯克還是將論文稿寄去給《美國國家科學院院刊》的編輯威爾遜。
戴爾布魯克將投稿信的複本寄給華生，另外加了一段後記（如下圖所示）告訴他，斯特蒂文特（Alfred Sturtevant）和沃格特（Marguerite Vogt）對論文有疑慮。戴爾布魯克總結道：「不過，既然你不想修改，而且我寧可做實驗，也不想重寫你的論文，更因為這樣你就會明白過早發表所代表的意義，對你有好處，所以我只修了幾個逗點、加了幾個少掉的字眼，今天把論文寄出去了。」

Jim: Sturtevant thinks your theory is all wrong. He thinks the anomalies may all be due to using radiation mutants which contain ugly translocations etc. Marguerite thinks your theory has a chance but that is written much too positively. We all think the evidence is very thin and the formulation difficult to read. However, since you don't want to change it, and since I want to do experiments rather than to rewrite your paper, and since it will do you good to learn what it means to publish prematurely, I sent it off today with only a few commas and missing words amended. ov

but had stopped because the Kings group did not like competition or cooperation.
However since Pauling is now working on it I believe the field is open to
any body. I thus intend to work on it until the solution is out. Today I am very
optimistic since I believe I have a very pretty model, which is so pretty I am
surprised noone has thought of it before. When I have the proper coordinates
worked out, I shall send a note to Nature, since it accounts for the X-ray
data, and even if wrong, is a marked improvement on the Pauling model. I shall
send you a copy of the note.

華生寫給戴爾布魯克的信函（1953 年 2 月 20 日），其中有一段提到，他發現「很漂亮的 DNA 模型」。

起初，這消息確實發揮了效果，令人忐忑不安。但現在，我正因為可能發現 DNA 的自我複製結構而飄飄然，於是我回信重申信念：我知道細菌交配時是怎麼回事。此外，我忍不住又補上一句話，說我剛想出一套美妙的 DNA 結構，和鮑林的結構截然不同。我本來考慮透露一些目前的工作細節，但因時間倉促，所以我決定先不透露，匆匆忙忙將信函投入郵筒，便趕去實驗室了。

信函寄出去還不到一個小時，我就知道自己的主張毫無意義。我一進辦公室，開始解釋自己的想法，美國晶體學家唐諾休馬上澆我冷水，說我的想法行不通。唐諾休認為，我從戴維森書上抄來的互變異構形式是不正確的。我立刻反駁說，其他一些文本也把鳥嘌呤和胸腺嘧啶畫成烯醇式（enol form），但唐納休還是不為所動。

所幸，他也透露，多年來有機化學家往往隨個人喜好，偏愛特定的互變異構形式，並沒有什麼理論根據。其實在有機化學教科書上，不合理的互變異構形式圖比比皆是，我拿給他看的鳥嘌呤結構圖，幾乎可以確定是亂畫的。他的化學直覺告訴他，應該畫成酮式（keto form）才對。同樣的，他確定胸腺嘧啶也被亂畫成烯醇式，他再次強調，應該是酮式才對。[2]

然而，為何傾向於酮式，唐納休並沒有萬全的理由可以解釋。他承認，只有一種晶體結構與此問題有關，那就是二酮吡嗪（diketopiperazine），幾年前，鮑林的實驗室曾詳細研究它的三維構造，顯示的是酮式，不是烯醇式，這點無

2　此處有個小謎團令人不解。唐納休指出，華生建構模型所用的胸腺嘧啶和鳥嘌呤形式不太對，確實也是如此。不過，雖然戴維森《核酸生物化學》初版書上的鳥嘌呤圖是錯的，胸腺嘧啶圖卻是正確的。華生使用的胸腺嘧啶結構可能別有出處，不然就是他抄錯了。

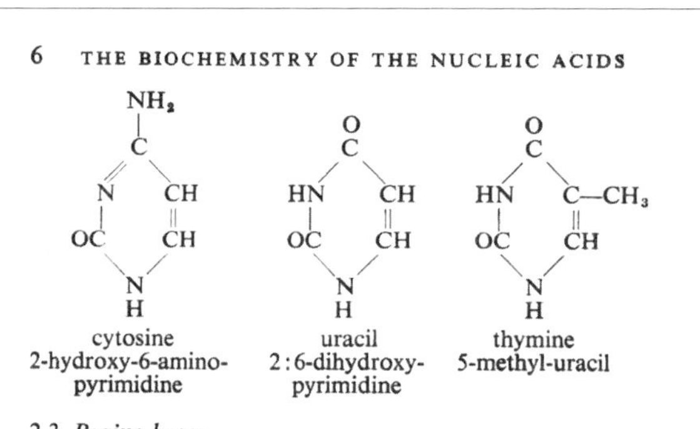

6　THE BIOCHEMISTRY OF THE NUCLEIC ACIDS

cytosine
2-hydroxy-6-amino-pyrimidine

uracil
2:6-dihydroxy-pyrimidine

thymine
5-methyl-uracil

2.3 *Purine bases*

Both types of nucleic acids contain the same purine bases, adenine and guanine. They are derivatives of the parent compound purine which is formed by the fusion of a pyrimidine ring and an iminazole ring.

Purine

Adenine and guanine have the following structures:

adenine
(6-aminopurine)

guanine
(2-amino-6-hydroxypurine)

戴維森《核酸生物化學》初版書上所畫的鹼基圖。

庸置疑。此外，量子力學論點可以解釋，二酮吡嗪何以具有酮式結構，唐納休確信，同樣的論點也適用於鳥嘌呤和胸腺嘧啶。因此他苦勸我，別再為自己草率的想法浪費更多時間了。

雖然我的直接反應是希望唐納休只是在說風涼話，但他的批評，我並沒有置之不理。除了鮑林以外，唐納休可說是全世界最懂氫鍵的人。由於多年來，他一直在加州理工學院研究有機小分子的晶體結構，我不能騙自己，說他對我們的問題無法掌握。在他進駐我們辦公室的這六個月期間，我從來沒聽過他信口開河、議論自己不懂的題目。

唐納休（Jerry Donohue）。從他的襯衫看來，這張照片可能是在加州拍攝的，不是在劍橋。

我返回自己的書桌，沮喪至極，希望能使出什麼絕招來挽救「同類鹼基配對」的想法，但新的結構形式顯然已置它於死地。把氫原子移到酮式的位置上，會使嘌呤和嘧啶之間的大小差異，變得比原來的烯醇式更嚴重。如何將多核苷酸骨幹彎折到足以容納不規則的鹼基序列，我想了半天，好不容易才想出一種可能性。

可是克里克一進辦公室，連這種可能性也沒了。他一下子就發現，唯有每條鏈每隔 68 埃整整轉一圈，同類相配對的結構才會出現 34 埃的晶體重複特徵。但這就代表，相鄰鹼基之間的轉角只有 18 度，而最近克里克在擺弄模型時，認為角度絕不可能是這個數值。這種結構也無法解釋查加夫法則（腺嘌呤與胸腺嘧啶等量、鳥嘌呤與胞嘧啶等量），克里克對此事實並不樂見。

不過，我對於查加夫的數據，依然保持不冷不熱的態度。所以我很高興午餐時間到了，因為克里克的談笑風生，暫時把我的思緒轉移到「大學部學生為

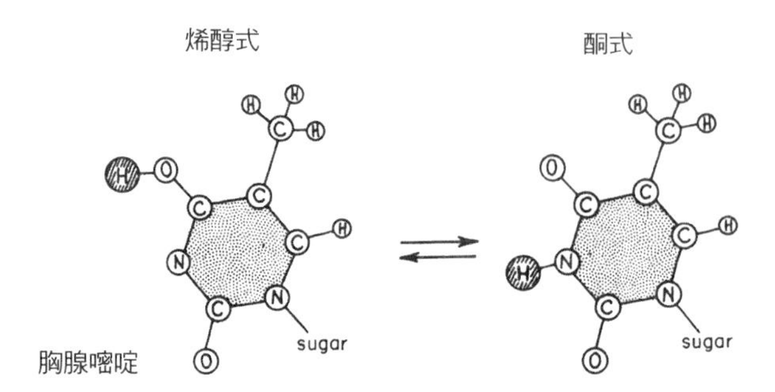

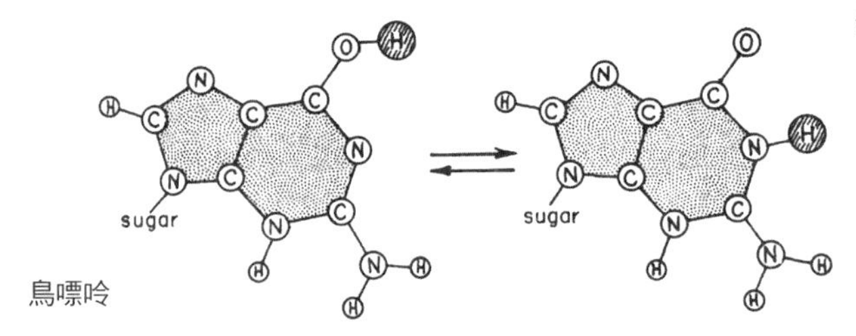

DNA 中，鳥嘌呤與胸腺嘧啶的互變異構形式，可能有這兩種，位置可改變的氫原子（互變異構轉位），以斜線陰影表示。

何無法贏得打工換宿女孩的歡心」上了。

午餐過後，我並不急著回去工作，因為我擔心，在我試圖將酮式納入某些新的法則時，恐怕會碰壁，結果不得不面對事實——沒有任何一種「有規律的氫鍵法則」可符合 X 射線證據。只要我繼續待在外頭，盯著番紅花看，興許還有一線希望，說不定會看出什麼漂亮的鹼基結構來。

幸好，當我們上樓時，我發現我找到了藉口，至少可以把建構模型的關鍵步驟再拖延幾個小時。為了有系統的檢驗所有想得到的氫鍵是否可行，需要用到嘌呤和嘧啶的金屬模型，但這些模型尚未準時完工，至少還要兩天才會交到我們手上。要等這麼久，連我都覺得度日如年，所以下午剩餘的時間，我乾脆拿硬紙板來切割精確的鹼基模型。可是，等到這些東西都弄好了，我才發現，答案必須等到隔天才能分曉。晚餐過後，我要去戲院跟老媽家的一群人會合。

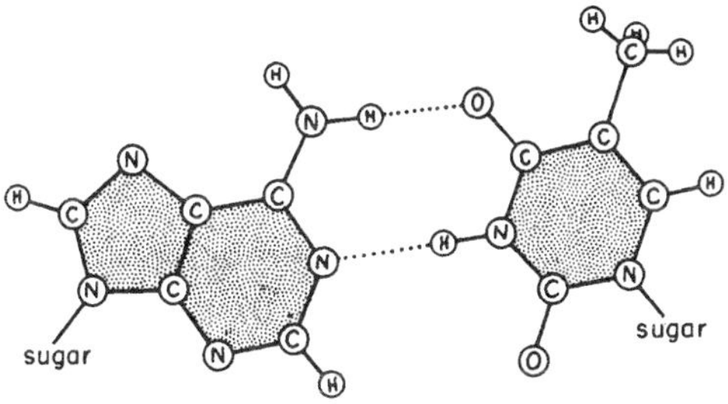

腺嘌呤　胸腺嘧啶

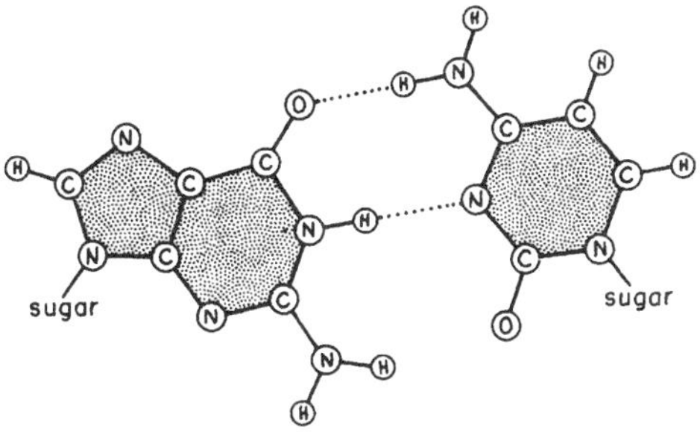

鳥嘌呤　胞嘧啶

圖為用來建構雙螺旋的腺嘌呤—胸腺嘧啶、鳥嘌呤—胞嘧啶鹼基對（氫鍵以虛線表示）。華生曾經考慮過，鳥嘌呤和胞嘧啶之間可能會形成第三個氫鍵，但是後來否決了，因為鳥嘌呤的晶體學研究認為，此氫鍵可能會很弱。這種猜測現在已知是錯的。鳥嘌呤與胞嘧啶之間，可以畫出三條很強的氫鍵。

隔天早上，我一進到還空蕩蕩的辦公室，便急忙把書桌上的論文清走，騰出大大的桌面，好在桌面上組合以氫鍵結合的鹼基對。雖然一開始我不死心，還是用我比較喜歡的「同類相配對」方式來排列，但我看得很清楚，這樣顯然行不通。唐納休進來時，我抬頭看了一下，發現不是克里克，於是開始將鹼基挪來挪去，試試看其他可能的配對方式。我突然發現，以兩個氫鍵結合的腺嘌呤—胸腺嘧啶對，和至少以兩個氫鍵結合的鳥嘌呤—胞嘧啶對，形狀竟然一模一樣。[3] 所有的氫鍵簡直是渾然天成；一點也不需要調整，這兩種不同類型鹼基對的形狀，竟然完全相同。我趕快請唐納休過來看，問他這次對新的鹼基配對有沒有任何異議。

當他說沒有時，我士氣大振，因為我懷疑，我們可能解開了「為何嘌呤殘基數量與嘧啶殘基數量完全相等」的謎團。如果嘌呤與嘧啶之間都以氫鍵結合，兩條不規律的鹼基序列，就可以規律的裝進螺旋中央。而且，為了滿足氫鍵結合的要求，意味著腺嘌呤都會跟胸腺嘧啶配對，而鳥嘌呤只能跟胞嘧啶配對。於是，查加夫法則頓時成了 DNA 雙螺旋結構所造成的後果。

更令人興奮的是，用這種雙螺旋結構來解釋自我複製法則，比我一度考慮過的同類相配對方式，更令人滿意。腺嘌呤都跟胸腺嘧啶配對、鳥嘌呤都跟胞嘧啶配對，代表互相纏繞的兩條鏈的鹼基序列是互補的。有了其中一條鏈的鹼基序列，便可自動確定另一條鏈的鹼基序列。概念上來說，一條鏈如何成為互補鏈（具有互補序列）的合成範本，也就不難想像了。

克里克一隻腳才剛踏進門，我便迫不及待跟他說，我們已經掌握所有問題的答案了。雖然他原則上都會先暫時保持懷疑態度，但正如我所料，同樣形狀的 A—T 與 G—C 鹼基對，果然引起他的興趣。他急忙用幾種不同的方法，將鹼基配來配去，但是沒有任何一種符合查加夫法則。幾分鐘之後，他發現，每對鹼基的兩條糖苷鍵（glycosidic bond，連結鹼基和糖基），會很有系統的以二

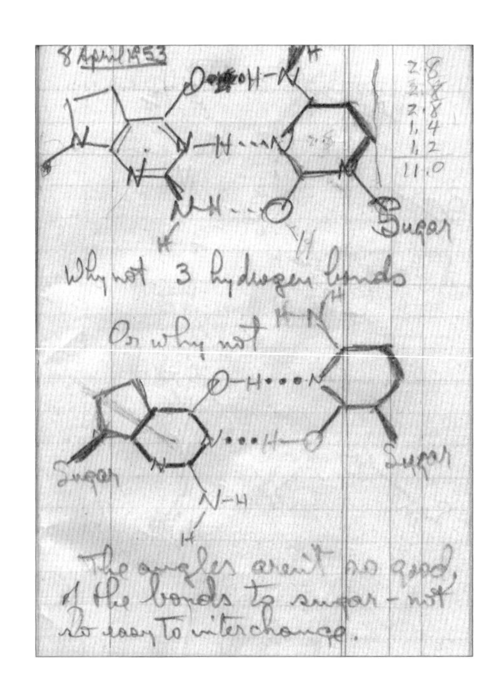

3　在《雙螺旋》書上，華生在鹼基配對圖的圖說中提到，「……曾經考慮過，鳥嘌呤和胞嘧啶之間可能會形成第三個氫鍵，但後來否決了……」確認鳥嘌呤與胞嘧啶之間有三個氫鍵的人，正是鮑林與柯瑞。1953年4月，鮑林曾造訪劍橋大學，看了這個模型之後，他和小布拉格一起去斯德哥爾摩參加索爾維會議（詳見第29章）。在1953年4月8日的筆記本上，他指出三個氫鍵的可能性，如右圖所示。

重軸與螺旋軸垂直。因此，如果翻轉這兩種鹼基對，它們的糖苷鍵仍會面對相同的方向。這樣會產生重要的後果：同一條鏈可同時包含嘌呤和嘧啶。同時，這也有力的指出：兩條鏈的骨幹必然是逆向而行。

於是問題變成：A—T 和 G—C 鹼基對，能不能順利裝進我們這兩週以來所設計的骨幹結構裡。乍看之下，這似乎很有機會，因為我在螺旋中央留了很大的空間給鹼基。然而，我們倆心知肚明，除非建構出完整的模型，以立體化學角度來看面面俱到，否則的話，我們還不能算是大功告成。而且事實擺在眼前，這種結構的存在太重要了，非同小可，絕不能冒著「狼來了」的風險。因此，我感覺有些忐忑不安，因為克里克在午餐時衝進老鷹酒吧，跟在座的所有人說：我們發現了生命的祕密。[4]

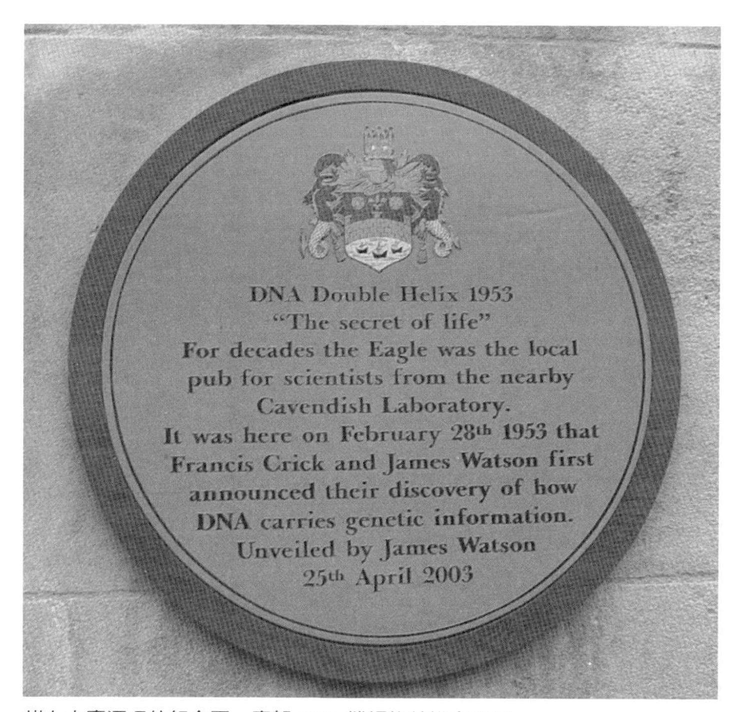

掛在老鷹酒吧的紀念匾，慶賀 DNA 雙螺旋結構之發現。

4　克里克不記得「……衝進老鷹酒吧」宣稱他們發現了生命的祕密，但這段文字很精采，倒也無傷大雅。

第 27 章
威爾金斯姍姍來遲

很快的，克里克變得時時刻刻都把 DNA 放在心上。發現 A—T 與 G—C 鹼基對具有同樣形狀之後，隔天下午，他又回去做他的論文數據測量，忙了半天卻徒勞無功。他老是從椅子上跳起來，盯著硬紙板模型發愁，擺弄一下其他的組合方式，等到暫時的疑慮一掃而空，又心滿意足地對我說，我們的研究成果是多麼的重要。我很高興聽到克里克這麼說，即便這些話大言不慚，少了輕描淡寫的低調口吻（在劍橋，那樣才是正統的說法）。DNA 的結構解開了，答案令人興奮無比，我們的名字將與雙螺旋連在一起，如同鮑林的名字之於 α 螺旋，這簡直太不可思議了。

老鷹酒吧六點鐘開門營業時，我和克里克去那裡吃飯，討論往後幾天要做什麼事情。克里克一刻也等不及，想要快點看看能不能建構令人滿意的三維模型，這樣遺傳學家和核酸生物化學家就不用再白白浪費不必要的時間和設備。我們必須快點告訴他們答案，這樣他們才能根據我們的結果，調整他們的研究方向。雖然我也同樣急於建構完整的模型，但我更擔心的是鮑林，在我們告訴他答案之前，說不定他也碰巧發現了鹼基對。

不過，那天晚上，我們沒辦法搭建穩固的雙螺旋。除非拿到鹼基的金屬模型，否則我們搭的任何模型都太粗陋了，沒有說服力。回到老媽那裡，我告訴伊麗莎白和佛卡德，克里克和我快要打敗鮑林了，只欠臨門一腳，而且我們的結果將會徹底顛覆生物學。他們倆打從心底覺得高興，伊麗莎白為哥哥感到自豪，佛卡德則心想，自己可以在國際協會（International Society）裡跟大家說，他的朋友會贏得諾貝爾獎。彼得的反應也同樣熱烈，絲毫看不出來他因為父親可能在科學界初嘗敗績，而耿耿於懷。

隔天早上醒來時，我感覺活力十足。在前往奇想餐館的路上，我漫步走向克萊爾橋，抬頭仰望國王學院哥德式禮拜堂的尖塔，在春日天空的襯托下高聳入雲。[1] 我停下腳步，遠遠看著最近剛整修一新的吉布斯大樓，它那喬治王朝時期的外觀美不勝收，想起我們的成就，大半要歸功於長期以來在學院之間來回奔波、在赫弗書店（Heffer's Bookstore）默默閱讀新進書籍的平淡歲月。[2,3]

心滿意足的翻完《泰晤士報》之後，我晃進實驗室，看見克里克正沿著一條假想的線條，將鹼基對的硬紙板模型翻來轉去，不用問也知道，他很早就來了。他用圓規和直尺測量，發現兩種鹼基對都能整整齊齊的裝進骨幹結構中。

[1] 克萊爾橋（Clare Bridge）

[2] 國王學院禮拜堂與吉布斯大樓（Gibbs Building）

[3] 赫弗父子書店（Heffer and Sons bookshop）1953 年的廣告

1　克萊爾橋是康河上現存最古老的橋，是由葛然博（Thomas Grumbold）於1640年建造的。

2　吉布斯大樓（上圖的右方）是國王學院第二古老的建築物，1724年開始興建，僅次於1446年開始興建的禮拜堂。大樓原先由霍克斯莫爾（Nicholas Hawksmoor）擔任設計，但兩次設計圖皆遭到學院否決，後來根據建築師吉布斯（James Gibbs）的設計圖興建完成。

3　到了1950年代初，赫弗書店在劍橋賣書已長達七十五年。華生造訪時，這間店位於劍橋的商店街（Petty Cury），但在1970年代，店址遷移至目前位於三一街的地點。在故事發生當時，此營業地點為馬修父子有限公司所有（詳見第9章）。

隨著晨光漸逝，佩魯茲與肯德魯先後過來，看看我們是不是還那麼有把握。兩人分別聽了克里克一番簡潔扼要的解說，在他講第二遍時，我晃到樓下去，看看工廠能不能在當天下午，把嘌呤和嘧啶模型趕製出來。

只不過需要一點激勵，最後的焊接在幾個小時內就完工了。我們立刻將閃閃發光的金屬片拿來製作模型，建構 DNA 的所有組件，首度全部到齊。[4] 約莫過了一個小時，我已經擺好原子的位置，既符合 X 射線資料、也滿足立體化學定律。做好的螺旋模型是右旋式的，兩條鏈逆向而行。[5]

克里克正在擺弄他們的 DNA 模型。

原始模型中所使用的鹼基片

4 華生與克里克最初建構的DNA模型，後來被拆掉了，但左圖這是卡文迪西機械工廠製作的鹼基金屬片之一，據說曾被用在當初的模型裡。

5 DNA為右旋螺旋，但是有太多的DNA圖形都顯示成左旋螺旋。看來，美術編輯有所不知，左旋和右旋螺旋在拓撲學上是不同的，因此常常把DNA的圖形弄反了。有一種左旋DNA稱為Z-DNA，是瑞奇（照片見第158頁）發現的，但這種DNA的結構截然不同。

一個人處理模型比較方便，所以克里克等到我讓開、覺得每樣東西都裝好了之後，才過來檢查我的作品。雖然有一個原子間的連結處，比理想值略短一些，但是跟幾個發表過的數值相去不遠，所以我並不擔心。克里克又弄了十五分鐘，也找不到什麼錯誤，不過，當我看見他皺眉頭時，害我緊張到胃都痛了。還好，每次他又會變得很滿意，繼續檢查另一個原子間的連結處是否合理。當我們回家跟歐蒂一起吃晚餐時，一切看起來都非常順利。

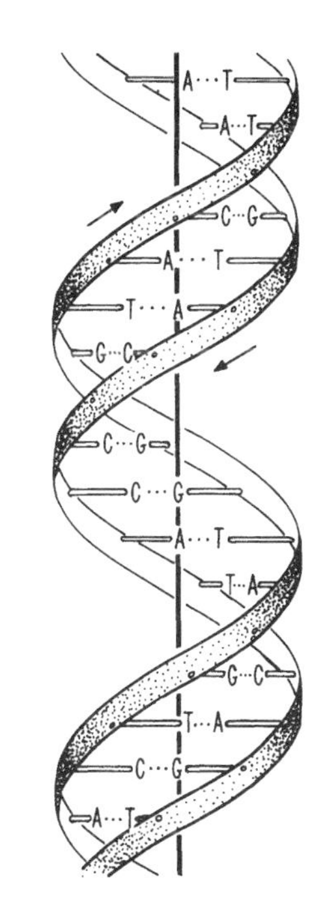

雙螺旋示意圖。兩條互相纏繞的糖－磷酸骨幹位於外側，平面鹼基對以氫鍵相連，形成核心。從這個角度來看，結構很像是螺旋梯，以鹼基對形成階梯。

吃晚餐時，我們的話題都集中在如何宣布這則大新聞，尤其是，一定要盡快告訴威爾金斯。可是一想起十六個月前的烏龍事件，覺得還是暫且先瞞著國王學院，等所有的原子坐標都量好，到時候再告訴他們也不遲。一大串原子環環相扣，很容易就會出錯；雖然每個連結處看起來都可以接受，但整串結構在能量上有可能說不通。

雖然我們自認為不會犯這種毛病，但還是要顧慮，受到互補 DNA 分子的生物作用優勢影響，我們的判斷可能會有所偏頗。因此接下來的幾天，我們打算用鉛錘線和量尺，測量單一核苷酸中所有原子的相對位置。由於螺旋的對稱性，有了一個核苷酸的原子位置，另一個的原子位置就會自動產生。

喝完咖啡，歐蒂想知道，如果我們的研究成果像大家跟她說的那麼厲害，那他們還會不會外放到布魯克林。或許我們應該留在劍橋，解決其他同樣重要的問題。我試著安慰她，強調並非所有的美國男人都會把頭髮理光，而且很多美國女人都不穿白色短襪上街。我又慫恿她，美國最大的優點，就是那些人跡罕至的空曠地方，但這招不太管用。那麼久都看不到穿著時髦的人，歐蒂一想到就害怕。而且，她不相信我是認真的，因為我才剛請裁縫做了一套緊身的外套，和美國人披在肩上鬆鬆垮垮的外套，一點也不像。[6]

第二天早上，我發現克里克又比我更早到實驗室。他已經在調緊支架上的模型，以便讀取原子的坐標。在他來回挪動原子時，我坐在自己的書桌前思考，我可能不久就要寫信宣布，我們發現了有趣的事情，這封信該用何種形式來寫才好。有時候，克里克會看起來不太高興，因為我的白日夢做過頭，沒注意到他需要我幫忙扶著模型，這樣他在調整環型支架時，模型才不會倒下來。

6 克里克夫婦即將外放到布魯克林，因為之前克里克已經答應要去哈克的實驗室工作（見第20章）。歐蒂的憂慮是可以理解的；他們已經因為找不到合適的公寓而煩惱，如這封信函所透露的。儘管華生再三保證，但他們住在那裡的那一年並不快樂。經濟拮据，又住在布魯克林邊陲地帶的破公寓。歐蒂忙於照顧家庭，而克里克已經習慣劍橋的工作環境，布魯克林的工作環境比較差，讓他很受不了。

UNIVERSITY OF CAMBRIDGE DEPARTMENT OF PHYSICS

CAVENDISH LABORATORY
Free School Lane,
Cambridge.

21st January 1953.

Dr. David Harker,
Polytechnic Institute of Brooklyn,
The Protein Structure Project,
55 Johnson Street, 4th Floor,
Brooklyn 1, New York.

Dear Dr. Harker,

Thank you for your letter of 7th January. I have heard from Wyckoff who seems to think there will be little difficulty in getting our visa interview rather earlier. I shall write to the Embassy as soon as I have cleared Michael with the Divorce Court. Naturally I did not expect the travelling money before we got the visa. I will let you know later on how things can most easily be arranged.

As to the apartment, I suggest you relax first the price, and go higher, say up to $.120. If there are still difficulties I think we should not worry too much about the neighbourhood. We certainly don't want to buy furniture, and we really need three bedrooms if this is at all possible. It is really very kind of you to do this for us.

克里克寫給哈克的信函。

先前我小題大作，以為二價鎂離子有多重要，這時候我們才知道方向錯了。威爾金斯和富蘭克林的堅持很可能是對的，他們正在考慮 DNA 的鈉鹽。不過，既然糖—磷酸骨幹在外側，究竟存在哪一種鹽類都無所謂。無論是哪一種，裝進雙螺旋裡都會剛剛好。

那天近中午時，小布拉格第一次看到模型。他得了流行性感冒臥病在床，在家裡待了好幾天，他聽說克里克和我想出絕妙的 DNA 結構，可能對生物學有重大意義，回卡文迪西上班之後，一有空檔，便從辦公室溜出來親眼瞧瞧。他一下子就明白兩條鏈之間的互補關係，也看出腺嘌呤與胸腺嘧啶等量、鳥嘌呤與胞嘧啶等量，乃是糖—磷酸骨幹的規律性重複形狀所造成的合理結果。

由於小布拉格不知道查加夫法則，所以我向他說明各種鹼基相對比例的實驗證據，我發現，他對基因複製所蘊含的意義變得愈來愈有興趣。當他問到 X 射線證據的問題時，才明白我們為什麼還沒有打電話給國王學院研究群。不過，令他不解的是，我們怎麼還沒問過托德的意見。雖然我們告訴小布拉格，有機化學方面已經搞清楚了，但還是沒辦法讓他完全放心。我們弄錯化學式的可能性固然微乎其微，可是因為克里克講話太快，小布拉格實在很難相信他會慢慢來，慢到有足夠的時間找出真正的事實。所以等我們一量好原子坐標，就會安排請托德過來看看。

隔天晚上，坐標的最後修正完成了。由於缺乏精確的 X 射線證據，我們不敢保證所選的排列方式完全正確。但這也無妨，因為我們只想證實，以立體化學的角度來看，至少有一種特定的雙鏈互補螺旋是可行的。除非釐清這一點，否則可能會有人反駁說，雖然我們的概念以審美觀點來看很簡潔，但糖—磷酸骨幹的形狀可能不容許它的存在。令人開心的是，現在我們知道，事實並非如此，所以我們去吃午餐，給彼此打氣，這麼漂亮的結構非存在不可。

情緒一放鬆，我跑去跟佛卡德打網球。我告訴克里克，下午晚一點我會寫信給盧瑞亞和戴爾布魯克，告訴他們關於雙螺旋的事情。而且也安排好，肯德魯會打電話給威爾金斯，跟他說他應該來一趟，看看我和克里克設計出來的東西。我和克里克都不想幹這件差事。白天稍早時，郵差送來威爾金斯寫給克里克的短箋，提到他現在準備全力進行 DNA 研究，而且打算把重點放在模型建構上。[7,8]

7　1953年3月7日，威爾金斯寫信給克里克：「我想你會有興趣知道，我們的黑暗女郎下星期就要離開我們了，而且大部分的三維數據已經在我們手上。我現在總算可以心無旁騖，對大自然的祕密據點展開全面攻勢，戰線包括：模型、理論化學、晶體數據的詮釋與比較。甲板終於淨空，我們可以精銳盡出、全力出擊了！這次不會很久的。　問候大家　M敬上　P.S. 下星期也許會去劍橋。」

威爾金斯引用莎士比亞十四行詩〈黑夫人〉（The Dark Lady，127-152），暗指富蘭克林為「我們的黑暗女郎」。莎士比亞筆下的黑夫人到底是誰，數百年來一直是引人熱議的話題。

8　1975年9月10日，賈德森記述克里克寫給威爾金斯的回信：「此事非比尋常，」克里克說，「我到我的書桌前，打開威爾金斯的來信，你知道的，信上提到黑暗女郎這類的事情，抬眼望去，我心想，這到底是笑話還是——你曉得吧，簡直是可悲。你看，模型就在那裡。」

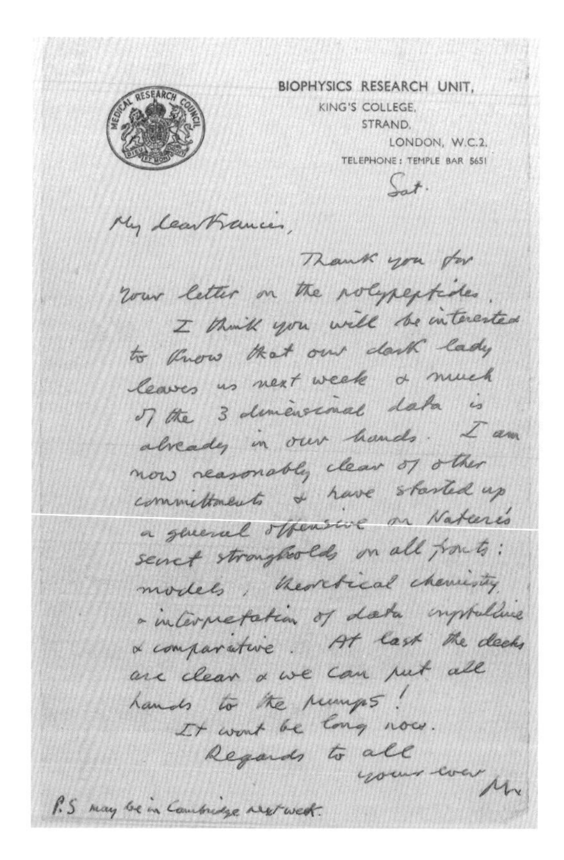

MEDICAL RESEARCH COUNCIL

BIOPHYSICS RESEARCH UNIT,
KING'S COLLEGE,
STRAND,
LONDON, W.C.2.
TELEPHONE: TEMPLE BAR 5651

Sat.

My dear Francis,

Thank you for your letter on the polypeptides.

I think you will be interested to know that our dark lady leaves us next week & much of the 3 dimensional data is already in our hands. I am now reasonably clear of other commitments & have started up a general offensive on Nature's secret strongholds on all fronts: models, theoretical chemistry & interpretation of data crystalline & comparative. At last the decks are clear & we can put all hands to the pumps!

It won't be long now.

Regards to all

yours ever

M

P.S may be in Cambridge next week.

威爾金斯在信函中提到「黑暗女郎」。

第28章
宣布

威爾金斯一看到模型就很喜歡。肯德魯事先跟他說過，模型是雙鏈，以A—T與G—C鹼基對連結，因此他一進到我們辦公室，便立刻檢視模型的細部特徵。雖然模型是雙鏈，不是三鏈，但他倒不擔心這件事，因為他知道證據看起來一直不太明確。

當威爾金斯默默端詳金屬模型時，克里克站在旁邊，時而喋喋不休說道，這種結構應該會產生何種X射線圖案。當他察覺威爾金斯只想看雙螺旋、不想聽自己說教時（那些晶體理論，威爾金斯自己就可以搞清楚），頓時變得沉默不語。把鳥嘌呤和胸腺嘧啶擺成酮式結構，這個決定無庸置疑，不然的話就會破壞鹼基對，他接受唐納休所說的論點，彷彿這是很理所當然的事情。[1]

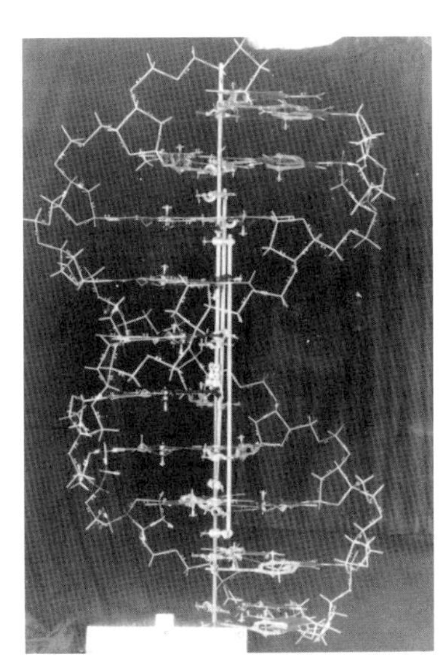

雙螺旋的原始展示模型（比例尺單位為埃）。

唐納休、克里克、彼得和我共用辦公室，竟然帶來意外的好處，這件事大家心照不宣。若非唐納休來劍橋跟我們在一起，我

1　威爾金斯在回憶錄中描述自己看到模型時的反應：「一種感覺油然而生，實驗台上的模型，雖然只不過是一堆鐵絲，卻擁有它自己獨特的生命。它看起來像是不可思議的新生兒在為自己發言：『我不在乎你怎麼想——我知道我是對的。』」

可能還一直執迷不悟，選擇同類相配對的結構。[2] 威爾金斯的實驗室裡少了結構化學家，身邊沒有任何人可以告訴他，教科書上所有的圖片都弄錯了。除了唐納休，只有鮑林可能會做出正確的選擇，並且堅決承擔後果。

接下來的科學步驟，就是將我們模型所預測的繞射圖案，與 X 射線實驗數據嚴格比對。威爾金斯回到倫敦，說他會盡快測量關鍵的反射圖案。他的聲音聽不出一絲怨尤，我感覺大大鬆了一口氣。在他來訪之前，我原本一直擔心，他會顯得悶悶不樂，因為我們搶走了部分的榮耀，這份榮耀本該完完全全屬於他和他的年輕同事。但他的臉上看不出絲毫慍色，反而用他一貫的含蓄方式興奮表示，雙螺旋結構必將大大造福生物學。[3]

威爾金斯回到倫敦，才兩天就打電話來說，他和富蘭克林發現，他們的 X 射線數據強力支持雙螺旋。他們正在趕緊寫出他們的研究結果，希望和我們宣布發現鹼基對的論文同時發表。《自然》期刊正是迅速發表成果的好地方，因為如果小布拉格和蘭德爾皆強烈支持論文稿，他們收到論文稿後，可能一個月內就會刊登。不過，國王學院的論文不只一篇。除了威爾金斯和他的同事之外，富蘭克林與葛斯林也會另行報告他們的研究成果。[4,5]。

富蘭克林一下子就接受我們的模型，起初讓我嚇了一跳。我本來很擔心，她那敏銳而執著的思維被自己設下的反螺旋陷阱困住，可能會鑽牛角尖找碴，質疑雙螺旋的正確性。不過，和幾乎所有人一樣，她看得出鹼基對的妙處，於是接受事實：這種結構太漂亮了，不可能不是真的。況且，甚至早在她得知我

2　唐納休似乎對自己在雙螺旋發現過程中所扮演的角色感到很矛盾。他直至1970年才發表論文提到，事實上，G—C和A—T鹼基配對尚未得到證實。這番話引來克里克的尖銳反駁：「假如唐納休認為，別種鹼基對也能產生同樣有效的DNA模型，那就讓他來建構這樣的模型吧……他會有一堆事情要做，但我認為沒有其他的辦法可以解決這件事。」

3　威爾金斯記憶中的情景卻是截然不同。在華生的堅持下，他和克里克提議讓威爾金斯掛名論文的共同作者，但威爾金斯謝絕接受：「我聽來刺耳，克里克說我不公平。我不認為要感謝克里克和華生的慷慨提議……我堅信，真正重要的是科學進展。我淡泊名利，或許克里克和華生的大方提議，讓我覺得受辱。」

4　下圖為富蘭克林的筆記，透露她在1953年2月開始分析B型。
（左上角為克魯格的批注。請參閱第168頁的討論）。

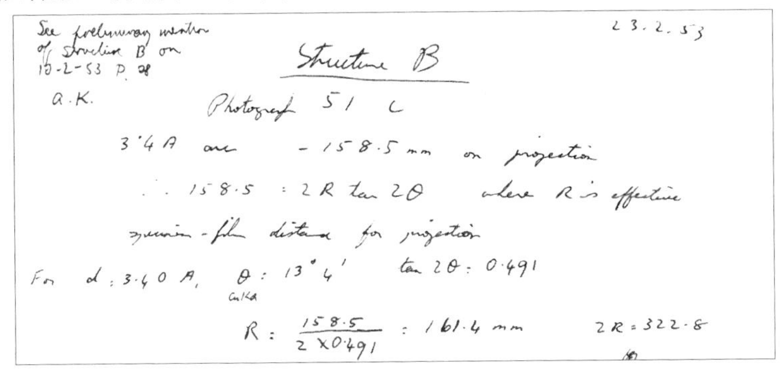

See preliminary version of Structure B on 10-2-53 p. 28
A.K.

23.2.53

Structure B

Photograph 51 C

3·4 Å arc – 158·5 mm on projection

∴ 158·5 = 2R tan 2θ where R is effective specimen-film distance for projection

For d = 3·40 Å, θ = 13° 4′ (CuKα) tan 2θ = 0·491

R = 158·5 / (2 × 0·491) = 161·4 mm　　2R = 322·8

5　華生、克里克及威爾金斯有所不知，富蘭克林與葛斯林一直都在準備論文稿，總結他們的研究成果，因此他們看了華生與克里克的模型之後，很快就能順應情勢變化而調整。富蘭克林與葛斯林於1953年3月初開始寫草稿，下圖為稍後的版本。

ROUGH DRAFT　　1.

A NOTE ON MOLECULAR CONFIGURATION IN SODIUM THYMONUCLEATE

Rosalind E. Franklin and R. G. Gosling

17/3/53.

Sodium thymonucleate fibres give two distinct types of X-ray diagram. The first, corresponding to a crystalline form obtained at about 75% relative humidity, has been described in detail elsewhere ( ). At higher humidities a new structure, showing a lower degree of order appears, and persists over a wide range of ambient humidity and water content. The water content of the fibres, which are crystalline at lower humidities, may vary from about 50% to several hundred per cent. of the dry weight in this structure. Other fibres which do not give crystalline structure at all, show this less ordered structure at much lower humidities. The diagram of this structure, which we have called structure B, shows in striking manner the features characteristic of helical structures ( ). Although this cannot be taken as proof that the structure is helical, other considerations make the existence of a helical structure highly probable.

們提出的模型之前，X 射線證據已迫使她不得不承認螺旋結構。骨幹位於分子的外側，這點是她的證據所要求的，而且，既然鹼基必須藉由氫鍵結合，她也找不到理由來反駁 A—T 與 G—C 鹼基對的獨特性。

同時，她對克里克和我的強烈反感也一筆勾銷了。懾於先前交鋒時的火爆場面，原本我們猶豫要不要找她一起討論雙螺旋。不過，當克里克去倫敦和威爾金斯討論 X 射線照片的細節時，他發現，富蘭克林的態度有所改變。克里克以為她不想理他，所以主要都是跟威爾金斯討論；後來克里克慢慢察覺到，富蘭克林希望克里克能提供晶體學方面的建議，並且打算化敵為友，將公然的敵意轉化為雙方之間的平等對談。

富蘭克林顯然很樂意將自己的資料拿給克里克看，這是他頭一次看到，富蘭克林的主張是多麼正確無誤，糖—磷酸骨幹果然位於分子的外側。因此，她過去針對這件事情的不妥協言論，反映的是第一流的科學主張，並非不明事理的女權主義者意氣用事。

我們過去大力鼓吹模型建構，代表的是嚴肅的科學研究方法，並非敷衍了事，想要逃避良心科學事業必要的苦工，這層領悟，明顯影響了富蘭克林的轉變。我們也看得一清二楚，富蘭克林之所以跟威爾金斯、蘭德爾合不來，和她希望受到同事的平等相待有關，這樣的需求是可以理解的。她進到國王學院實驗室之後，不久便憤而反抗其階級制度，她採取攻勢，是因為她在晶體學方面的一流才華沒有受到正式認可。

那個星期，帕薩迪納方面有兩封信函捎來消息：鮑林還是離題甚遠。第一封來自戴爾布魯克，他說鮑林剛舉辦過研討會，在演講中敘述自己對於 DNA 結構的修正。最反常的是，在他的同事柯瑞還沒來得及精確測量原子間距之前，他寄到劍橋的論文稿竟然已經發表了。當這項工作終於完成時，他們才發現，有幾個原子連結處是無法接受的，微調原子間距也克服不了這些問題。[6] 因此，基於簡單的立體化學理由，鮑林的模型也不可能成立。不過，他希望他同事舒梅克提出的修正方法能挽回情勢。[7]

在改良的模型中，他們將磷原子旋轉45度，這樣才能使不同的一群氧原子形成氫鍵。鮑林的演講結束後，戴爾布魯克告訴舒梅克，他不認為鮑林是對的，因為他剛剛收到我的短箋，提到我有了DNA結構的新見解。

戴爾布魯克的評論，一下子就傳到鮑林耳裡，他馬上寫了封信函給我。他的緊張不安，在信函的第一段表露無遺——沒有切入重點，反而邀請我去參加蛋白質會議，他決定在會中增加一場核酸討論會。接著他才挑明，我之前寫給戴爾布魯克的信函上，提到新的漂亮結構，要我告訴他相關細節。

讀他的信函時，我深深吸了一口氣，因為我知道戴爾布魯克在鮑林演講當時，尚未得知互補雙螺旋一事。相反的，他指的是同類相配對的概念。幸好，等到我的信函寄達加州理工學院時，鹼基對已經有了結果。不然的話，我就得告訴戴爾布魯克和鮑林，我輕率的寫了一個概念，誕生才十二小時，而且只活了短短二十四小時就嗚呼哀哉，這下我的處境就很尷尬了。

6　1953年2月18日，鮑林寫信告訴彼得，「我正在重新檢查核酸結構，試圖稍微修改參數。我覺得原先的參數不太正確。很明顯，這種結構對幾乎所有原子來說都太擁擠了。」

7　舒梅克是加州理工學院化學家，專長為電子與X射線繞射，以興趣廣泛、才智超凡著稱。
鮑林的得力助手柯瑞是嚴謹的實驗學家，他進行必要的X射線分析來檢驗鮑林的想法。柯瑞也曾發展CPK空間填充原子模型（Space-filling atomic models），CPK為柯瑞、鮑林、柯爾頓（Koltun）三人姓氏的首字母縮寫。

舒梅克（Verner Schomaker）

柯瑞（Robert Corey）

那個星期快結束時，托德正式來訪，他和幾位年輕同事從化學實驗室一起過來。克里克很快的口頭介紹 DNA 的結構及其影響，過去這一星期，他每天都要介紹好幾遍，但熱忱絲毫不減。他那興奮的語調，一天比一天高昂，大致來說，每當唐納休或我聽到克里克的聲音正在循循善誘新面孔時，我們就會離開辦公室，直到這些新的皈依者都走了才回來，工作才得以恢復秩序。[8]

華生與克里克
攝於 DNA 模型前。[8]

8 這張照片是巴林頓布朗（Antony Barrington Brown）拍攝的，時間大約是DNA結構發表前後。身為岡維爾與凱斯學院自然科學系學生，巴林頓布朗花在校刊上的時間，比花在學習上的還多，擔任圖片編輯時，他曾開除靠不住的年輕攝影師阿姆斯壯瓊斯（Anthony Armstrong-Jones），即後來的斯諾登伯爵（Lord Snowdon）。

畢業後不久，巴林頓布朗自我標榜為專業攝影師，正因他有此才華，他的一位朋友請他拍攝雙螺旋模型，希望將DNA的相關新聞賣給《時代》雜誌。但《時代》雜誌決定不刊登這則新聞，於是退還底片，並支付0.5幾尼（guinea，英國舊制貨幣單位，現值為1.05英鎊）作為補償。這張照片現在很有名，據信它直到1968年才出現在《雙螺旋》書上。拍攝當天，巴林頓布朗也拍了華生與克里克在辦公室喝早茶的照片（詳見第29章），以及第27章中，克里克擺弄DNA模型的照片。

托德則是另一回事，因為我想聽他親口告訴小布拉格，在糖—磷酸骨幹化學方面，我們確實聽從了他的建議。托德也贊成酮式結構，他說，他那些有機化學家友人之所以畫成烯醇式，純粹是任意而為。他恭喜我和克里克做出優秀的化學研究成果，然後就離開了。[9]

不久後，我離開劍橋，在巴黎待了一個星期。去巴黎拜訪伊弗魯西夫婦的行程，早在幾個星期前就安排好了。既然我們這項工作的主要部分似乎已經完成，我看不出有何理由要延期，而且現在這趟拜訪還有個好處，我可以成為第一個將雙螺旋相關消息告訴伊弗魯西實驗室和魯夫實驗室的人。克里克卻很不高興，他告訴我，茲事體大，整整一個星期都不顧工作，未免也太久了。他叫我要認真一點，不過這話我可不愛聽——尤其是，那時肯德魯才剛剛拿查加夫的來信給克里克和我看，信函上提到我們。查加夫在信末打探了一句：不知科學界的小丑又有什麼花樣？[10]

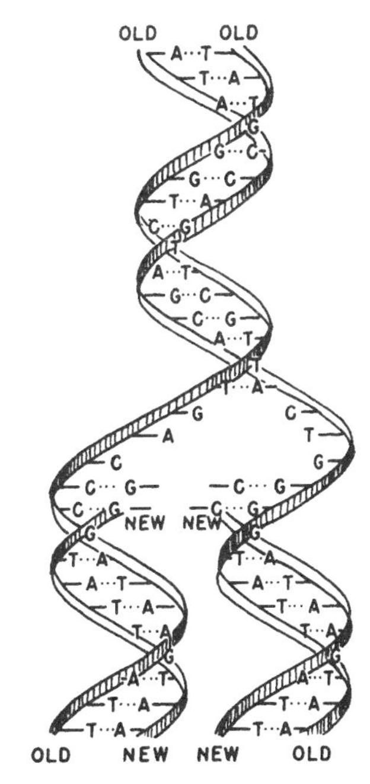

想像中的DNA複製方式，顯示兩條鏈上的鹼基序列之互補性質。

9　華生提到托德讚揚他們在「化學方面」的研究，想必有點嘲諷的意味！托德確實曾在他的自傳中讚美寫道：「那天在他們的實驗室，一看到華生—克里克模型，我立刻意識到，他們傑出的想像力發揮到極致，不僅解決了自我複製分子的根本問題，並藉此打開了通往遺傳學新世界之路。」

10　如右圖所示，DNA複製過程中，雙螺旋的兩條鏈必然會分開。然而，正如戴爾布魯克向華生所解釋的，這樣會導致問題：「我願意打賭，在你們的模型中，相互纏繞的螺旋鏈根本就不對，因為……在我看來，將兩條鏈拆解開來的難題，畢竟是無法克服的……」（1953年5月12日）。1953年7月，霍爾丹在皇家學會座談會上看到DNA模型，他比較務實。葛斯林形容當時的霍爾丹「一面抽著難聞的Woodbine菸〔廉價的英國香菸〕，一面看著它〔模型〕，看了很久，然後他說，『所以你們要的是「解纏繞的酶」（untwiddle-ase）。』」這就是十八年後才正式發現的拓樸異構酶（topoisomerase）。

第29章
終章

關於雙螺旋，鮑林最早是從戴爾布魯克那裡聽來的。在我透露互補鏈消息的那封信函末尾，我要求他不要告訴鮑林。[1] 我還是有點擔心會出什麼差錯，所以想再用幾天的時間來琢磨我們的立場，在此之前，我不希望鮑林思考以氫鍵結合的鹼基對。

然而，戴爾布魯克不理會我的要求。他想要告訴他實驗室裡的所有人，而且他知道，用不了幾小時，這則八卦消息就會從他的生物學實驗室，傳到他們在鮑林手下工作的朋友耳裡。況且，鮑林曾經要他保證，一旦從我這裡聽到消息，就要告訴他。還有一項更重要的因素：戴爾布魯克痛恨科學方面任何形式的保密，他不想再讓鮑林牽腸掛肚了。

鮑林的反應是由衷的興奮，和戴爾布魯克一樣。要是換了別的情況，鮑林八成會為自己想法的優點辯解。自我互補的 DNA 分子在生物學上的價值非同小可，鮑林不得不甘拜下風。不過，他倒是希望先看看國王學院的證據，才肯承認這件事塵埃落定。三週之後（4 月份第二週），他會去布魯塞爾參加索爾維蛋白質會議，希望到時候能搞定這件事。[2]

1 在3月12日給戴爾布魯克的信函上，華生附帶一提：
「P.S. 我們希望你不要對鮑林提起這封信函。等我們寫完給《自然》期刊的信函，理當寄一份複本給他。我們應該會把坐標寄給他。」這封信函詳見附錄一。

2 索爾維會議由企業家索爾維（Ernest Solvay）資助，自1911年起展開一系列影響深遠的物理學會議，1922年起展開一系列類似的化學會議。這次是第九屆化學會議，討論重點為蛋白質，不過，小布拉格（他也去參加會議）趁此機會，首度公開宣布DNA的雙螺旋結構。

我從戴爾布魯克的來信中得知，鮑林已經知情。這封信是在3月18日、我從巴黎回來之後才收到的。那時候我們已經不在乎了，因為支持鹼基對的證據愈來愈充分。關鍵資訊是在巴斯德研究所（Institut Pasteur）聽到的。我在那裡碰巧遇到加拿大生化學家懷亞特（Gerry Wyatt），他對DNA的鹼基比率知之甚詳，才剛剛分析過T2、T4和T6噬菌體的DNA。

鮑林參加索爾維會議（Solvay conference）時的筆記本

過去兩年以來，據說這種性質奇特的DNA缺少胞嘧啶，以我們的模型來看，這種現象顯然是不可能的。但現在懷亞特表示，他和科恩（Seymour Cohen）、赫希有證據可證實，這些噬菌體含有一種變相的胞嘧啶，稱為5—羥基—甲基胞嘧啶（5-hydroxy-methyl cytosine）。最重要的是，其數量與鳥嘌呤數量相等。這點是支持雙螺旋的絕妙證據，因為5—羥基—甲基胞嘧啶應該也是以氫鍵結合，和胞嘧啶一樣。同時令人高興的是，比起以往的任何分析研究，他們的數據準確性極高，更能說明腺嘌呤與胸腺嘧啶、鳥嘌呤與胞嘧啶的等量關係。[3,4]

The Bases of the Nucleic Acids of some Bacterial and Animal Viruses: the Occurrence of 5-Hydroxymethylcytosine

By G. R. WYATT
Laboratory of Insect Pathology, Sault Ste Marie, Ontario, Canada

AND S. S. COHEN
Department of Pediatrics, Children's Hospital of Philadelphia and Department of Physiological Chemistry, University of Pennsylvania, Philadelphia, Pennsylvania

(*Received* 11 *April* 1953)

Recent studies on the multiplication of viruses have directed attention increasingly toward their nucleic acids. Hershey & Chase (1952) have shown that most, if not all, of the sulphur-containing protein of coliphage T2, which appears to be present in the outer shell of the virus, does not enter the infected cell. However, deoxyribonucleic acid (DNA), apparently organized within the virus, is in some way transferred to the host cell, and appears, therefore, to participate more intimately in the transmission of genetic properties. On infection of *Escherichia coli* with bacteriophage T2, T4 or T6, there is immediate cessation of synthesis of ribonucleic acid (RNA) and net synthesis of DNA is detectable in about 10 min. (Cohen, 1947, 1951). A similar apparent redirection of DNA synthesis during virus multiplication is characteristic of certain induced lysogenic systems, but in this case synthesis of RNA

懷亞特與柯恩的鹼基組成分析論文

3　華生在寫給戴爾布魯克的信函上，敘述這些令人高興的結果（1953年3月22日）：「說到我們關於『腺嘌呤與胸腺嘧啶、鳥嘌呤與胞嘧啶等量』的假設，幾天前，我在巴斯德研究所碰巧遇到懷亞特。他告訴我，對鹼基的分析愈精細，他發現1：1的等量關係愈清楚。5—羥基—甲基胞嘧啶也具有這種1：1的比例關係，經過更仔細的分析，其數量似乎與鳥嘌呤的數量相等。」

780 G. R. WYATT AND S. S. COHEN 1953

mum 274 mμ., as yet unidentified. When combined, these products had an absorption spectrum close to that of deoxycytidylic acid. The conclusions drawn from these studies, however, are not altered by the substitution of hydroxymethylcytosine for cytosine.

Marshak (1951) missed hydroxymethylcytosine because of his use of perchloric acid for hydrolysis along with a chromatogram solvent system in which it happens to migrate together with guanine. This accounts for the anomalous absorption spectrum for guanine which he reported.

In spite of the considerable evidence that DNA may play a specific role in the transmission of hereditary characters, we were unable to demonstrate any difference in the composition of the DNA of the r and r^+ mutants of phages T 2, T 4 and T 6. This confirms the inference drawn from similar analyses on a number of insect viruses (Wyatt, 1952*b*) that genetic difference is not necessarily accompanied by a detectable quantitative difference in DNA composition.

A common pattern has been noted in the composition of DNA from many sources: the molar ratios (adenine)/(thymine) and (guanine)/(cytosine + 5-methylcytosine) are relatively constant and close to unity (Chargaff, 1951; Wyatt, 1952*a*). The same regularities are seen to be valid with DNA from phage T 5 and from vaccinia virus, and also with DNA of phages T 2, T 4 and T 6 except that here cytosine is replaced by 5-hydroxymethylcytosine. Whether these near-unity ratios actually signify equal numbers of the corresponding nucleotides in the molecule is as yet uncertain. The present studies, however, have served to emphasize how quantitative errors can result from small differences in experimental conditions and purity of materials, and it is our experience that successive improvements in technique have resulted in bringing the observed ratios successively closer to unity. One is tempted to speculate that regular structural association of nucleotides of adenine with those of thymine and of guanine with those of cytosine (or its derivatives) in the DNA molecule requires that they be equal in number. There is as yet, however, no direct evidence for such a theory.*

The occurrence of 5-hydroxymethylcytosine as a major constituent of the nucleic acid of a virus, none of which could be found in the host cells, presents problems of fundamental importance for the chemistry of virus production. Although discussion must at present remain largely speculative, certain possibilities may be pointed out.

We are concerned with the following pyrimidine bases:

Uracil　5-Hydroxymethyluracil　Thymine

Cytosine　5-Hydroxymethylcytosine　5-Methylcytosine

The metabolic pathways for pyrimidines appear generally to involve their ribosides and deoxyribosides rather than the free bases, and preliminary experiments by one of us (S. S. C.) indicate that this probably is the case in *Esch. coli*. In the rat, Reichard & Estborn (1951) have demonstrated that deoxycytidine can be utilized for production of thymidine, but not vice versa. Elwyn & Sprinson (1950) have implicated the β-carbon of serine as a source of the 5-methyl group of thymine, which is evidently synthesized by methylation of a preformed pyrimidine ring. Since serine cleaves to formaldehyde, we may question whether methyl-group synthesis from serine may not involve an initial hydroxymethylation followed by reduction. If this is so, 5-hydroxymethylpyrimidines (or their deoxyribosides) could be normal metabolites, inter-

* Since this was written, a structure for DNA involving such specific pairing of nucleotides has been proposed by Watson & Crick (1953).

4　懷亞特與科恩的這篇論文，提交發表於4月11日，是在DNA結構發表（4月25日）之前，但論文右下方的注釋，已提及華生與克里克的發現。

我不在時，克里克已經把 DNA 分子 A 型結構處理好了。威爾金斯實驗室先前的研究顯示，結晶 A 型 DNA 纖維一吸收水分就會增長，進而轉變為 B 型。克里克猜想，A 型結構較為緊密，應該是鹼基對傾斜、使鹼基對沿纖維軸的平移距離縮短成 2.6 埃左右所造成的。因此他開始用傾斜的鹼基來建構模型。雖然組合這種結構，顯然比組合較開放的 B 型結構難很多，但我一回來，令人滿意的 A 型模型已經在等著我。

接下來那個星期，要投到《自然》期刊的論文初稿交出去了，還寄了兩份到倫敦，請威爾金斯和富蘭克林批評指教。他們並沒有實質性的異議，除了希望我們能提到，在我們的研究之前，他們實驗室的弗雷澤曾考慮過以氫鍵結合的鹼基。弗雷澤一直都在跟「氫鍵居中連結的三鹼基原子團」打交道，當時我們並不知道細節，但我們現在知道，他所用的互變異構形式很多都是錯的。因此，他的想法似乎不值得重新挖掘出來又再迅速埋沒。

不過，當時威爾金斯對我們表示異議不太高興，所以我們只好加上這條參考資料。富蘭克林和威爾金斯的論文內容大同小異，兩篇論文都是用鹼基對來詮釋他們的研究成果。克里克一度想把我們的短文擴展成長篇大論，探討對生物學的影響。但最後他看出，短文有短文的好處，於是寫了這麼一句話：「我們主張的特殊配對，立即顯示遺傳物質可能的複製機制，這點逃不過我們的法眼。」[5]

小布拉格爵士看了幾乎是最後定稿的論文。他建議我們對文體稍加修改，然後很熱心地表示，他願意寫一封有力的推薦信，連同論文寄給《自然》期刊。DNA 的結構解開了，小布拉格真的很高興。最後的結果是卡文迪西發現的，不是帕薩迪納，這顯然是其中一個因素。更重要的是，答案的性質如此絕妙，令人意想不到，而且事實上，他在四十年前發展出來的 X 射線方法，正是洞察生命本身性質的重要核心。

3 月份最後的週末，定稿已經準備好要打字了。我們卡文迪西的打字員不在身邊，於是這份臨時工作便交給我妹妹。說服她用這種方式度過週六下午，倒是沒什麼問題，因為我們告訴她，她正在參與的，或許是自從達爾文的書以來、生物學上最有名的事件。

5　在本頁及後續兩頁中，我們轉載了有關論文發表的往來書信。
下圖為3月17日，克里克寫給威爾金斯的信函手稿：「親愛的威爾金斯：茲附上我們的信函手稿。由於小布拉格尚未過目，請勿外傳，非常感激。在此階段寄手稿給您的目的，是希望以下兩點能得到您的准許：（a）編號8的參考資料，提到您尚未發表的研究。（b）致謝部分。如果您希望我們重寫其中任何一點，請告知。如果我們在一、兩天之內未得到您的回音，我們將會假定，您對目前的形式無任何異議。吉姆去巴黎了，這幸運的傢伙。　克里克敬上」

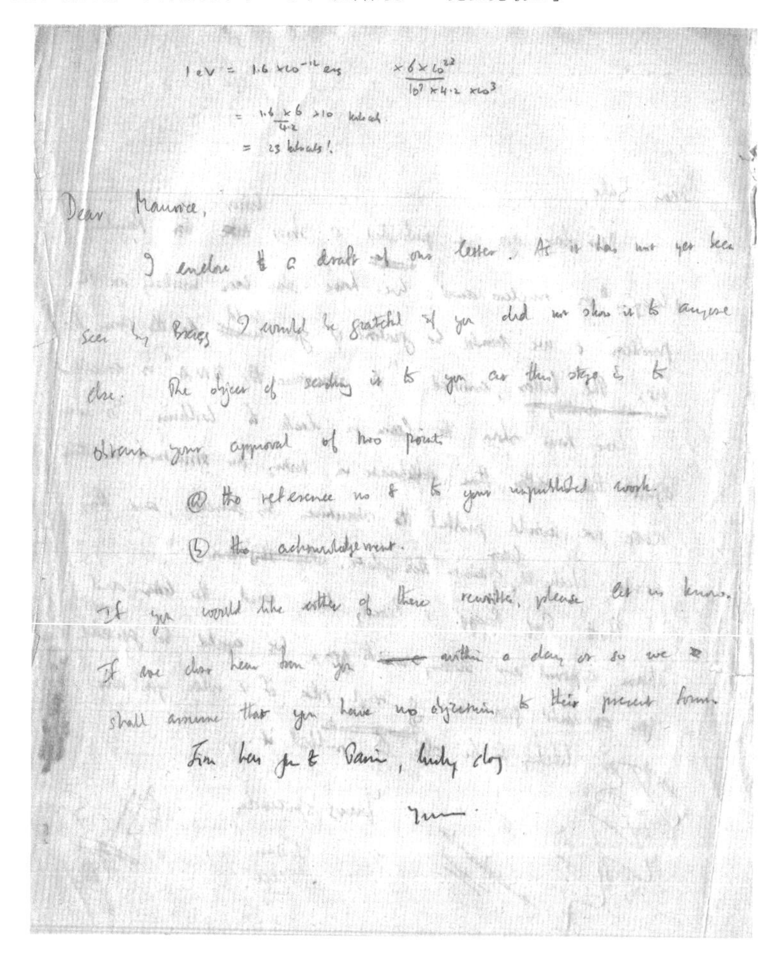

$1\ eV = 1.6 \times 10^{-12}\ ergs \quad \frac{\times 6 \times 10^{23}}{10^7 \times 4.2 \times 10^3}$

$= \frac{1.6 \times 6}{4.2} \times 10$ kilocal

$= 23$ kilocals!

Dear Maurice,

I enclose a draft of our letter. As it has not yet been seen by Bragg I would be grateful if you did not show it to anyone else. The object of sending it to you at this stage is to obtain your approval of two points

(a) the reference no 8 to your unpublished work.

(b) the acknowledgement.

If you would like either of these rewritten, please let us know.

If we don't hear from you within a day or so we shall assume that you have no objection to their present form.

Jim has gone to Paris, lucky dog

Yours

華生的巴黎之行，和他們寄初稿到倫敦的時間，似乎有點出入。3月18日，威爾金斯回信給克里克：「我以為你們是一對老頑童，沒想到你們竟然深藏不露。這想法我很喜歡。謝謝你們寄來的論文稿。我有點不服氣，因為我認為，嘌呤與嘧啶的比率為1：1有重大意義，已經有了四鹼基平面組合的概略想法，正打算深入研究，而且由於我又重新回到螺旋的方案，給我一點時間，我也許想得到答案。但沒什麼好抱怨的——我認為，這個概念非常令人激賞，究竟是誰想到的，根本無所謂……我們應該要發表短文，附上圖片，說明一般的螺旋案例……此刻我剛聽到消息，螺旋競賽有了新的參賽者。富蘭克林和葛斯林又端出我們十二個月前的想法來炒冷飯。看來他們應該也會發表一些東西（他們都寫好了）。所以《自然》期刊至少有三篇短文。身為參賽者之一，這是一場很棒的競賽。」

BIOPHYSICS RESEARCH UNIT,
KING'S COLLEGE,
STRAND,
LONDON, W.C.2.
TELEPHONE: TEMPLE BAR 5651

Mon.

Dear Francis

It looks as though the only thing is to send Rosy's & my letters as they are & hope the Editor doesn't spot the duplication. I am so browned off with the whole madhouse I dont really care much what happens. If Rosy wants to see Pauling what the hell can we do about it? If we suggested it would be nicer if she didnt that would only encourage her to do so. Why is everybody so terribly interested in seeing Pauling?

If you like to put in a good word for me for a trip to Pasadena OK. We will post a copy of Rosy's thing to you tomorrow. I dont see why we have to have a meeting

I feel your remarks about Bruce's model, in your note,

3月23日，威爾金斯寫信向克里克表達自己的感覺，生動一如往常。「我對整個瘋人院感到厭煩至極，我真的不太在乎發生什麼事……」

他討論了幾件事情：第一、協調論文（「看來，唯一的辦法，就是將富蘭克林和我的信函寄去，一字不改，希望編輯不會發現重複」，以及最後一句「P.S. 葛斯林與富蘭克林有你們的東西，所以每個人都會看過其他人的」）。第二、鮑林即將造訪劍橋和倫敦（「如果富蘭克林想要跟鮑林見面，我們能怎麼辦？……現在葛斯林也想見鮑林！統統見鬼去吧。」）。第三、他堅守他的立場，希望華生與克里克在論文中提到弗雷澤的模型：「我覺得，你們在便箋裡對弗雷澤模型的評論不是很妥當。何必這樣呢？我指的是『該文指稱，鹼基……上面』那段。我建議改成：『在他的模型中，磷酸基位於外側，以氫鍵結合的平面鹼基群位於內側。該模型有許多（或嚴重）缺點，我們在此不予討論。』並且把這整段放在括弧裡。」

not in very good style. Why be
better about it? I refer to
"It is stated that the bases - - . on it".
I suggest . (In his model the phosphates
are on the outside & the bases are
hydrogen bonded in planar groups
inside. The model has many (or serious) weaknesses
which we will not discuss here.) & Put it
all in brackets.

Now Raymond wants
to see Pauling too!

To hell with it all.

M.

P.S. Raymond & Rosie
have your thing so everybody
will have seen everybodys elses

克里克和我站在她背後，看著她打出這篇九百字的文章，開宗明義是「我們擬提出去氧核糖核酸（DNA）鹽之結構。此結構之新奇特徵，在生物學上具有重大意義。」星期二，論文稿送到小布拉格的辦公室，然後在4月2日星期三寄出去，給《自然》期刊的編輯。[6]

鮑林於星期五晚上抵達劍橋。他在前往布魯塞爾參加索爾維會議途中，順道來此停留，一來是看彼得，二來則是看模型。彼得不假思索，竟安排鮑林住在老媽那裡，不久我們就發現，他寧可住飯店。即使吃早餐時有外國女孩在場，也彌補不了他的房間裡沒熱水。

星期六早上，彼得帶他來辦公室，他先和唐納休打招呼，閒聊加州理工學院的消息，之後便開始檢查模型。雖說他還是想看國王學院實驗室的定量測量結果，但我們拿富蘭克林的原始B型照片給他看，用來支持我們的論點。所有正確的牌都在我們手上，因此他很有風度的表示：我們找到答案了。[7]

後來小布拉格進來找鮑林，把鮑林和彼得接去他家吃午餐。當天晚上，鮑林父子連同伊麗莎白和我，一起去葡萄牙廣場街與克里克夫婦共進晚餐，或許因為鮑林在場，克里克安靜不少，讓鮑林在我妹妹和歐蒂面前展現魅力。雖然我們喝了不少勃艮第葡萄酒，席間談話卻一直熱絡不起來，而且我覺得，鮑林寧可跟我這個乳臭未乾的晚輩聊天，也不想跟克里克說話。沒聊多久，鮑林累了，因為他還在過加州時間，有時差，於是聚會在午夜時分結束。

6　波莫瑞是洛克菲勒基金會（Rokefeller Foundation）自然科學計畫的副主持人，1953年4月1日正好在卡文迪西訪問。對於當時那裡的氣氛，從發現結構到論文發表的這段期間，波莫瑞的日記提供了唯一的個人記載：「今天卡文迪西充滿興高采烈的氣氛……從晶體學而不是從化學的角度來看，他們深信，他們確實解開了核酸的結構。他們的線索來自蘭德爾實驗室製作的美妙X射線圖，以及劍橋一直在同時進行的某些研究。他們正在為大約一百八十公分高的巨大模型，做最後的收尾工作……（兩個小伙子）是華生和克里克……這兩個年輕人都有點瘋瘋癲癲的，以特有的劍橋作風，他們喜不自勝、侃侃而談他們的新結構，很難想像，他們其中一位竟然是美國人……不過，無論熱情或能力，（他們）肯定一樣也不缺。」

波莫瑞（Gerald Pomerat）

CLUB DE LA FONDATION UNIVERSITAIRE

TÉLÉPHONES { 11.81.00 (4 LIGNES) / 12.24.22 (PERMANENT ET LE DIMANCHE)
CHÈQUES POSTAUX N° 1039.46
ADRESSE TÉLÉGRAPHIQUE : "FONDUNI-BRUXELLES"

BRUXELLES, LE 6 April 1953
11, RUE D'EGMONT

Dearest little love:

I've just arrived, safely, in Brussels, and am in my room. No one else seems to be here. Synge and Adair were in the London bus terminal, and Peter and I had coffee with them in the buffet, about noon. They came on the plane with me (S+A) but are in a hotel, rather than this club. I shall go for a walk now, and have dinner, and go to bed. The town seems to be very quiet - it's Easter Monday, a bank holiday in England.

I saw Dorothy and Thomas - they passed through Cambridge on the way to visit D's mother.

Peter is in fine shape - his face not yet clear, but perhaps a bit better. He is cutting a wisdom tooth. He flies tomorrow to Paris. He liked the stuffed dates and cookies. I overlooked his vest. Anyway, he has a bright red one, with brass buttons - they are popular with the boys.

We had lunch with the Braggs, & their two daughters. The talk was much about Crellin. The Braggs are looking forward to their trip to California.

I dined with Bragg & Roughton last night in Trinity College. I didn't see the Todds, nor the Rothschilds & Tylers - they were in Rushbrooke.

The flight from London was nice, but a bit cloudy & a bit rough. Our bus

7 鮑林很有風度，接受了華生與克里克才是對的，這在他4月所寫的信函上表露無遺。這三張圖為鮑林於1953年4月6日甫抵達比利時、寫給妻子艾娃的信函。最後一段如下：「我看了國王學院的核酸照片，也跟華生與克里克談過了，我認為，我們的結構可能是錯的，他們的才是正確的。」

4月20日，他寫信給戴爾布魯克：「華生—克里克結構令我大開眼界……儘管他們的結構仍有可能是錯的，但我認為極有可能是對的。如您所言，此結構具有非常重大的意義。我認為，這是長久以來向前邁進最重要的一步。」

from the airport met a 4-engined plane coming toward us on the road. Our driver turned the bus around, shot back up the road ahead of the plane (which took up the whole road) and then off to one side. This is an unusual hazard.

I haven't yet learned what my schedule is for the week, nor who will be here (some I know about). I am already pretty lonesome, after five days.

I have seen the King's College nucleic acid pictures, and talked with Watson and Crick, and I think that our structure is probably wrong, and theirs right.

Much love from

Daddy

隔天下午，伊麗莎白和我飛往巴黎，再隔一天，彼得在那裡跟我們會合。十天之後，伊麗莎白就要搭船去美國，再去日本，嫁給她在大學時代認識的美國人。這是我們最後幾天無憂無慮相聚的日子。這種無憂無慮，可以看出我們當年逃離美國中西部及令人羈絆的美國文化的精神。

星期一早上，我們去聖奧諾雷街（Faubourg St. Honoré），看它那優雅的面貌最後一眼。我在那裡看到一家店，擺了很多漂亮的陽傘，這才想到，應該買一把當她的結婚禮物，於是我們趕緊買下來。後來，她找朋友出來喝茶，我則往回走，穿過塞納河，走到我們的飯店，離盧森堡公園（Palais du Luxembourg）不遠。當天晚上，彼得會來找我們，一起慶祝我的生日。但眼下我獨自一人，看著聖傑曼德佩區一帶的長髮姑娘，我知道她們都不適合我。我已經二十五歲，老到沒人稀罕了。[8]

聖傑曼德佩區（St. Germain des Prés）的咖啡店，1950 年左右。

雙螺旋論文發表後，克里克與華生在卡文迪西喝早茶。

8　華生用類似的心情，寫信給戴爾布魯克（1953年3月23日）：「對於我們的DNA結構，我有一種頗為奇怪的感覺。假如它是對的，我們顯然應該迅速跟進。反過來說，同時也難免想要徹底忘記核酸，好專注於生活的其他方面。在巴黎時，我的心情比較像是後者，如我所料，巴黎是目前為止、我所知道最有意思的城市。」

原版《雙螺旋》後記

本書中提到的人物，幾乎都還在世且活躍於學術界。凱爾喀已來到美國，擔任哈佛醫學院生化教授，[1] 肯德魯與佩魯茲兩人則是留在劍橋，他們在那裡持續從事蛋白質的 X 射線研究，因而獲得 1962 年諾貝爾化學獎。[2,3] 小布拉格爵士於 1954 年搬到倫敦，就任英國皇家研究院院長，他對蛋白質結構始終保持濃厚興趣。[4] 赫胥黎在倫敦待了幾年，之後又回到劍橋，研究肌肉收縮的機制。[5] 克里克在布魯克林待了一年，後來回到劍橋，研究遺傳密碼的性質與功能，過去十年來，他一直是該領域公認的世界權威。[6]

若干年來，威爾金斯持續致力於 DNA 研究，直到他和同事證實，雙螺旋的主要特徵正確無誤，不容置疑。在對核糖核酸結構做出重大貢獻後，他的研究方向已轉為神經系統的組織與功能。[7] 彼得．鮑林現居倫敦，在大學學院

1 凱爾喀（1908－1991）最初先轉往美國國立衛生研究院，後來的職業生涯皆在美國度過。

2 肯德魯（1917－1997）對於科學政策變得愈來愈投入，成為建立歐洲分子生物學組織與實驗室（European Molecular Biology Organization and Laboratory）的領袖人物。

3 佩魯茲（1914－2002）後來的職業生涯，始終留在分子生物學實驗室。他經常為《紐約書評》撰寫評論，曾出版論文選集。

4 小布拉格（1890－1971）著手振興英國皇家研究院的資產，特別著重於教育。他對測定蛋白質結構持續做出貢獻。1965 年，小布拉格慶祝榮獲諾貝爾獎五十週年。

5 赫胥黎（1924－2013）返回英國之前，在麻省理工學院待了兩年。赫胥黎於 1962 年加入劍橋分子生物學實驗室，1987 年轉往布蘭代斯大學（Brandeis University）擔任生物學名譽教授。

6 克里克（1916－2004）的研究重心轉為胚胎發育，後來則致力於研究染色體內的 DNA 組織。1977 年，他加入沙克研究所（Salk Institute），研究記憶以及意識的性質。

7 威爾金斯（1914－2006）追求本身對於科學及社會方面的興趣。他成為英國科學社會責任協會（British Society for Social Responsibility in Science）首任會長，曾積極參與帕格沃什（Pugwash）與核裁軍運動（Campaign for Nuclear Disarmament）。

（University College）教化學。他的父親最近剛從加州理工學院退休，結束了活躍的教學生涯，目前的科學活動著重在原子核結構與理論結構化學方面。[8]我妹妹在遠東地區旅居多年後，目前與出版商丈夫及三個孩子住在華盛頓。

以上諸位人士對於種種事件與細節如有不同的記憶，只要他們願意，隨時可以指正。但是有一個不幸的例外。1958 年，富蘭克林英年早逝，享年三十七歲。由於我最初對她的印象往往有誤，無論在科學或個人方面（如本書前面篇幅之記載），所以我想在此介紹她的成就。

她在國王學院進行的 X 射線研究日益受到重視，公認是一流的研究。單憑整理出 A 型與 B 型結構，就能讓她一舉成名；更令人佩服的是，她在 1952 年利用派特森疊加法，證明磷酸基必須位於 DNA 分子的外側。後來，當她轉往貝爾納實驗室時，她著手研究菸草嵌紋病毒，把我們對於螺旋結構的定性概念，迅速延伸為精確的定量描述，確實建立主要的螺旋參數，並且確認核糖核酸鏈的位置，是在中央軸的外圍。[9]

由於那時我正在美國教書，所以我見到她，不像克里克那麼頻繁，當她需要建議、或是做出什麼美妙的成果時，常常會去找克里克，確保他也認同自己的推論。我們早先的爭執，那時候全都忘得一乾二淨了，克里克和我都十分欣賞她個人的誠實與寬宏大量。

在科學界，女性往往被視為只不過是嚴肅思考以外的調劑，多年之後，我們才明白，一個聰慧女子為了受到科學界認可所面臨的種種掙扎，但是卻為時

8　鮑林（1901－1994）於1963年自加州理工學院退休，成為「服用大量維生素C可預防感冒與癌症」的倡導者。1973年，他成立分子矯正醫學研究所（Institute of Orthomolecular Medicine），推廣該領域之研究。

9　富蘭克林的地位，在她的研究領域數一數二。例如1957年，她在菁英齊聚的CIBA病毒性質學術研討會（CIBA Symposium on The Nature of Viruses）中發表論文，是三十四位與會者當中唯一的女性，其中有六人後來獲得諾貝爾獎。哈靈頓爵士（Sir Charles Harrington）在閉幕致詞時提到「……由威廉斯博士與富蘭克林博士宣讀的絕妙論文。」

已晚。當富蘭克林自知身患絕症時，她並沒有怨天尤人，反而鞠躬盡瘁，直到過世前幾個星期還在工作。富蘭克林的勇氣與正直，足以為人表率，是大家有目共睹的。

1956 年 4 月 2 日，國際晶體學聯合會學術研討會（International Union of Crystallography Symposium）於馬德里召開，如照片所示，富蘭克林與專業同仁齊聚一堂。由左至右分別為庫利絲（佩魯茲助理）、克里克、卡斯帕（Don Caspar）、克魯格、富蘭克林、歐蒂（克里克夫人）、肯德魯。

諾貝爾獎

以下為華生所寫的《避免無聊人士》一書中，〈諾貝爾獎禮儀〉章節之刪略版本（克諾夫出版公司與牛津大學出版社，2007 年）。

諾貝爾獎章的正面

獲得諾貝爾獎提名的人，不應該知道他們的名字已經被提出來。瑞典學院負責審核候選人及頒發獎項，他們在提名表格上明文規定這項政策。然而，莫納德（Jacques Monod）卻沒能對克里克保守這個祕密：1 月時，有一位斯德哥爾摩卡羅琳學院的成員，請莫納德提名我們角逐 1962 年諾貝爾生理學或醫學獎。[1] 接著，克里克在那年的 2 月訪問哈佛大學及演講，當我們在一家中菜館吃晚餐時，他又不小心說溜了嘴。但他跟我說，我們應該守口如瓶，免得這件事傳回瑞典。

自從我們發現雙螺旋以來，一直有傳聞說，我們可能會因為這項發現而獲得諾貝爾獎。在我母親於 1957 年去世之前，哈金斯就是這麼告訴她的，哈金斯是當時芝加哥大學最有名的臨床醫師科學家，這真是令我受寵若驚。[2]

雖然很多人原本對「DNA 複製涉及鏈分裂」抱持懷疑態度，但是在

1 卡羅琳學院（Karolinska Institutet）是瑞典國王卡爾十三世（King Karl XIII）於1810年創立的，目的是為了培訓軍醫。諾貝爾大會（Nobel Assembly）由卡羅琳學院的五十位教授組成，負責頒發諾貝爾生理學或醫學獎。

2 哈金斯（Charles Huggins）是芝加哥大學的癌症研究員及醫師，他研究荷爾蒙對前列腺癌及乳癌的影響，因而獲得1966年諾貝爾生理學或醫學獎。勞斯（Peyton Rous）與哈金斯共同獲得當年的諾貝爾獎，因為五十五年前，勞斯發現某些自發性的雞腫瘤是由病毒引起的。

1959 年，科恩伯格（Arthur Kornberg）與 DNA 模型合影。

1958 年梅瑟森—斯塔爾實驗（Meselson-Stahl experiment）證明這種現象之後，質疑的聲浪才平息下來。至於雙螺旋的正確性，瑞典學院當然是毫無疑問，因為他們把 1959 年生理學或醫學獎的一半獎金頒給科恩伯格，他以 DNA 為模板合成互補 DNA 的酶，因而獲獎。科恩伯格知道自己獲得諾貝爾獎後不久，喜氣洋洋的他在拍照時，手上還捧著我們的 DNA 展示模型呢！

當年諾貝爾生理學或醫學獎將在 10 月 18 日宣布，隨著日期逼近，我自然是緊張萬分。可想而知，負責的瑞典教授要求的被提名人不只一位，反映了初審期間的意見分歧。

儘管如此，在獎項宣布的前一晚，當我上床時，忍不住幻想著，自己被瑞典一大早打來的電話吵醒。結果，我因為得了重感冒，竟然很早就醒了，頓時覺得很沮喪，因為斯德哥爾摩那邊一點消息也沒有。

我蓋著電熱毯直打哆嗦，早上八點十五分，電話鈴聲響了也不太想起床。我衝進隔壁房間，接起電話，很開心的聽到瑞典報社記者的聲音告訴我：克里克、威爾金斯和我榮獲諾貝爾生理學或醫學獎。他問我感受如何，我竟然只說得出「太美妙了！」。

我先打電話給爸爸，然後打給妹妹，分別邀請他們陪我去斯德哥爾摩領獎。沒多久，我的電話開始響個不停，因為朋友打來恭喜我，他們已經從收音機裡的晨間廣播聽到新聞。也有電話是記者打來的，但我告訴他們，等我早上去哈佛教完病毒學課程之後，再來找我。我覺得，跟爸爸一起吃早餐沒必要匆匆忙忙，所以當我走進教室時，上課時間已經快過了一半，滿滿一大群學生和朋友，正盼著我到來。黑板上大字寫著：華生博士剛剛獲得諾貝爾獎。

這群人顯然不想上病毒課了，所以我跟大家閒聊說，當我們第一次看到，鹼基對塞進 DNA 雙螺旋裡竟然剛剛好時，感受也是同樣的興高采烈，而且威爾金斯也同時獲獎，我有多高興。正是他的結晶 A 型 X 射線照片告訴我們，極有規律的 DNA 結構在等著我們發現。要不是鮑林考慮的結構不夠周詳，讓克里克和我回到這場 DNA 競賽，威爾金斯說不定會成為第一個看出雙螺旋的人，因為他在富蘭克林轉往伯貝克學院的那一刻，便積極恢復 DNA 的研究工作。得知獲獎消息時，威爾金斯正好在美國短期訪問，於是他在史隆—凱特琳研究所（Sloan-Kettering Institute）大大的 DNA 模型旁舉行記者會。

諾貝爾獎規定，獎金最多只能由三個人平分，要是富蘭克林還健在的話，這項存在已久的規定，就算不致無解、也會產生很尷尬的兩難。但是很遺憾，在發現雙螺旋之後不到四年，富蘭克林不幸罹患卵巢癌，於 1958 年春天過世。

下課後，我很快就發現，自己手上拿著香檳酒杯，在跟美聯社、合眾國際社、《波士頓環球報》、《波士頓旅行家》的記者交談。他們的報導被全國各大媒體轉載，哈佛大學新聞室把剪報都拿來給我了。在這些剪報上，通常都附有美聯社的照片，秀出我面對班上同學講課、或是捧著 1953 年在卡文迪西建構的雙螺旋展示模型。

關於潛在的實際應用，我試圖輕描淡寫，很謙虛的表示，我們這項研究的

Nobel Winner Holds Regular Class

如剪報所示，在宣布諾貝爾獎的當天早上，華生在哈佛的課堂上與學生交談。

1962年10月18日，華生在哈佛召開記者會。

後續成果，不見得能治療癌症。我頭昏腦脹、聲音明顯沙啞，強調：我們還無法根除普通感冒。結果，這句話成了10月19日《紐約時報》的「今日金句」。當被問到，我會如何花掉這筆錢時，我說，可能會用在房子上，絕對不會用在集郵之類的嗜好上。至於「我們的研究，會不會導致人類的基因愈來愈好？」這個問題，我的回答是：「如果你想生出聰明的小孩，你應該娶個聰明的老婆。」

多蒂夫婦保羅和赫爾嘉（Paul and Helga Doty）在他們柯克蘭廣場街（Kirkland Place）的家裡，臨時安排了一場狂歡派對，讓我那些劍橋的朋友幫我慶功。[3] 先前我跟克里克通過電話，大西洋彼岸的劍橋也是一樣興高采烈。[4] 一兩天之內，我收到八十封左右的賀電，隔一個星期又收到兩百封左右的信函，最後這些都必須一一致謝。

3　多蒂家舉辦派對，右圖為七箱梅西耶（Mercier）香檳的收據。

My dear Jim,

It was nice of you to ring up on the 18th. I'm sorry if I was incoherent, but there was so much noise I could hardly hear what you said. I hear you had a good party the next day and also that you plan to spend the prize on women!

4　1962年10月30日，克里克寫信給華生（左上圖），說劍橋的慶功宴辦得很好。克里克在同一封信函上談到諾貝爾獎演說，提議威爾金斯負責講結構的部分、華生負責論述RNA、克里克負責介紹遺傳密碼。

由於小布拉格（我們從前在卡文迪西的老闆）暫時住院，因此他請祕書代他寫信道賀。唯獨普西校長稱我為「華生先生」，他寫道：「您一定會不斷收到許多賀詞，顯得我這句恭喜幾乎是錦上添花。」[5] 而且我不得不納悶，當初我支持哈佛教授休斯競選參議員，是不是失算了，因為不是休斯，反而是另一位候選人甘迺迪抽空寫道：「您的貢獻，是我們這個時代最令人振奮的科學成就之一。」[6]

難免也有來信表達的不是祝賀，而是寫信者個人的喜好。例如，有一位棕櫚灘人士宣稱，表親結婚是貽害人類之萬惡根源。我很想回信問他，他的祖先是不是有過這類的婚姻。有一位住在帕果帕果（Pago Pago）的十七歲薩摩亞少女，她寫來的信函比較悲慘（但也很奇怪），她首先感謝天主的慈愛，然後自我介紹說，她的名字是瓦西瑪·華生（Vaisima T.W. Watson）。她指望我是她父親湯瑪斯·威利斯·華生（Thomas Willis Watson）的親戚，他是二次世界大戰期間美國海軍陸戰隊補給士官。湯瑪斯回到美國之後，瓦西瑪的母親便再也沒有他的消息。我在回信中指出，華生是很常見的姓氏，光是波士頓電話簿上，姓華生的人就有好幾百個。

不久，即將到來的諾貝爾週行程（至少是大致行程）遠從斯德哥爾摩寄來給我。我和我的客人都被安排住在格蘭德大飯店（Grand Hotel）。我個人的費用由諾貝爾基金會支付，如有妻子兒女同行，他們的食宿也包括在內。由於我要負責自己的交通費用，因此諾貝爾基金會將預付部分獎金，供我買機票。頒獎典禮在斯德哥爾摩音樂廳舉行，依照慣例是在 12 月 10 日，因為在 1896 年

5 普西（Nathan M. Pusey）自 1953 至 1971 年擔任哈佛大學校長。他曾為全體教師辯護，以免受到麥卡錫的攻訐。但 1969 年，學生占領大學堂（University Hall）行政大樓期間，他的所作所為使他的任期受到影響，因為他召來國家及地方警力，全副防暴裝備，用催淚瓦斯淨空大樓。禁止哈佛大學出版社出版《雙螺旋》的人，正是普西（詳見附錄四）。

6 休斯（Henry Stuart Hughes）是哈佛大學歷史學家，曾以獨立候選人的身分，競選甘迺迪總統未屆滿的參議院席位，共同角逐者為當時總統的么弟愛德華·甘迺迪（Edward M. Kennedy）。休斯支持裁減軍備，此乃古巴飛彈危機的後續責任，因為當時美軍武力已迫使蘇聯讓步。果不其然，休斯在選舉中敗給了愛德華·甘迺迪。

的這一天，諾貝爾（Alfred Nobel）逝世於義大利聖雷莫（San Remo），享年六十三歲。

他們希望我能提早幾天抵達，參加兩場歡迎酒會，第一場是由卡羅琳學院宴請得獎人，第二場則是由諾貝爾基金會宴請和平獎以外的所有得主，和平獎得主通常是在奧斯陸領獎，由挪威國王頒發。頒獎典禮及隔天晚上在皇宮的宴會，我都要穿燕尾服、繫白色領結。外交部會派初級官員來機場接我，他會陪同我參加所有官方活動，並且在我離境時為我送行。

[7] 肯德魯

[7] 佩魯茲

當年的化學獎頒給肯德魯和佩魯茲，令這場盛會更有意義，他們分別因為闡述肌紅蛋白與血紅蛋白的三維結構而獲獎。同一年的生物學獎及化學獎，頒給在同一間大學實驗室工作的科學家，這在諾貝爾獎史上前所未有。[7] 肯德魯和佩魯茲的獲獎喜訊，比我們的晚了幾天才宣布。

物理學獎也在同一天頒給俄羅斯的理論物理學家蘭道（Lev Landau），獲獎理由是他在液體氦方面的開創性研究。遺憾的是，最近一場可怕的車禍，導致他的腦部嚴重受傷，因此他不克前來斯德哥爾摩共襄盛舉。在發現雙螺旋之後，俄羅斯出生的物理學家加莫夫曾說，我令他想起年輕時的蘭道，這話真是太抬舉我了。[8] 最後宣布的文學獎頒給小說家史坦貝克（John Steinbeck），頒獎典禮後，他將在斯德哥爾摩市政廳的盛大晚宴上發表諾貝爾獎演說。

7 肯德魯與佩魯茲在分子生物學實驗室慶祝諾貝爾化學獎宣布。

8 1963年，加莫夫繫著RNA領帶俱樂部的領帶，攝於冷泉港實驗室。加莫夫是物理學家，最有名的貢獻為宇宙學的大霹靂理論（Big Bang Theory）。雙螺旋論文發表後，加莫夫是率先嘗試解決遺傳密碼問題的科學家之一。加莫夫寫了一系列暢銷的科普書籍，主角為虛構人物湯普金斯先生（Mr. C. G. H. Tompkins）。在一篇加莫夫投給《美國國家科學院院刊》的論文上，湯普金斯也掛名共同作者。美國國家科學院不覺得有趣，退回了論文稿。

幾天以來，我殷殷期盼 11 月 1 日在白宮舉行的國宴，直到最後一刻才收到邀請。雖然這場盛會主要是宴請盧森堡大公爵夫人（grand duchess of Luxembourg），但我更希望看到美國皇室夫婦在場。才不過六個月前，風度翩翩的他們曾宴請美國籍的 1961 年諾貝爾獎得主，所以我心想，這次或許有幸能坐在總統夫人賈姬（Jackie）身旁。

蘭道

不過，諸如此類的念頭，一下子統統給古巴飛彈危機攪亂了。甘迺迪總統在 10 月 20 日星期一向全國發表的演說，不是那種給自己一個人聽的。我緊張兮兮，跑去多蒂家觀看這場演說，因為他們家的電視螢幕比較大。演說還沒結束，我便心裡有數，在如此嚴重的情勢下，非關政治的國宴八成會取消。從那時起，想必總統的注意力會集中在「蘇聯會不會因為美國封鎖古巴而挑釁」的問題上，這麼說來，發生核戰的前景顯得非常真實。

[8] 加莫夫

接下來那幾天，我不得不懷疑，一個月後我是否去得了斯德哥爾摩，因為蘇聯很有可能會對柏林進行封鎖。所幸，赫魯雪夫（Nikita Khrushchev）不到一個星期就讓步了。到了那時候，重新安排晚宴招待公爵夫人已經太遲了。不過，白宮方面竟然還記得我，邀我出席 12 月宴請智利總統的午餐會。

多蒂是華生在哈佛大學的良師益友及擁護者。

然而，看到白宮信封的喜悅，一下子就消失了，因為我打開一看，發現日期正好與諾貝爾週撞期。我一直盼望，也許另一場白宮活動還有我的份。可是到了新的一年，我就不再是當紅一時的名人了。

芝加哥大學的訪問行程，是在諾貝爾獎宣布前幾個月就安排好的，頓時成了媒體活動，還臨時安排去參觀我從前就讀的文法學校和高中。那天回來參觀侯瑞斯曼恩文法學校的，還有布朗（Greta Brown），她是我從五歲到十三歲在那裡念書時的校長。先前她寫了一封很溫馨的信函給我，回顧我的賞鳥歲月，同時也感到很遺憾，我深受敬愛的母親已不在人世，享受不到我勝利的喜悅。

學校禮堂大爆滿，我在講台上致詞，再一次凝視著禮堂裡漂亮的 WPA 大壁畫。第二天，《芝加哥每日新聞》的報導幾乎占了一整頁，標題是「英雄返校」，並引述一位老師回憶我是「人小志氣大」。後來在南岸高中（South Shore High School）致詞時，我面對更多的觀眾，包括從前教我生物學的李老師（Dorothy Lee），她在我高二那年對我鼓勵良多。

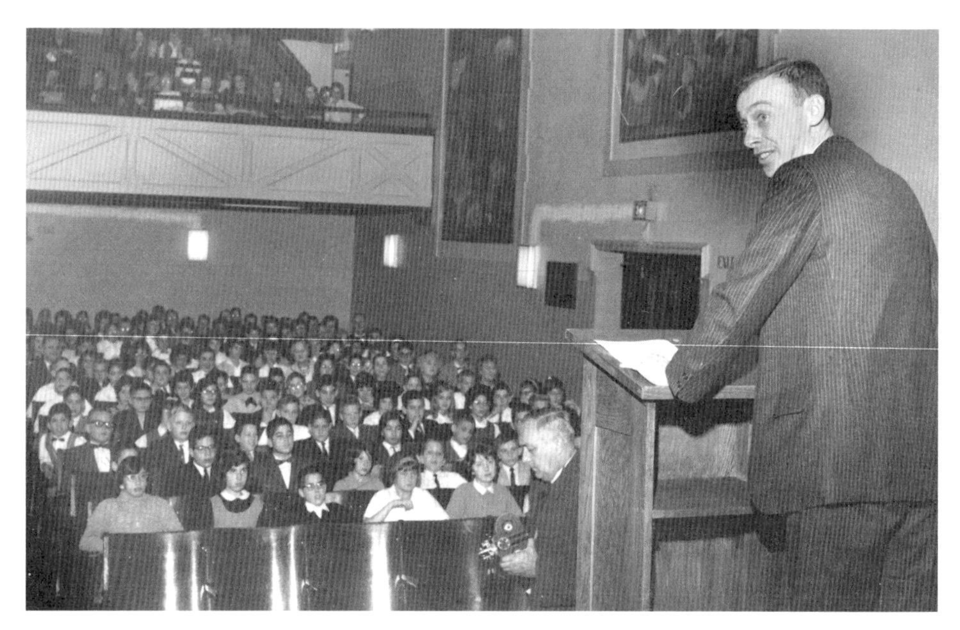

華生在侯瑞斯曼恩文法學校（Horace Mann Grammar School）為學生致詞。

隔天我繼續飛往舊金山，去史丹福大學演講科學題目。然後我又跨越海灣，前往柏克萊，借宿在格拉澤夫婦唐恩和邦妮（Don and Bonnie Glaser）家。兩年前，唐恩以他的氣泡室發明獲得諾貝爾物理獎，使得他們將婚禮日期提前，這樣他們才能以夫妻的身分，一起飛往瑞典領獎。

在邦妮的賀電裡，她鼓勵我把目光鎖定在瑞典公主身上，她說，德西瑞公主（Desiree）既優雅又美麗，而且比她的兩位姐姐健談。我告訴他們，我有一封加州理工學院的朋友（物理學家費曼）發來的電報，其中也提議同樣的情景，而且更挖苦我：「他在那兒遇見美麗的公主，他們從此過著幸福快樂的生活。」[9]

不久，我在哈佛全心全意準備即將到來的諾貝爾獎演說。威爾金斯要講的是，他在國王學院實驗室的研究證實了雙螺旋；克里克主要是講遺傳密碼；我要講的則是 RNA 在蛋白質合成時的作用。幸好，我過去這五年來在哈佛教的科學課程，和諾貝爾獎演說差不了多少。

那時候，我已經在 J. Press 的劍橋分店買好規定要穿的白領結服裝，J. Press 的第一家店開在紐黑文（New Haven），長期以來為耶魯的大學生供應品質極佳的時髦服裝。他們來哈佛開店後不久，我開始在他們奧本山街（Mt. Auburn Street）的店裡買我的西裝，因為我發現，他們的衣服是少數找得到、

9 下圖為費曼（Richard Feynman）發來的賀電，署名「Gly」代表甘氨酸（glycine），為費曼在RNA領帶俱樂部的綽號。

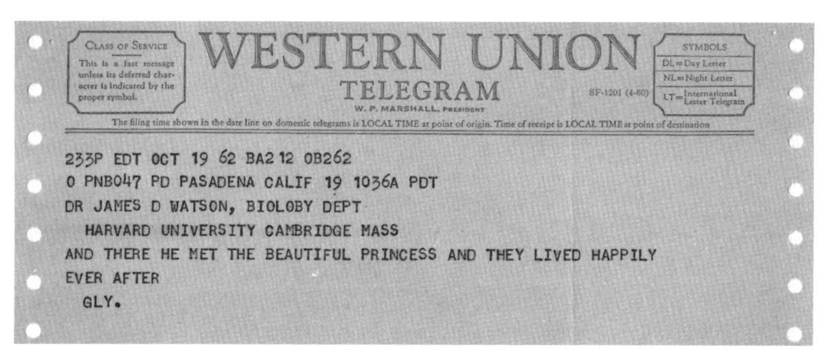
WESTERN UNION
TELEGRAM
W. P. MARSHALL, PRESIDENT

CLASS OF SERVICE
This is a fast message unless its deferred character is indicated by the proper symbol.

SYMBOLS
DL=Day Letter
NL=Night Letter
LT=International Letter Telegram

SF-1201 (4-60)

The filing time shown in the date line on domestic telegrams is LOCAL TIME at point of origin. Time of receipt is LOCAL TIME at point of destination

233P EDT OCT 19 62 BA2 12 OB262
O PNB047 PD PASADENA CALIF 19 1036A PDT
DR JAMES D WATSON, BIOLOBY DEPT
HARVARD UNIVERSITY CAMBRIDGE MASS
AND THERE HE MET THE BEAUTIFUL PRINCESS AND THEY LIVED HAPPILY
EVER AFTER
GLY.

適合我這種瘦長體型的。我人逢喜事精神爽，店員大概感覺得出來，兩三下就說服我，讓我同時買了 8 月才穿得到的毛領黑色外套。

12 月 4 日下午，我妹妹在紐約和爸爸跟我會合，一起搭乘北歐航空公司的航班。我們的計畫是在哥本哈根停留兩晚，去探望伊麗莎白和我在 1950 年代初住在那裡時結識的朋友。但飛越大西洋後，飛行員發現哥本哈根上空有濃霧、無法降落，結果發現，我們已經到達斯德哥爾摩，比預定的抵達日期提早了兩天。

過海關時，我們彷彿是外交代表團，豪華禮車飛也似的，把我們護送到鼎鼎有名的格蘭德大飯店（建於 1874 年）。我的房間是飯店裡最高級的，可以看到對面的皇宮。不久，我和妹妹、爸爸及年輕的瑞典外交官法克曼一起吃午餐（瑞典式鯡魚自助餐），法克曼將會全程陪同我們參加諾貝爾週活動。[10]

法克曼告訴我們，四位瑞典公主當中，克莉絲蒂娜（Christina）是年紀最小的，她從瑞典的高中畢業之後，想去美國的大學念一年，可能會去哈佛。可

華生、父親和妹妹為北歐航空公司（Scandinavian Airline Systems，SAS）拍攝宣傳照片。

10 法克曼（Kai Falkman）後來擁有傑出的外交與寫作生涯，他為哈馬舍爾德（Dag Hammarskjöld，曾任聯合國秘書長）所寫的傳記尤其著名。哈馬舍爾德在 1961 年死於空難，後來被追授諾貝爾和平獎。（當時只有和平獎可以死後追授，1974 年，條例改為與其他獎項一致）。法克曼也是頗有成就的俳句作家，曾任瑞典俳句協會（Swedish Haiku Society）會長。

想而知，她希望在我來此訪問期間跟我談一談。我當然很樂意奉陪，一口答應為她解釋拉德克利夫學院（Radcliffe）和哈佛大學的特殊關係。

那個星期的第一場正式活動，是由諾貝爾基金會為當年所有得主舉辦的歡迎酒會。在瑞典學院的大圖書館裡，最受矚目的人物是文學獎得主史坦貝克，他那天早上才剛抵達瑞典。他很擔心隔天晚上的諾貝爾獎演說，雖然他熱切期盼這項榮耀，但他緊張多於喜悅。前得主福克納（William Cuthbert Faulkner）1950 年的演說至今仍備受推崇，因此史坦貝克感受到眾所期盼的壓力。

那天晚上，史坦貝克夫婦外出與瑞典文學界人士聚餐，我和其他的科學獎得主則是去船島（Skeppsholmen）的斯德哥爾摩港，在高級的海軍軍官餐廳享用晚餐。

第二天早上，我和其他得主參加預演，排練當晚由國王手中領獎的動作順序，見識了宏偉壯觀的音樂廳。這將是我首度參加隆重的白領結盛會，對於自己的外表，我感覺有點不太自在，這也是人之常情。伊麗莎白、爸爸和我在下午三點四十五分離開飯店，好讓我有充裕的時間在後台排隊待命。下午四點半整，號角奏樂，宣布國王、王后駕到，他們由皇室隨從陪同，隨著斯德哥爾摩愛樂管弦樂團演奏的皇家聖樂進入會場，走向他們位於台前的王座。然後，號

華生在斯德哥爾摩的街道上接受非正式採訪。

諾貝爾獎得主坐在台上等候頒獎。由左至右依次為史坦貝克、威爾金斯、華生、克里克。

克里克夫人歐蒂及女兒嘉布麗爾

角再次奏樂，佩魯茲、肯德魯、克里克、威爾金斯、史坦貝克和我進入會場，在靠近台前的座位就坐。

在國王頒發每個獎項之前，相應的學院院士先以瑞典文分別宣讀我們的成就。為了讓我們瞭解他們在說什麼，他們的講詞翻譯稿已經事先發給我們。國王為我們一一頒發皮面精裝的個人獎狀及金牌，同時頒給我們每人一張支票，金額為個人分得的獎金。

離開音樂廳，我們直接前往規模龐大的 1930 年代斯德哥爾摩市政廳，諾貝爾獎晚宴在金廳舉行。華麗的房間有著拱形天花板，長長的大餐桌跟房間一樣長，餐桌旁坐著所有的得主和眷屬，還有皇室隨從及外交使節。坐在中央、面對彼此的是國王和王后，我坐在王后旁邊，佩魯茲、肯德魯、克里克和史坦貝克旁邊坐的都是公主，我只好輪流跟威爾金斯夫人與史坦貝克夫人交談。跟桌子對面的人講話沒什麼用，因為桌子太寬了，而且八百多位賓客在酒精助興下鬧哄哄的，根本聽不到。席間，諾貝爾基金會主席狄塞留斯（Arne Tiselius）請大家舉杯，向國王和王后敬酒；接著國王也請大家默哀一分鐘，感念諾貝爾的大手筆捐贈與慈善之舉。

金廳（Golden Hall）晚宴，照片中央為克里克。

華生從國王古斯塔夫六世．阿道夫（Gustaf VI Adolf）手中接過獎牌、支票及證書。

史坦貝克發表諾貝爾獎演說。國王聚精會神聆聽。

甜點一結束，史坦貝克走向講台，環視著大廳，開始發表他的諾貝爾獎演說。他在演說中強調人類有容乃大之胸懷，以及在無止境的戰爭中對抗懦弱與絕望的精神。冷戰與核武器的存在，悄悄隱藏在這位作家勇敢正視人類困境的訊息背後。他看到人類正在接管神聖的特權：「利用有如上帝般的力量，我們必須尋求本身的責任心，以及我們曾經祈求的神明智慧。」最後，他借用福音

晚宴之後，克里克與嘉布麗爾共舞。

作者聖約翰的話：「太終有道，道就是人，道與人同在。」（譯注：《約翰福音》中的原文為：太初有道，道與神同在，道就是神。）

我愈來愈緊張，無法專心聆聽，因為再過幾分鐘，我就要站在台上，為諾貝爾生理學或醫學獎致答謝詞。[11] 但願我的即席致詞勝過陳腔濫調。等我講完，回到座位後，我才真正鬆了一口氣，因為我知道，我說的是肺腑之言。我很滿意自己所說的最後幾句話，因為我試著達到甘迺迪演講時的那種抑揚頓挫。克里克很有風度，把他的座位卡從桌子對面傳過來，背面寫著：「比我講的好太多了。」然後，我開心的看著肯德魯表達他的喜悅：身為這五位得獎者的其中一份子，過去十五年來，我們一起工作、聊天，現在又能因為同樣的喜事一起來到斯德哥爾摩。後來大家移步到樓下跳舞，翩翩起舞的大多是身穿白禮服、繫白領結的卡羅琳醫學院學生。

第二天上午，科學獎得主發表正式的諾貝爾獎演說。克里克、威爾金斯和我各有三十分鐘的時間。我們的觀眾大多是同行科學家，但不能提問。當天晚上七點三十分，我獨自前往皇宮參加第二場皇室酒會，不知怎麼安排的，他們還是沒讓我坐在公主旁邊。

隔天在美國大使官邸吃午餐之前，我被帶往瓦倫堡家族（Wallenberg's family）的北歐證券銀行，兌

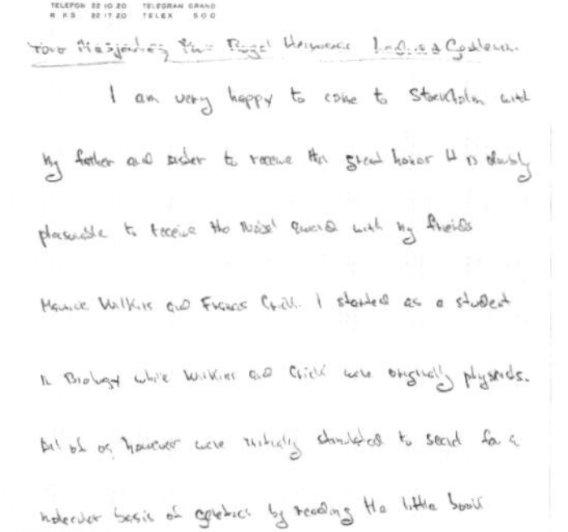

GRAND HÔTEL
STOCKHOLM
TELEFON 22 10 20 TELEGRAM GRAND

Your Majesty, Your Royal Highnesses, Ladies & Gentlemen.

I am very happy to come to Stockholm with my father and sister to receive this great honor. It is doubly pleasurable to receive the Nobel award with my friends Maurice Wilkins and Francis Crick. I started as a student in Biology while Wilkins and Crick were originally physicists. All of us however were initially stimulated to search for a molecular basis of genetics by reading the little book

11 華生代表自己、克里克、威爾金斯致諾貝爾獎答謝詞，他把講稿寫在格蘭德大飯店的信紙上，左圖為講稿第一頁。

換我的預支支票，85,739 克朗折合美金大約是 16,500 美元。早先在諾貝爾故居時，我領到了諾貝爾金質獎章的銅質複製品，讓我可以安心的放在我的書桌上。過去曾發生原始金質獎章遭竊事件，所以有人勸我把它存放在銀行的保管箱裡。然後，他們給我看了這幾天慶祝活動的照片（看來有好幾百張），這樣我就能挑選想要訂購的照片。克里克和德西瑞公主的照片讓我眼睛為之一亮，晚宴時，他們就坐在我的對面。

帕森斯大使親切的向我打招呼，絲毫看不出鷹派傾向，據說這導致他最近因為東南亞決策，遭到華盛頓中央外放。[12] 我國大使館的二號人物湯瑪斯・恩德斯（Thomas Enders）也來歡迎我們，我問他是不是約翰・恩德斯（John Franklin Enders）的親戚，約翰是哈佛醫學院的脊髓灰質炎（小兒麻痺）專家，曾在八年前獲得諾貝爾獎。事實上，湯瑪斯正是這位諾貝爾獎得主的侄子，他很高興自己再也不用住在波蘭的鐵幕後，當個小外交官。[13]

華生的 85,739 克朗支票，由斯德哥爾摩北歐證券銀行（Enskilda Bank）兌現。

12 帕森斯（James Graham Parsons）是職業外交官，曾任美國駐寮國大使，後來成為東亞暨太平洋事務助理國務卿。他主張支持中國國民黨領袖蔣介石鎮壓共產黨在中南半島的擴張，卻不受甘迺迪政府青睞。他在1961年被任命為駐瑞典大使。

13 約翰・恩德斯（John Franklin Enders）與羅賓斯（Frederick Robbins）、韋勒（Thomas Weller）共同獲得1954年諾貝爾生理學或醫學獎，因為他發展出培養脊髓灰質炎病毒的組織培養技術，才會有後來的沙克疫苗。

傳統上，諾貝爾週在聖露西亞節（Saint Lucia's Day）這天結束。和所有得主一樣，我被身穿白色長袍、頭戴燃燒蠟燭王冠的女孩喚醒，她唱著那不勒斯聖歌，這首歌幾乎已成為瑞典冬至節日的同義詞。[14] 當天下午，父親飛往法國停留一週，伊麗莎白和我再次穿上正式禮服，去參加醫學協會的露西亞晚會，晚餐的主菜是馴鹿肉。接著我們一夥人又去參加一場小型私人活動，我和漂亮、黑髮的醫學院學生胡德（Ellen Huldt）一直說說笑笑，後來跟她約好，第二天晚上一起吃晚餐。

在搭計程車去接胡德之前，我寫信給普西主席，說我當天下午會去皇宮拜訪克莉絲蒂娜公主。在外交官法克曼的護送下，我進入皇宮的一間私人招待室，見到公主和她的母親希碧拉（Sibylla）。在享用茶點時，我提到我有多喜歡教哈佛和拉德克利夫學院那些活潑的學生，並且請這位母親放心，她女兒這一年在拉德克利夫，一定會很快樂。

在瑞典的最後一晚，我和史坦貝克夫婦一起去他們的藝術家朋友貝斯可的畫室參觀。我很喜歡「芭蕾舞學校」（Ballet School），那是他的半象徵主義藍色畫作之一，並且發現，它的價格以我略有改善的財產來說綽綽有餘，於是安排把畫寄到哈佛。這幅畫一直掛在生物學實驗室的圖書室牆上[15]。

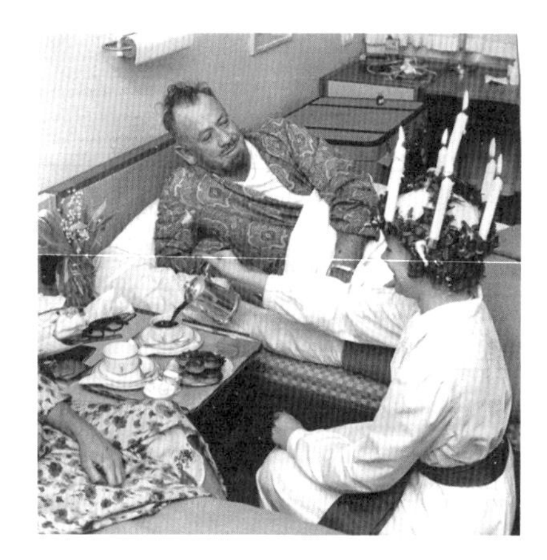

14 右圖為聖露西亞女孩正在為史坦貝克準備晨間咖啡。聖露西亞（283－304）是基督教殉教者。聖露西亞宗教節日是12月13日，少女頭戴蠟燭王冠率隊遊行的瑞典傳統，始於十八世紀。

15 貝斯可（Bo Beskow）是瑞典畫家兼作家。他應好友哈馬舍爾德之邀，曾在紐約聯合國總部的冥想室牆上畫了一幅壁畫。

附錄一：
最早描述 DNA 模型的信函

以下轉載的是最早描述 DNA 結構的信函，一封是華生寫的，另一封則是克里克寫的。

華生的《雙螺旋》寫於他所描述事件的十五年之後。他利用當時的往來信函，協助他重建許多科學及非科學方面的事件。他最喜歡的通信對象是妹妹伊麗莎白（小名貝蒂），他在劍橋時，每個星期都會寫信給她；他也經常寫信給美國老家的父母親。這些信函敘述他的研究時，都只是輕描淡寫，而且當他偶爾提到自己在菸草嵌紋病毒方面的成就、以及他和海斯合作的細菌遺傳學研究時，幾乎都沒有提到 DNA。相反的，他寫給科學同儕（如戴爾布魯克、馬婁、盧瑞亞）的信函，雖然沒有那麼頻繁，卻包含大量的科學內容。其中引起我們關注的，是他在 1953 年 3 月 12 日寫給戴爾布魯克的信函。華生在信函上描述雙螺旋的關鍵特徵，還畫了鹼基對的示意圖。這封信函是雙螺旋發現過程的技術總結，例如「殘基每 34 埃轉一圈」、「立體化學上的考量」、「我們傾向於酮式而非烯醇式」等等，是寫給科學家看的。

克里克敘述其研究發現的信函（以下所顯示的第一封），收信人與戴爾布魯克有天壤之別。這封重要的信函，是克里克寫給兒子邁可（Michael）的，當時邁可還未滿十三歲。信函的日期為 1953 年 3 月 19 日，開頭寫道：「我和華生可能有了最重要的研究發現」，形容他們的 DNA 結構「……非常漂亮。」信函上畫了很多圖來說明，包括一小段雙螺旋，不過克里克「……畫得不太好……」。這封記述相當清晰簡明，很適合十三歲的孩子，同時帶有一絲父親的嚴肅；邁可受到克里克督促，要兒子「仔細閱讀，這樣你才能瞭解。」

1

19 Portugal Place
Cambridge.
19 March '53

My Dear Michael,

Jim Watson and I have probably made a most important discovery. We have built a model for the structure of des-oxy-ribose-nucleic-acid (read it carefully) called D.N.A. for short. You may remember that the genes of the chromosomes – which carry the hereditary factors – are made up of protein and D.N.A.

Our structure is very beautiful. D.N.A. can be thought of roughly as a very long chain with flat bits sticking out. The flat bits are called the "bases". The formula is rather

2

(2)

like this

Sugar — base
phosphorus
Sugar — base
phosphorus
Sugar — base
phosphorus
Sugar — base
and so on.

Now we have two of these chains winding round each other – each one is a helix – and the chain, made up of sugar and phosphorus, is on the outside, and the bases are all on the inside. I can't draw it very well, but it looks

3

(3)

like this

P
P
P
P
bases

The model looks much nicer than this.

Now the exciting thing is that while there are 4 different bases, we find we can only put certain pairs of them together. The bases have names. They are Adenine, Guanine, Thymine & Cytosine. I will call them A, G, T and C. Now we find that the pairs

4

(4)

we can make – which have one base from one chain joined to one base from another – are only

A with T
and G with C.

Now on one chain, as far as we can see, one can have the bases in any order, but if their order is fixed, then the order on the other chain is also fixed. For example, suppose the first chain goes ↓ then the second must go

A – – – T
T – – – A
C – – – G
A – – – T
G – – – C
T – – – A
T – – – A

克里克寫給兒子邁可的信函，1953 年 3 月 19 日。

5

⑤

It is like a code. If you are given one set of letters you can write down the others.

Now we believe that the D.N.A. is a code. That is, the order of the bases (the letters) makes one gene different from another gene (just as one page of print is different from another). You can now see how Nature makes copies of the genes. Because if the two chains unwind into two separate chains, and if each chain then makes another chain come together on it, then because A always goes with T, and G with C, we shall get two copies where

6

⑥

we had one before.

For example

A – T
T – A
C – G
A – T
G – C
T – A
T – A

chains separate

A T C A G T T　　　T A G T C A A

new chains form

A – T　　T – A
T – A　　A – T
C – G　　G – C
A – T　　T – A
G – C　　C – G
T – A　　A – T
T – A　　A – T

7

⑦

In other words we think we have found the basic copying mechanism by which life comes from life. The beauty of our model is that the shape of it is such that only these pairs can go together, though they could pair up in other ways if they were floating about freely. You can understand that we are very excited. We have to have a letter off to Nature in a day or so.

Read this carefully so that you understand it. When you come home we will show you the model.

Lots of love,

Daddy

1

UNIVERSITY OF CAMBRIDGE DEPARTMENT OF PHYSICS

TELEPHONE
CAMBRIDGE 55478

CAVENDISH LABORATORY
FREE SCHOOL LANE
CAMBRIDGE

March 12, 1953

Dear Max

Thank you very much for your recent letters. We were quite interested in your account of the Pauling Seminar. The day following the arrival of your letter, I received a note from Pauling, mentioning that their model had been revised, and indicating interest in our model. We shall thus have to write him in the near future as to what we are doing. Until now we preferred not to write him since we did not want to commit ourselves until we were completely sure that all of the van der Waals contacts were correct and that all aspects of our structure were stereochemically feasible. I believe now that we have made sure that our structure can be built and today we are laboriously calculating out exact atomic coordinates.

Our model (a joint project of Francis Crick and myself) bears no relationship to either the original or to the revised Pauling-Corey-Shomaker models. It is a strange model and embodies several unusual features. However since DNA is an unusual substance we are not hesitant in being bold. The main features of the model are (1) The basic structure is helical – it consists of two intertwining helices – the core of the helix is occupied by the purine and pyrimidine bases – the phosphate groups are on the outside (2) the helices are not identical but complementary so that if one helix contains a purine base, the other helix contains a pyrimidine. This feature is a result of our attempt to make the residues equivalent and at the same time put the purines and pyrimidine bases in the center. The pairing of the purine with pyrimidine is very exact and dictated by their desire to form hydrogen bonds – Adenine will pair with Thymine while Guanine will always pair with Cytosine. For example

Adenine sugar

(next page)

2

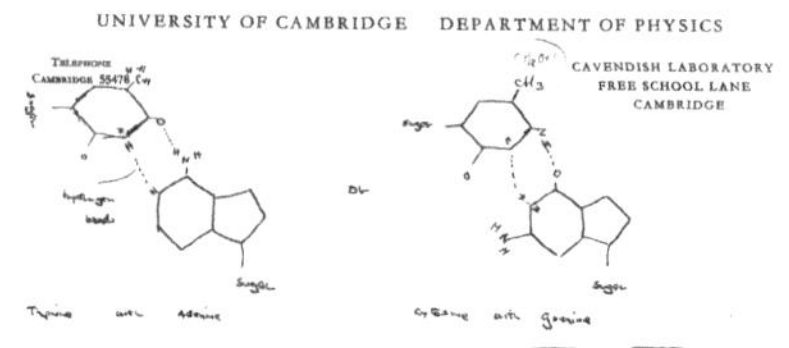

While my diagram is crude, in fact these pairs form 2 very nice hydrogen bonds in which all of the angles are exactly right. This pairing is based on the effective existence of only one out of the two possible tautomeric forms – in all cases we prefer the keto form over the enol, and the amino over the imino. This is a definitely an assumption but Jerry Donohue and Bill Cochran tell us that, for all organic molecules so far examined, the keto and amino forms are present in preference to the enol and imino possibilities.

The model has been derived almost entirely from stereochemical considerations with the only x-ray consideration being the spacing between the pair of bases 3.4 A which was originally found by Astbury. It tends to build itself with approximately 10 residues per turn in 34 A. The screw is right handed.

The x-ray pattern approximately agrees with the model, but since the photographs available to us are poor and meagre (we have no photographs of our own and like Pauling must use Astbury's photographs) this agreement in no way constitutes a proof of our model. We are certainly a long way from proving its correctness. To do this we must obtain collaboration from the group at King's College London who possess very excellent photographs of a crystalline phase in addition to rather good photographs of a paracrystalline phase. Our model has been made in reference to the paracrystalline form and as yet we have no clear ideas as to how these helices can

3

UNIVERSITY OF CAMBRIDGE DEPARTMENT OF PHYSICS

TELEPHONE
CAMBRIDGE 55478

CAVENDISH LABORATORY
FREE SCHOOL LANE
CAMBRIDGE

pack together to form the crystalline phase.

In the next day or so Crick and I shall send a note to Nature proposing our structure as a possible model, at the same time emphasizing its provisional nature and the lack of proof in its favor. Even if wrong I believe it to be interesting since it provides a concrete example of a structure composed of complementary chains. If by chance, it is right then I suspect we may be making a slight dent into the manner in which DNA can reproduce itself. For these reasons (in addition to many others) I prefer this type of model over Pauling's which if true would tell us next to nothing about manner of DNA reproduction.

I shall write you in a day or so about the recombination paper. Yesterday I received a very interesting note from Bill Hayes. I believe he is sending you a copy.

I have met Alfred Tissieres recently. He seems very nice. He speaks fondly of Pasadena and I suspect has not yet become accustomed to being a Fellow of Kings.

My regards to Manny

Jim

P.S. We would prefer your not mentioning this letter to Pauling. When our letter to Nature is completed we shall send him a copy. We should like to ask him coordinates.

華生寫給戴爾布魯克的信函，1953 年 3 月 12 日。

附錄二：
《雙螺旋》之遺珠

以下轉載的是《雙螺旋》手稿中之遺珠章節。本章敘述華生1952年夏天在義大利阿爾卑斯山區的假期。

到了8月時，我不再追逐DNA了。在義大利阿爾卑斯山區的洽雷吉歐（Chiareggio）小村莊裡，年輕的義大利姑娘寶拉（Paula）才是最吸引人的對象。我和貝塔尼（Joe Bertani）一起去那裡玩，他是義大利出生的噬菌體研究人員，這次回歐洲是為了參加洛約蒙會議。每年8月，貝塔尼的家人都會去山上玩，住進一家不起眼的小旅館，今年也為我預留了一個房間。儘管前一年在那不勒斯待了兩個月，我的義大利語還是不行，起初這倒也無所謂。大部分日子裡，我、貝塔尼和他的弟弟阿爾貝托（Alberto）都在當領隊、攀登陡峭的冰川。這冰川從暗藏危機、俯視著洽雷吉歐的「Disgracia」雪白山峰緩緩流下來。

自從來到歐洲，我第一次覺得輕鬆自在，因為我知道，與我同行的人喜歡美國人。在別的地方，少數與我志同道合的文化人士從不諱言，他們擔心，擁有核武器的美國人修養不夠、不足以信任。他們必須先確認，你不是普通的美國人，這樣他們才會覺得放心。然而，旅館裡那些中產階級義大利家庭卻一下子就接納我了。在他們眼裡，美國人慷慨、勇敢、對抗德國人，生活在機會令人難以想像的世界裡。

吃午餐時、以及在節日的夜晚，我們會適量小酌當地的「煉獄」（Inferno）紅酒。我們吃巧克力奶油大蛋糕墊胃，免得喝貝塔尼爸媽買的氣泡酒會肚子痛。重口味的食物和酒量，符合我們旅館大多數客人的登山習慣。吃完早餐，他們會慢悠悠的遠足去附近的保護區，在那裡吃午餐，有葡萄酒、風乾火腿、起司、水果，一面看著用繩索綁在一起的登山者，從寸步難行的冰川裂口慢慢走下來。遠足時穿的衣服，不會繼續穿去吃晚餐，西裝和領帶紛紛出籠，可是當我沒換衣服、說我們在美國山區穿得更隨便時，也沒有人在意。

後來，我竟然成了當地的英雄。在週日市集兜售的物品中，有一支很強的水槍。我趕快用它來幫旅館趕走夏天的大麻煩：一隻很討厭的小狗，是一位不受歡迎的客人養的。在水槍出動之前，這隻野獸嗚嗚咽咽一直亂吠，尤其是飯後我們都在喝咖啡的時候。我用一些廉價香水（也是在市集上買的）射牠之後，這隻狗就不再是問題了。

阿爾貝托和我一直在注意寶拉。她住在附近的小木屋裡，那小屋是她已婚姊姊的。寶拉每天都會出門好幾趟，去郵局、或是去採買當天的麵包糕點。她會帶著兩個年幼的小跟班侄女，沿著村裡的街道一路招搖。令我們詫異的是，貝塔尼竟然不覺得寶拉很可愛。貝塔尼表明他的眼光跟我們不一樣，很不客氣的說我是個白痴，因為如果我聽得懂她的義大利語，我就會發現，寶拉是無可救藥的資產階級。不過，旅館的其他客人對貝塔尼的輕蔑不以為然，得知義大利女孩是美國人的夢中情人，其他客人也覺得引以為榮。

貝塔尼、阿爾貝托和我拖著沉重步伐往上爬，不管走哪條山路，我都一直想著寶拉何時能成為我的登山伴侶。有限的成果終於來臨，寶拉被阿爾貝托說服，答應找一天下午和我們去遊覽附近的保護區。貝塔尼、阿爾貝托和他們的朋友蓋比瑞拉在旁邊當電燈泡，這是一定的，但總比寶拉根本沒來好多了。

一路爬上爬下，寶拉幾乎都在跟蓋比瑞拉或阿爾貝托說說笑笑，沮喪的我只好跟貝塔尼聊噬菌體。他們小心翼翼、很有技巧的讓我和寶拉獨處幾分鐘，結果徹底失敗。我從英語觀光客指南上背來的蹩腳義大利語，寶拉一句也聽不懂，之後便是長時間的尷尬冷場。

我一籌莫展，只好接受這個事實：我的登山女友，是個十六歲的野丫頭，她的父母想讓她穿件洋裝都難如登天。我和咪咪（Mimi）在旅館大廳裡追來追去，不然就賽跑，看誰先跑到旅館上方的牧場，她在學校學了兩年英語，正好派上用場。

她們全家回米蘭的前一天晚上，為了鞏固友誼，我們盛裝打扮去吃晚餐，手牽手走進掌聲四起的餐廳。享用完特別大的奶油蛋糕之後，咪咪溜出去寫紙條，和她送給我的臨別禮物放在一起。一看到禮物，我爆笑出聲，包裝華麗無比的盒子裡，只有一支大髮夾，用來夾我的長頭髮。特別為我們而唱的哀怨義大利山歌，一直唱到將近午夜，最後的高潮是村子裡的燭光合唱遊行，慶祝我和咪咪「私訂終身」。

寶拉與蓋比瑞拉（Gabriella），1952 年

只剩幾天，我就要下山，回到酷熱的波河河谷（Po valley）了。然而，連山脈都還沒有離開視線，我的思緒已經轉回到英國。原因是，我在洽雷吉歐意外發現一位很有教養的英國女孩。席拉（Sheila）的父親是威爾斯工黨議員格里菲斯（Jim Griffiths），在她面前，我可以重拾《經濟學人》（*Economist*）和《新政治家》（*New Statesman*）雜誌的慣用語。

我到了那裡之後，很快就聽出彼此的英語，但我們並未真正交談，直到我在洽雷吉歐的最後一夜。那天下午，我去席拉住的義大利家庭找她，邀請她來跟我們一起享用氣泡酒和巧克力蛋糕，為我的高山假期畫上句點。她探頭望進餐廳，看見我那些醉醺醺的夥伴，正在為我「大勝狂吠小狗」寫一篇感人的介紹，在這之前，幾隻酒瓶早就空了。

我那些義大利朋友終於迷迷糊糊上床了，當我送席拉走回她的小屋時，眼前浮現的遠景，是我需要去征服的世界。小布拉格與富蘭克林的封閉政策很愚昧，必須擱在一邊，好讓下一代的新生物學得以展開。當我試圖解釋，自己只剩下八個月時，波耳、克里克、鮑林統統闖進我的腦海裡。到時候我就滿二十五歲，老到沒人稀罕了。

附錄三：

華生與默克獎助金委員會的紛爭

華生與默克獎助金委員會的紛爭，比他在《雙螺旋》書中的記述更加複雜。他在 1951 年 9 月初造訪卡文迪西實驗室，與小布拉格及佩魯茲約定好，10 月初會來卡文迪西就職。隨後他寫了一封信函給拉普（負責監督美國國家研究委員會管轄的各項獎助金計畫），解釋他為何想轉去劍橋。（這封信函寫於 1951 年 10 月初，我們只找到未標注日期的草稿）。

Dear Dr Lapp

I have just returned from a two and one half vacation to England and France during which time, I visited London, Cambridge, Edinburgh, and Paris. The weather was warm and sunny and provided a pleasant contrast to the wet and cold summer which Copenhagen has just experienced.

I visited Cambridge in order to talk with Dr. M.F. Perutz of the Cavendish laboratory. Dr Perutz is currently studying the structure of proteins by means of X-ray diffraction patterns. In particular he is testing the hypothesis proposed by Linus Pauling that the basic structure of most polypeptide chains is an internally hydrogen bonded helix with 3.7 amino acid residues per turn. Dr Perutz now believes that he has found a proof of the Pauling hypothesis with regard to certain globular proteins and is now engaged in testing this hypothesis upon synthetic polypeptides. I received the impression that the Cambridge group is quite optimistic about their ability to determine the precise structure of certain representative proteins and they hope in the near future to seriously attack the structure of nucleic acids.

This work should be of great importance to geneticists and biochemists since, at present, progress in the biology and biochemistry of nucleic acids is seriously limited by a lack of precise knowledge of the structure of nucleic acids. In fact, it is difficult to see how we can arrive at any satisfactory solution to the problem of the replication of macromolecules until we know their structure.

For this reason, I feel that my future role as a biologist would be greatly expanded if I could have the possibility of studying in Dr Perutz's laboratory during the coming academic year. During this time, I would like to study both the theory and practice of X-ray diffraction work and if my studies are successful, attempt to study the structure of ribonucleic acid. One of the main benefits from such a year should be a considerable increase in my facility with mathematical and physical ways of thinking.

I plan to return to Cambridge this coming week and will stay there for the remaining duration of my fellowship if the Merck Fellowship Board consents. I realize that it would have been more convenient for you if my decision could have been made earlier. I felt, however, that it would be wise to speak to Dr Perutz personally before deciding about the desirability of such a radical change in my type of research and study. I know that I should stay in Copenhagen until I hear from the Fellowship Board. Dr Perutz believes, however, that it would be desirable for me to arrive in Cambridge before the start of the Autumn term. I will naturally

華生寫給拉普博士的信函草稿，1951 年 10 月。

華生寫道：「對遺傳學家與生化學家來說，這項研究應是極為重要的，因為核酸的生物學及生物化學進展，目前嚴重受阻，正是缺乏精確的核酸結構知識所致……如果下年度我有機會在佩魯茲博士的實驗室研習，我認為，我未來扮演生物學家的角色將大為擴展。」

但未經允許而更改自己的計畫與地點，這是違反規定的，華生也知道，所以他很小心，避免提到他已經採取步驟這麼做了。

凱爾喀對華生的計畫很熱心。他在 1951 年 10 月 5 日寫信給 NRC，說他曾鼓勵華生利用第二年的獎助金，在另一個實驗室做研究，凱爾喀覺得「……他決定在劍橋大學佩魯茲博士的指導下研習，我深表贊同，值得全力支持。」

華生於10月5日抵達劍橋，10月9日寫信給妹妹伊麗莎白，說他正在適應「英國的烹飪方式。」他寫給伊麗莎白的下一封信函是10月16日，在這兩封信函的間隔期間，他收到拉普的來信，卻不是他原先所期望的。在10月16日給伊麗莎白的信函上，華生寫道，「……讀過我的研究報告之後，他們看不出我為何想要離開。我會把這件事留給盧（盧瑞亞）處理。既然他希望我和佩魯茲合作，我知道他就會幫我爭取。我不想為這件事傷腦筋了。」

盧瑞亞確實曾幫華生爭取。10月18日，盧瑞亞致電獎助金委員會新主席韋斯，並於10月20日同時寫信給韋斯和華生。在給華生的信函上，他列出需要做哪些事情（信函如第52頁所示）。

第一，盧瑞亞會擔起責任：是他說服華生去劍橋的，而且他答應華生，他會將此舉告知委員會，但盧瑞亞並未履行承諾。第二，華生要製造的印象是：劍橋的研究，以及他正在哥本哈根進行的病毒研究，兩者密切相關。他要趕緊去會見肯德魯，還有莫爾蒂諾研究所的馬可漢，並且擬好一套說詞來說服韋斯，其實華生並沒有更改研究計畫。馬可漢會被拖下水，因為他當時的研究是蕪菁黃花葉病毒。馬可漢勉強同意，不過他把這些詭計視為「美國人不懂規矩的絕佳範例。」

盧瑞亞承認，這些招數都不太光明磊落：「記住，我們在做的這些亡羊補牢都是不太道德的行為，英國人在這種事情上，比美國人更清高——問題在於，不要讓委員會知道你已經去英國了。」

盧瑞亞在10月20日寫給韋斯的信函上，先以他對華生的評論來開場：「華生受到我本人及加州理工學院戴爾布魯克博士的調教，我們對這小子寄予厚望，希望他能沿著尚無人涉足的新路線，發展病毒繁殖及生物巨分子方面的研究。」

言歸正傳，盧瑞亞寫道：「我本人要為兩件事負起責任：第一是鼓勵華生做此更動；第二是忘了通知委員會我這麼做的理由。因此我現在寫信給您，是為了建請委員會重新考慮近來的行動（如果可能的話）……他的計畫（我懷疑，他致函委員會時，未能交代清楚）同時涉及病毒的生化研究（與在哥本哈根時依循的路線稍有不同），以及學習 X 射線繞射分析的理論與技術，和它們在病毒問題方面的應用……找個像華生這樣的人，花點時間跟他們一起研究，肯德魯對此想法顯得很有興趣，我們也考慮過莫爾蒂諾研究所的馬可漢博士（病毒核蛋白專家）在這項計畫裡的可能角色……總而言之，我認為華生目前的計畫，絕非漫無目的，而是考慮周詳、想要提高他在生物學上的用處所做的準備。」

韋斯在 10 月 22 日寫信給華生，大概是他收到盧瑞亞來信的同一天。當然，這封信是寄到哥本哈根，因為華生本來應該在那裡才對。盧瑞亞的策略似乎奏效，因為韋斯寫道，他明白，華生對劍橋的分子結構研究興致勃勃，恐怕「只是湊巧與莫爾蒂諾研究所即將進行的病毒核蛋白研究雷同，與您一直以來所依循的路線較為密切相關。」韋斯問華生在莫爾蒂諾將要執行的工作細節，還問他打算何時離開哥本哈根，這對華生來說就更尷尬了。

NRC 與華生之間的後續往返信函已遺失了，但是華生肯定覺得一切都很順利。10 月 27 日，他寫信給伊麗莎白：「我和 NRC 的糾紛目前幾乎告一段落，多虧盧瑞亞及時且非常有效的干預。因此，我相信我會領到錢，所以等過完幾個星期的窮光蛋生活，我又可以在精神上感到富足了。」

華生有所不知，當他如此樂觀地寫信給伊麗莎白時，韋斯的信函正飛越大西洋而來。信函的日期為 10 月 26 日，華生收到信函是在 11 月 13 日，從他 11 月 14 日所寫的回信來判斷，那封信函不可能是善意的。

在回信中，華生坦承他已經轉到劍橋，因為他「……認為，最好還是留在劍橋這個非常刺激的環境，直到商定合適的未來計畫為止。」他本以為，他和盧瑞亞已經共同制定好這樣的計畫：「……我以為，盧瑞亞博士已經向您指出，我們有理由相信，蛋白質結構化學領域的最新進展，以及目前關於核酸結構的生化概念，兩者之結合對於病毒研究領域的未來進展可能有很大的助益。」這在劍橋可以辦得到，因為馬可漢在那裡的莫爾蒂諾研究病毒、佩魯茲在卡文迪西進行結構方面的研究。

華生試圖闡明兩者之間的關聯：「我希望，我在申請獎助金延期時，已經清楚說明，我提的計畫與一年前提交的計畫之間的關聯。這兩個計畫的目的，都是研究病毒複製的機制。強調的重點從代謝方法改為結構方法，這個結果是來自於我們的信念，或者更誠實的說，是來自於我們的直覺：核酸結構方面的知識，或許更能直接帶領我們找到複製的機制。」

最後，正如華生在《雙螺旋》書上所言，他忍氣吞聲：「我必須表示歉意，因為我最初寫給您的信函，確實語意不清。我明白，我原先提出的計畫不清楚，而且也太遲了。我也明白，我目前的劍橋之旅為時過早。但願我今後的研究成果將證明，目前的紛擾是值得的。」

後來，華生在 11 月 27 日又寫了一封信函給 NRC 的拉普，信函上更是一直賠不是及自圓其說。華生寫道，由於他以為，韋斯同意他轉到卡文迪西，因此拉普 11 月 21 日的來信「……再度反對我在劍橋工作……令我十分震驚。」他沒有預料到「……我從哥本哈根轉到劍橋，獎助金委員會竟然會反對，我很驚訝，您對這件事竟如此嚴重看待。」

依照原定計畫，他把責任推給盧瑞亞：「我來這裡，並非我個人的意願，而是盧瑞亞博士的建議。」

雖然華生在《雙螺旋》書上寫道，將凱爾喀的婚變消息告訴委員會「……不僅沒有風度，而且沒有必要，」現在卻不得不這麼做，才能支持他轉到劍橋的處境。「……由於家務事，導致凱爾喀博士的科學活動愈來愈受到嚴重限制，因此我得不到原先預期的鼓勵與建議……」相反的，他首度訪問劍橋時，已經發現「……年輕且十分活躍的研究人員，以及朝氣蓬勃的學術環境，都是哥本哈根所欠缺的。」

他勉為其難的承認「……嚴格來說，我在獲得您的批准之前來到這裡，可能違反了獎助金的規定……」但他還是為這項違規行為辯解，因為他的「……所作所為，看起來很明顯符合默克獎助金的精神，因此我相信，您必定會諒解我的技術性違規行為。」

第二天，華生將最新情況告訴伊麗莎白：他的麻煩還沒解決，因為韋斯「……強烈抨擊……」他的蠻橫舉動。華生擔心，自己可能會領不到獎助金，但是有了卡文迪西的經濟援助，他「……應該有辦法生存，不會慘到哪裡去。」

盧瑞亞與戴爾布魯克持續幫華生爭取，但直到 1952 年 1 月 11 日，華生才從盧瑞亞那裡得知，獎助金的問題解決了。韋斯已經決定，由於華生更改計畫與實驗室，他的延期申請應視為新的申請。在 1 月 28 日寫給伊麗莎白的信函上，華生描述這件事的後果：默克獎助金委員會將撥給他八個月的獎助金，因此，四個月的收入算是罰款。

華生認為，韋斯正是造成麻煩的根源，華生的想法是對的。3 月 16 日，獎助金委員會決定，「華生博士未經授權之更改，乃既成之事實，基於情有可原，並考量人員利益，委員會針對塔圖姆（Tatum）博士提出臨時動議及克拉克（Clarke）博士附議，全體一致通過主席（韋斯）採取之臨時方案，以在劍橋大學工作、為期八個月之獎助金，取代原已遭取消之獎助金延期。」

與 NRC 的爭論就此結案，但華生與韋斯之間的互動還沒完。韋斯寫信給華生，邀請他參加在美國舉行的會議。如第 15 章注 5 所述，關於自己的反應，華生在《雙螺旋》書中的描述，比他在給盧瑞亞的信函上所寫的更慎重：

「這次與他（韋斯）的上一封信函形成鮮明對比，上回他說我不成熟。這次他請我 6 月下旬去美國參加研討會，講病毒的生長。很甜的信函——這混蛋。他自然是假設，當初他把我的收入給砍了，我就會跑回家，於是他想用他的方法來恢復我們的友誼。他的信函給了我很棒的機會，讓我可以回信挖苦他。不過，我卻寫了一封非常有禮貌的信函，說我想持續我在劍橋的工作，所以很遺憾，不克返回美國。」

盧瑞亞回信：「至於韋斯這個人，我也有點同意你的定義，不過我沒你那麼英國調調，我會叫他『該死的賤貨』而不是『混蛋』。」

華生及肯德魯的默克獎助金期末報告，在獎助金委員會 1953 年 3 月 7 日的會議中接受審核。華生的報告以「劍橋時期在莫爾蒂諾研究所」起頭，敘述「在劍橋時，我和克里克先生合作，一直關注菸草嵌紋病毒的結構。」隻字未提DNA。默克獎助金委員會和NRC真是虧大了！若非韋斯的官僚作風墨守成規，他們說不定會宣稱，雙螺旋是該計畫的成就之一。

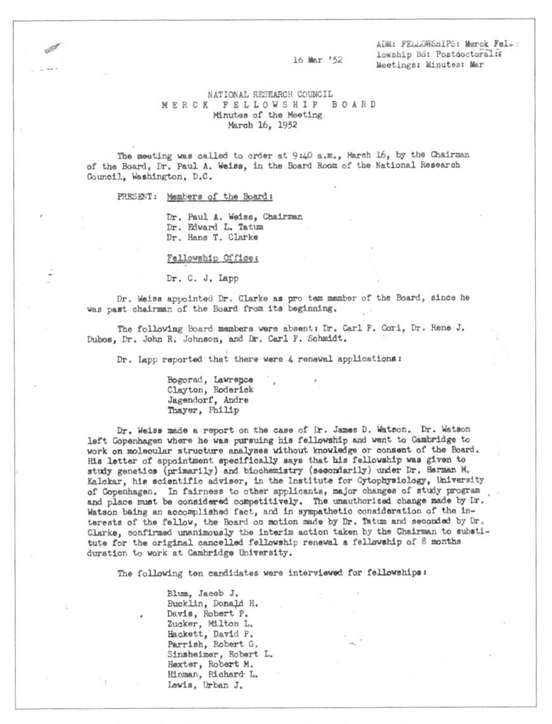
16 Mar '52

ADM: FELLOWSHIPS: Merck Fellowship Bd: Postdoctoral: Meetings: Minutes: Mar

NATIONAL RESEARCH COUNCIL
M E R C K F E L L O W S H I P B O A R D
Minutes of the Meeting
March 16, 1952

The meeting was called to order at 9:40 a.m., March 16, by the Chairman of the Board, Dr. Paul A. Weiss, in the Board Room of the National Research Council, Washington, D.C.

PRESENT: Members of the Board:

Dr. Paul A. Weiss, Chairman
Dr. Edward L. Tatum
Dr. Hans T. Clarke

Fellowship Office:

Dr. C. J. Lapp

Dr. Weiss appointed Dr. Clarke as pro tem member of the Board, since he was past chairman of the Board from its beginning.

The following Board members were absent: Dr. Carl F. Cori, Dr. Rene J. Dubos, Dr. John R. Johnson, and Dr. Carl F. Schmidt.

Dr. Lapp reported that there were 4 renewal applications:

Bogorad, Lawrence
Clayton, Roderick
Jagendorf, Andre
Thayer, Philip

Dr. Weiss made a report on the case of Dr. James D. Watson. Dr. Watson left Copenhagen where he was pursuing his fellowship and went to Cambridge to work on molecular structure analyses without knowledge or consent of the Board. His letter of appointment specifically says that his fellowship was given to study genetics (primarily) and biochemistry (secondarily) under Dr. Herman M. Kalckar, his scientific adviser, in the Institute for Cytophysiology, University of Copenhagen. In fairness to other applicants, major changes of study program and place must be considered competitively. The unauthorized change made by Dr. Watson being an accomplished fact, and in sympathetic consideration of the interests of the fellow, the Board on motion made by Dr. Tatum and seconded by Dr. Clarke, confirmed unanimously the interim action taken by the Chairman to substitute for the original cancelled fellowship renewal a fellowship of 8 months duration to work at Cambridge University.

The following ten candidates were interviewed for fellowships:

Blum, Jacob J.
Bucklin, Donald H.
Davis, Robert P.
Zucker, Milton L.
Hackett, David P.
Parrish, Robert G.
Sinsheimer, Robert L.
Hexter, Robert M.
Hinman, Richard L.
Lewis, Urban J.

NRC委員會的會議紀錄，1952年3月16日。

對於華生的性格，肯德魯為NRC所寫的評估頗有先見之明：「大致來說，我們已經發現，華生是我們實驗室中最刺激的同事。他有大量的獨到概念，而且有極高的創造力，能夠提出方法來測試這些概念。他展現出解決問題的強烈欲望，而且不因眼前的困難而轉移他的目標。毫無疑問，他是具有傑出才能的科學家。」肯德魯還補充一項條件：「這麼說吧，他的成就，多半歸功於天才的想法及意義重大的實驗，而不是有恆心、有耐心的埋頭苦幹。他的弱點，主要在於缺乏系統與條理，以及使用物理儀器時不夠細心。」

這令我們想起克里克對雙螺旋發現過程的生動記述，他的開場白寫道：「吉姆老是笨手笨腳的。只要看他剝橘子就知道了。」

肯德魯接著又說：「我再度重申，我們已經發現，他的研究大致都是最高級的水準，我們應該覺得很幸運，能確保未來的合作者有如此高的標準。我相信，華生絕對是具有獨到見解的人，就此而言，他在科學界將大有可為，因為正是那些有創意的人，才能成為科學進展的領導者。」

附錄四：
《雙螺旋》之寫作與出版

在 1968 年英國首版的《雙螺旋》書衣上，刊載了身兼科學家、文職官員、小說家數職的史諾（C. P. Snow）所寫的薦言：「不同於其他文獻，這本書描述富有創意的科學如何成真，令人感同身受。它令一般的非科學界讀者大開眼界。」

史諾早在五年前就曾寫信給克里克，勸他把 DNA 結構的發現經過記錄下來，他想製作成書籍，介紹給一般讀者。克里克的回信大體上展現出熱情（「我認為寫成書的想法很棒。」），但他不知道怎麼寫才好。

「可以有兩種寫法：一種是可能由幾位科學家來寫，如您所提議的，不然就是由單獨一人來寫，這個人會去訪談經過挑選的每一位科學家。您本身正是理想人選……」

克里克接著又指出，就他所知，由單獨一位科學家來寫這篇故事的難處：「以我本身而言，我是很左右為難的。對於我們如何進行 DNA 研究，我已經演講過很多次。把它寫下來的問題不光是所耗費的時間，而且這會牽涉到其他幾位人士（華生、威爾金斯等人），每件事都必須經過他們核實同意才行。我可不敢說我很有興趣。」

在克里克與史諾不知情的情況下，華生那時候已經寫了後來成為《雙螺旋》這本書的第一章，包括開場白：「我從來沒看過克里克謙虛的樣子。」這是他前一年夏天住在聖捷爾吉位於伍茲霍爾（Woods Hole）的家裡時寫的。

自從發現 DNA 結構後不久，華生便考慮要把發現經過寫下來，直到那年春天，他在紐約國賓大飯店（Ambassador Hotel）發表演講之後，才終於把這股衝動化為行動。當時華生代表自己和缺席的克里克去領獎，飯後，他說了一段他們發現 DNA 的有趣經過。後來他寫到這次場合：「我出人意表的坦率，引來哄堂大笑，後來受到讚美，因為這讓觀眾感覺像是親身經歷科學重大時刻之一的圈內人。」克里克在寫給史諾的信函上所提到的限制，華生絲毫不以為意。他反而看到機會，認為可以用卡波提（Truman Capote）後來被譽為「非杜撰小說」的風格來寫故事。

由於諸事繁忙（包括那年秋天獲得諾貝爾獎有關的事情），使得華生將近一年來只寫了第一章。甚至到了 1963 年夏天，他也只多寫了幾章而已，因為他同時著手撰寫教材，後來成為影響深遠的教科書《基因的分子生物學》（*Molecular Biology of the Gene*，1965 年出版）；他暫時擱下《雙螺旋》，直到寫完教科書為止。

剩下的大量寫作，都是他從哈佛休假時完成的，1965 年夏天，他住在劍橋，布瑞納在國王學院為他安排了房間；那年耶誕節，他住在米奇森家族位於蘇格蘭卡拉代爾的房子裡，故事裡也有所著墨。回到劍橋，讓他可以和克里克確認故事的方方面面，華生寫好的章節，克里克的祕書還幫他打字。在這個階段，克里克似乎對寫書的計畫憂喜參半，最差也不過如此而已。

華生原本將他的書取名為《誠實的吉姆》。選這個書名乃起源於 1955 年，當席茲與華生在阿爾卑斯山區擦身而過時，席茲對華生所說的一番話（書的前言敘述了這場狹路相逢）。但這個書名，同時也是向艾米斯（Kingsley Amis）的《幸運兒吉姆》（*Lucky Jim*）與康拉德（Joseph Conrad）的《吉姆爺》（*Lord Jim*）致敬，他們的主題也在華生的書中反映出來——例如艾米斯筆下隱約帶有喜劇色彩的戰後英國學術生活，以及康拉德所探討的人物性格。

儘管最後的書名改為《雙螺旋》，但這本書與《幸運兒吉姆》還是脫不了關係。《雙螺旋》與艾米斯的書極為神似，甚至連華生筆下的富蘭克林，都像極了艾米斯的書中人物皮爾（Margaret Peel），那是以詩人拉金（Philip Larkin）的紅粉知已瓊斯（Monica Jones）為原型所塑造的。

最早得知這本書的出版社是霍頓米夫林公司（Houghton Mifflin），他們透過社交圈人士看到了部分書稿。但出版社與律師會談之後，他們擔心，書中對克里克等人的描述可能會惹上官司。華生對他們不太滿意，返回哈佛時「很納悶，霍頓米夫林公司的風險規避，恐怕令他們連出版彼得森（Roger Tory Peterson）的鳥類圖鑑最新版本都不敢。」第二家出版社比較有希望，至少一開始是如此。這家出版社正是哈佛本身的大學出版社（Harvard University Press, HUP），社長威爾遜立刻成為（且一直是）這本書的擁護者。

得知HUP想要拿下這本書後不久，華生前往倫敦，在多佛街（Dover Street）著名的惠勒氏（Wheeler's）魚餐廳，與彼得．鮑林及幾位年輕科學家共進午餐，其中包括晶體學家諾斯（Tony North）。彼得．鮑林等人都在英國皇家研究院工作，當時這所機構由小布拉格爵士擔任所長，他在1954年離開卡文迪西，之後便轉到那裡。幾瓶酒下肚，華生拿書稿給他們看，並且坦承，自己很擔心小布拉格對書的反應如何。諾斯靈機一動，想到請小布拉格寫序，構想上這是一招妙計，不過進行起來卻很傷腦筋。事實上，華生等了好幾個月才找到機會，鼓起勇氣向小布拉格提出這個問題。

那時華生住在日內瓦，他特地跑了兩趟倫敦去找小布拉格：第一趟是把《誠實的吉姆》書稿給他，第二趟則是想知道，他願不願意寫一篇序言。小布拉格讀到華生如何描述他及其他人時，本來很火大，與妻子愛麗絲一番長談之後，明顯氣消了，他開始體會到，華生的作品別出心裁，而且很有意義。他同意寫序言，甚至開玩笑表示（不幸一語成讖），此舉必然剝奪了他控告誹謗的機會。

請小布拉格寫序意義非凡，而且對華生來說沒有損失。要是華生拿不到這篇序言，書很有可能根本不會出版，尤其是，假如小布拉格反過來與克里克、威爾金斯聯手（兩人後來皆強烈反對書的出版），如同以下即將看到的。

正是在這個階段，華生將完稿寄給克里克，請他批評指教。此時克里克的抱怨，主要限於事實問題，不過，甚至在他一開始的回信中，他也清楚表明，

「這並不代表我認同書稿的其餘部分——我相信，其中一定有不少錯誤的看法，絕對不是事實。」（1966 年 3 月 31 日）

然而，克里克所關心的，似乎是改善書稿的正確度，而不是原則上反對書的出版。他也不滿意原來的書名。他覺得《誠實的吉姆》給人自命不凡的印象，彷彿在他們之中，唯獨華生所說的才是實情。可是當另一個書名——《鹼基對》（*Base Pairs*）出現時，他更是強烈反對（1966 年 9 月 27 日）：「我確定，你將會發現，大家都會把我們看成至少是其中一組鹼基對，而且我不明白，為什麼我在出版書上該被描寫成『鹼基』。」

事實上，面對這另一個書名，克里克對原書名的意見大為軟化，只不過稍加挖苦：「個人而言，我認為書名《誠實的吉姆》挺好的；我看不出任何理由，為什麼你不想被稱為『誠實的』……你最好再想一個（書名），不然就回到《誠實的吉姆》好了。」出版社也不喜歡這些書名，最後華生接受他們的建議，將書名改為較沒有色彩的《雙螺旋》。

克里克寫完這封關於書名的信函，才不過一星期，他的批評在本質上卻有了急劇的變化。重點不再是修改書稿，現在他竟然整個反對出版。他的態度之所以轉變，可能是拜訪威爾金斯之後造成的，那時威爾金斯也看過書稿了。威爾金斯反對出版，或許是發現同仇敵愾，使兩人壯起膽子，與華生劃清界線。

因此，1966 年 10 月 3 日，克里克再度寫信給華生：「你的書我又看了一次，比起你在春天寄較早版本給我那時候，我現在覺得比較不受困擾，因為我有時間來思考整件事情。我也跟威爾金斯討論過了。我不得不決定：我不能同意這本書的出版。我有兩個理由。第一個理由，我已經概略告訴你了。書裡頭八卦太多、知識內容太少。第二個理由，你也知道，過去幾年來，我一直極力避免個人宣傳。如果我同意你的書出版，我就再也不可能這麼做了。」

他在信函上繼續表明他的焦慮與不贊成，末尾：「最後我應該向你指出，你的書不但對科學根本沒好處，事實上，說不定會立下最危險的先例，反而危害科學。就合作過程來說，假如極度個人化的記述可以輕易發表，那人們對於共同合作就會再三考慮了。不成文的慣例並不鼓勵科學家這麼做，我認為這是很明智的。

「我實在很後悔，沒有早點採取強硬立場。我向來對你直話直說，我並不喜歡你這本書的整個理念，為了這個原因，我拒絕讀你的初稿。你今年春天寄給我的書稿，來得最不是時候，因為當時歐蒂病得很嚴重。我沒辦法諮詢威爾金斯的意見，因為那時候你還沒有拿書稿給他看。現在我已經跟他討論過整件事了，並且發現，他也認同我，你的書不應該出版。

「因此我已致函哈佛大學出版社（副本如附），同時也寄了這封信函的副本給他們。我真希望，在這種情況下，你會有良好的判斷力，不再繼續出版，不過我明白，這樣會讓你很失望。」

幾天之後，威爾金斯也來信了，儘管是以他典型的轉折語氣，但他也堅決反對出版（1966 年 10 月 6 日）。（這封信轉載於下頁）。

「親愛的吉姆，

當我最初聽說你正在寫《誠實的吉姆》時，我十分懷疑這本書出版的必要性（如我在 2 月 18 日的信函上所言）。然而，我很有興趣一讀，看看何種程度的修正才能加以改善。現在，面對準完稿及出版社的簽名表格，我把整件事又徹底想了一遍，發現自己的看法還是一如初衷。提議禁止書的出版，這是誰也不樂意做的事情，但是想到出版這本書的不良影響，我也是迫於無奈。在我看來，這本書對我不公平，這點讓我更難理清思緒。」

在信函末尾，威爾金斯透露自己對於公諸於世的恐懼，同時提到富蘭克林在這件事情的立場。

「這本書可能會引起人們極大的興趣，導致媒體記者之類的人來糾纏我，要我證實或否認你所說的話。我不想遭人糾纏，也不想被逼到忍無可忍的地步，到時候搞不好會說你是個怪人，不用太認真看待。當富蘭克林遭人非議時，我也不願意袖手旁觀。她是我的同事，無論你對她的描述如何，我都不贊成書的出版。如果她還在世，她一定也不贊成。」

10月19日，華生回信給克里克：「我對你的來信自然是大失所望……」回應克里克抱怨八卦比科學還多，華生寫道：「你批評我的書八卦太多、學術注解不足，這種論調完全不理解我想要做的事情。我從來沒打算創作一本只給科學史專家看的技術書籍。我反而一直覺得，我和你、威爾金斯、富蘭克林、小布拉格、鮑林、彼得等人的互動，到最後如何交織成雙螺旋的故事，這是很棒的故事，公眾會很樂於知道……總有一天，就算你或威爾金斯不寫，或許某個追求博士學位的研究生，也會寫出不偏不倚的學術史作品……」華生也試圖用看過書稿、認為書應該出版的人數（五十人左右）來打動克里克。最後他拜託克里克，讓書早日出版。

從此以後，分歧迅速加深。克里克的怒火愈來愈烈，他先寫信給 HUP 社長威爾遜，發現得不到滿意的答覆，於是又寫信給哈佛大學校長普西本人，要求他出面干預，阻止書的出版。

為了回應各方意見，包括克里克先前幾乎所有的具體批評，華生一直在修改書稿——糾正不符事實的錯誤（我們在正文的注解裡發現一些例子，其中一例如第19章注3所示）、刪掉某些令人不快的用語、改寫已知為誤傳的陳述。

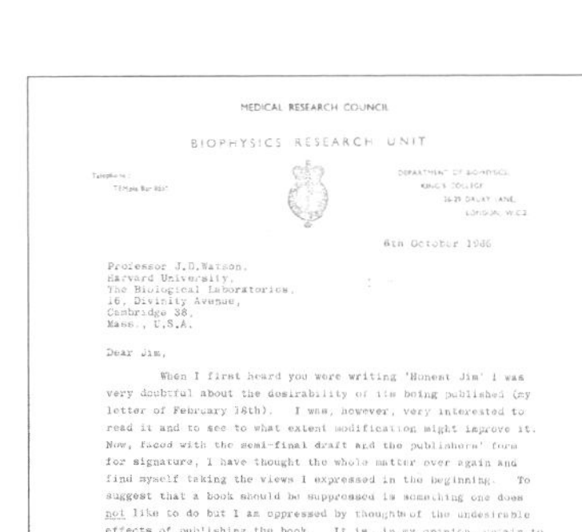

MEDICAL RESEARCH COUNCIL

BIOPHYSICS RESEARCH UNIT

DEPARTMENT OF BIOPHYSICS
KING'S COLLEGE
26-29 DRURY LANE
LONDON, W.C.2

6th October 1966

Professor J.D.Watson,
Harvard University,
The Biological Laboratories,
16, Divinity Avenue,
Cambridge 38,
Mass., U.S.A.

Dear Jim,

When I first heard you were writing 'Honest Jim' I was very doubtful about the desirability of its being published (my letter of February 18th). I was, however, very interested to read it and to see to what extent modification might improve it. Now, faced with the semi-final draft and the publishers' form for signature, I have thought the whole matter over again and find myself taking the views I expressed in the beginning. To suggest that a book should be suppressed is something one does not like to do but I am oppressed by thoughts of the undesirable effects of publishing the book. It is, in my opinion, unfair to me, and this has made it more difficult to sort out my thoughts.

I am with you in being tired of polite covering-up and misleading inadequate pictures of how scientific research is done, but I think there is sense in the way scientific people – and academics generally – have tried to shield each other from vulgar gaze. With increasing interest in science there is going to be more and more pressure to take the lid off, but if the old conventions are to be replaced it is important to choose carefully how. There is already much spilling of beans in military memoirs and by lawyers, politicians and journalists, and confidential matters are revealed increasingly soon after important events. Some tendency this way is probably inevitable in the academic world but do we want to accelerate it? Because you are a scientist of the very highest standing, a book from you would be a sign to others to go ahead with accounts of their feelings and impressions concerning their work and collaborations. Meanwhile, scientific research becomes of increasing social importance and as a human activity badly needs scientific study –

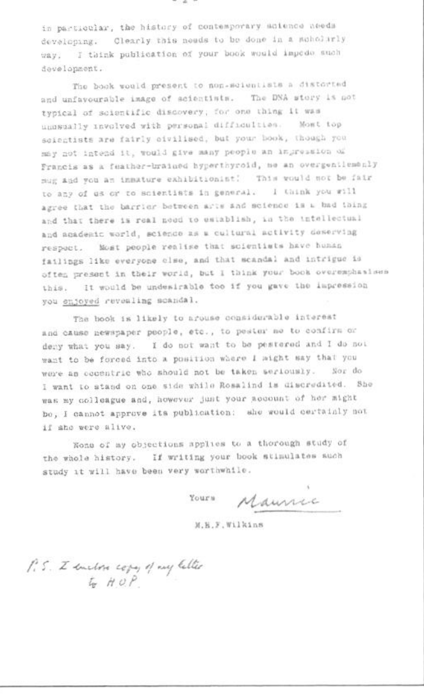

- 2 -

in particular, the history of contemporary science needs developing. Clearly this needs to be done in a scholarly way. I think publication of your book would impede such development.

The book would present to non-scientists a distorted and unfavourable image of scientists. The DNA story is not typical of scientific discovery, for one thing it was unusually involved with personal difficulties. Most top scientists are fairly civilised, but your book, though you may not intend it, would give many people an impression of Francis as a feather-brained hyperthyroid, me an overgentlemanly mug and you an immature exhibitionist! This would not be fair to any of us or to scientists in general. I think you will agree that the barrier between arts and science is a bad thing and that there is real need to establish, in the intellectual and academic world, science as a cultural activity deserving respect. Most people realise that scientists have human failings like everyone else, and that scandal and intrigue is often present in their world, but I think your book overemphasises this. It would be undesirable too if you gave the impression you enjoyed revealing scandal.

The book is likely to arouse considerable interest and cause newspaper people, etc., to pester me to confirm or deny what you say. I do not want to be pestered and I do not want to be forced into a position where I might say that you were an eccentric who should not be taken seriously. Nor do I want to stand on one side while Rosalind is discredited. She was my colleague and, however just your account of her might be, I cannot approve its publication: she would certainly not if she were alive.

None of my objections applies to a thorough study of the whole history. If writing your book stimulates such study it will have been very worthwhile.

Yours Maurice

M.H.F.Wilkins

P.S. I enclose copy of my letter to H.U.P.

威爾金斯寫給華生的信。

另外，HUP 編輯萊博維茲相當有見識，華生從善如流，依照她的提議追加一篇後記，主要是提到富蘭克林。華生在後記裡重申，這本書的主旨是記錄1950 年代初、一位二十三歲的美國人在劍橋大學遇到的種種事件與人物。他坦承，這導致富蘭克林的形象遭到扭曲，由於她是唯一已不在人世的角色，因此他藉機更正某些不實的陳述，並且推崇她在菸草嵌紋病毒方面的重要工作，那是後來她在英年早逝之前所進行的研究。

但面對克里克的全盤否決出版，無論做了多少次具體修正也沒用，華生在1966 年 11 月 23 日寫了一封短箋給他：

> 「親愛的克里克：
>
> 你對《誠實的吉姆》充滿敵意之反應，令我困擾不已。我們長久以來最有成效、極為愉快的友誼就要不歡而散，一想到就難過極了。但你毫無妥協的可能，告訴我這本書不但暗箭傷人、侵犯你的隱私，而且品味低俗、文筆差勁。不過，由於我認為這是一本好書，而且絕對沒有危害到你或你的名聲，所以我無法接受你的要求。我很遺憾說這些話，因為在大多數情況下，我發覺你的判斷都很明智、很中肯。
>
> 但這次很遺憾，你的建議我無法苟同。
>
> 你誠摯的 J. D. 華生」

他們從此劃清界線。即使沒有克里克的許可，華生還是決定出版。但事情離結束還早得很。

飛越往返大西洋的信函愈來愈多了。其他科學界成員也捲入其中，大部分的人都支持出版。有些人認為，這本書不同凡響、令人愛不釋手，例如貝爾納、克萊恩（George Klein）、費曼、馬多克斯（John Maddox），儘管有些疑慮與不安（並且擔心，書一問世會影響華生的生活安寧），但大家都支持出版。

鮑林（他的兒子彼得給他看過書稿複本）不太高興，但從未認真阻止出版。華生在哈佛的幾位傑出同仁多蒂、埃茲爾（John Edsall）也陷入爭議，部分是因為回應克里克寫給普西校長的信函。兩人都致函克里克表明：雖然多少同情他的立場，但平心而論，他們認為書的出版合情合理。

多蒂在 1967 年 3 月 16 日的信函上指出，問題之所以節外生枝，部分是因為克里克在過程中一直沒有反對，到了最後一刻卻改口。正如多蒂所指出的，克里克原本似乎「並沒有認真反對，和你一樣，當時表現出相當客觀、從容、超然的態度。」多蒂擔心，書稿已經廣為流傳（而且讀過的人幾乎都贊成，書應該要出版），退一步來說，現在才禁止，恐怕會很尷尬。

克里克宣稱，沒有他的允許，華生當然不能出版，埃茲爾對此不表贊同。埃茲爾同意，如果發表的是科學論文，一定要有合作者的許可才行，但回憶錄則未必如此，他指出，這種規則並不適用於其他任何領域。

然而華生擔心，壓力不斷升高，恐怕會達到哈佛無法繼續進行的地步。他也擔心，小布拉格說不定會後悔寫序言，趁機要求刪掉。小布拉格對這本書的衝突演變確實相當不滿，但他說，只要華生對書的文字再具體修改一下，他還是會提供序言（形式稍微調整）。如同先前的例子，華生同意這些特定的修改要求。1967 年 4 月，小布拉格夫婦住在肯德

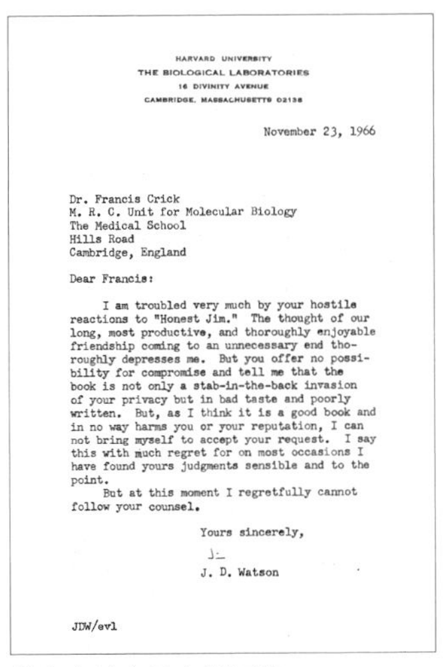

HARVARD UNIVERSITY
THE BIOLOGICAL LABORATORIES
16 DIVINITY AVENUE
CAMBRIDGE, MASSACHUSETTS 02138

November 23, 1966

Dr. Francis Crick
M. R. C. Unit for Molecular Biology
The Medical School
Hills Road
Cambridge, England

Dear Francis:

I am troubled very much by your hostile reactions to "Honest Jim." The thought of our long, most productive, and thoroughly enjoyable friendship coming to an unnecessary end thoroughly depresses me. But you offer no possibility for compromise and tell me that the book is not only a stab-in-the-back invasion of your privacy but in bad taste and poorly written. But, as I think it is a good book and in no way harms you or your reputation, I can not bring myself to accept your request. I say this with much regret for on most occasions I have found yours judgments sensible and to the point.

But at this moment I regretfully cannot follow your counsel.

Yours sincerely,

J. D. Watson

JDW/evl

華生寫給克里克的短箋。

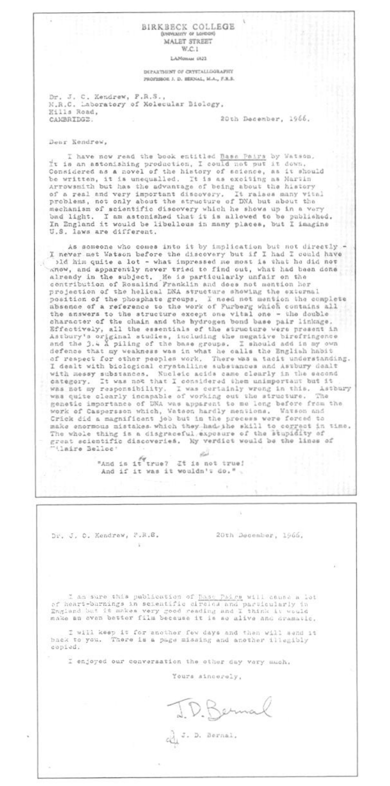

BIRKBECK COLLEGE
(UNIVERSITY OF LONDON)
MALET STREET
W.C.1
LANGHAM 6622

DEPARTMENT OF CRYSTALLOGRAPHY
PROFESSOR J. D. BERNAL, M.A., F.R.S.

Dr. J. C. Kendrew, F.R.S.,
M.R.C. Laboratory of Molecular Biology,
Hills Road,
CAMBRIDGE.

20th December, 1966.

Dear Kendrew,

I have now read the book entitled Base Pairs by Watson. It is an astonishing production, I could not put it down. Considered as a novel of the history of science, as it should be written, it is unequalled. It is as exciting as Martin Arrowsmith but has the advantage of being about the history of a real and very important discovery. It raises many vital problems, not only about the structure of DNA but about the mechanism of scientific discovery which he shows up in a very bad light. I am astonished that it is allowed to be published. In England it would be libellous in many places, but I imagine U.S. laws are different.

As someone who comes into it by implication but not directly - I never met Watson before the discovery but if I had I could have told him quite a lot - what impressed me most is that he did not know, and apparently never tried to find out, what had been done already in the subject. He is particularly unfair on the contribution of Rosalind Franklin and does not mention her projection of the helical DNA structure showing the external position of the phosphate groups. I need not mention the complete absence of a reference to the work of Furberg which contains all the answers to the structure except one vital one - the double character of the chain and the hydrogen bond base pair linkage. Effectively, all the essentials of the structure were present in Astbury's original studies, including the negative birefringence and the 3.4 Å piling of the base groups. I should add in my own defence that my weakness was in what he calls the English habit of respect for other peoples work. There was a tacit understanding. I dealt with biological crystalline substances and Astbury dealt with messy substances. Nucleic acids came clearly in the second category. It was not that I considered them unimportant but it was not my responsibility. I was certainly wrong in this. Astbury was quite clearly incapable of working out the structure. The genetic importance of DNA was apparent to me long before from the work of Caspersson which, Watson hardly mentions. Watson and Crick did a magnificent job but in the process were forced to make enormous mistakes which they had the skill to correct in time. The whole thing is a disgraceful exposure of the stupidity of great scientific discoveries. My verdict would be the lines of Hilaire Belloc:

"And is it true? It is not true!
And if it was it wouldn't do."

Dr. J. C. Kendrew, F.R.S. 20th December, 1966.

I am sure this publication of Base Pairs will cause a lot of heart-burnings in scientific circles and particularly in England but it makes very good reading and I think it would make an even better film because it is so alive and dramatic.

I will keep it for another few days and then will send it back to you. There is a page missing and another illegibly copied.

I enjoyed our conversation the other day very much.

Yours sincerely,

J. D. Bernal

J. D. Bernal.

貝爾納寫給肯德魯的信函，
評論《鹼基對》書稿。

from JOHN C. KENDREW, *The Guildhall, 4 Church Lane, Linton, Cambridgeshire*
Linton 545

23.4.67

Congratulations on becoming an Hon Fellow & hope we shall see you here soon to enjoy it.

Francis showed me his last salvo to you about Honest J. – my impression is that he is now giving up the struggle. I had the Braggs staying & helped him re-draft the Introduction. Hope all now straightforward

In haste
J

肯德魯寫給華生的明信片，
提到他幫小布拉格重寫序言。

魯家時，肯德魯還幫小布拉格重新起草序言。

克里克的最後一次砲轟，是在1967年4月13日的信函上（如右頁所示）。信函是寫給華生的，複本寄給了當時捲入糾紛的其他十人：普西、小布拉格、威爾金斯、鮑林、威爾遜、埃茲爾、多蒂、肯德魯、佩魯茲、克魯格。在長達六頁的信函中，他重申反對這本書既是歷史也是自傳的所有理由。

克里克再度點出遭到冷落的重要科學細節，以及許多書中涵蓋、但他覺得無關緊要的附帶事件（比方華生在卡拉代爾過耶誕節）。他譴責「科學發現史竟然被寫成了八卦」：「任何帶有任何知識的內容，包括當時我們認為至關重要的事情，都被跳過或省略了。你的歷史觀，是那種在低級婦女雜誌裡才找得到的。」

就正確性與風格來說，克里克也不認為這本書是自傳。不但如此，他還挺身反駁其他支持書的人（包括多蒂和埃茲爾）所提出的論點。他甚至聲稱，這麼做會使華生本身蒙羞，試圖勸阻華生繼續出版：

「我不認為，你知道人家會從書上看到什麼。有一位精神科醫師看過你蒐集的照片，他說，只有討厭女性的男子才會蒐集這些照片。同樣的道理，另一位精神科醫師讀過《誠實的吉姆》，他說，書上看起來最明顯的，就是你對你妹妹的愛。你在劍橋工作那陣子，你那些朋友也對此議論紛紛，但到目前為止，他們都很節制，避免寫出來。我懷疑別人會不會這麼節制。」

事情愈演愈烈，哈佛決定，校方不能出版一本造成科學同仁之間如此嚴重分歧的書。這時候，大學出版社的社長威爾遜已經打算離開HUP，卸任後，克里克最後一次試圖說服華生不要出版《雙螺旋》，以下轉錄長達六頁信函的其中三頁：

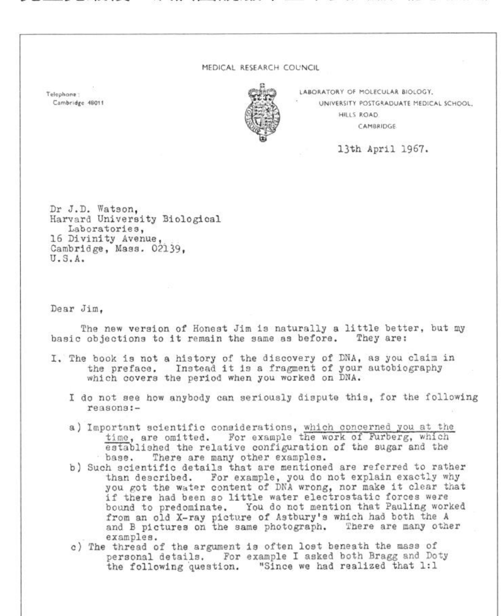

MEDICAL RESEARCH COUNCIL

Telephone:
Cambridge 48011

LABORATORY OF MOLECULAR BIOLOGY,
UNIVERSITY POSTGRADUATE MEDICAL SCHOOL,
HILLS ROAD
CAMBRIDGE

13th April 1967.

Dr J.D. Watson,
Harvard University Biological
Laboratories,
16 Divinity Avenue,
Cambridge, Mass. 02139,
U.S.A.

Dear Jim,

The new version of Honest Jim is naturally a little better, but my basic objections to it remain the same as before. They are:

I. The book is not a history of the discovery of DNA, as you claim in the preface. Instead it is a fragment of your autobiography which covers the period when you worked on DNA.

I do not see how anybody can seriously dispute this, for the following reasons:-

a) Important scientific considerations, which concerned you at the time, are omitted. For example the work of Furberg, which established the relative configuration of the sugar and the base. There are many other examples.
b) Such scientific details that are mentioned are referred to rather than described. For example, you do not explain exactly why you got the water content of DNA wrong, nor make it clear that if there had been so little water electrostatic forces were bound to predominate. You do not mention that Pauling worked from an old X-ray picture of Astbury's which had both the A and B pictures on the same photograph. There are many other examples.
c) The thread of the argument is often lost beneath the mass of personal details. For example I asked both Bragg and Doty the following question. "Since we had realized that 1:1

克里克的最後通牒，第 1 頁。

\- 2 -

Dr J.D. Watson. 13th April 1967.

base ratios mean that the bases went together in pairs why did we not immediately use this idea when we started model building the second time?" Neither could give the correct answer.

d) No attempt is made to ask or answer questions which would interest the historian (such as the one above). For example, the advantages or disadvantages of collaboration, or when the structure would have been solved if we had not solved it. Nothing is said about the importance of the MRC, nor why they decided to finance "biophysics" after the war.
e) Gossip is preferred to scientific considerations. For example, you explain how Bragg and I had a misunderstanding but you omit to say what the scientific issue was.
f) Much of the gossip and even some of the science is irrelevant to a history of DNA. For example, your work on TMV and bacterial genetics is only of marginal importance to the main theme. Whole chapters, such as Chapter 15 on your visit to Carradale, are irrelevant as far as DNA is concerned. Even when personal matters should be mentioned they are described in quite unnecessary detail.
g) Absolutely no attempt is made to document your assertions, many of which are not completely accurate because of your faulty memory. You have not troubled to consult documents which you could easily lay your hands on, nor have you made available to others the documents you yourself have, such as the letters you wrote at the time to your mother, which are in fact not even mentioned in the book. Dates are given in the book only very casually.

It is thus absolutely clear that your book is not history as normally understood. However once it is realized that it is not history but a part of your autobiography many of the points made above become irrelevant. Unfortunately you yourself claim it as history, and the misguided but worthy people who are supporting you in publishing it also use this as their major excuse for publication.

Should you persist in regarding your book as history I should add that it shows such a naive and egotistical view of the subject as to be scarcely credible. Anything which concerns you and your reactions, apparently, is historically relevant, and anything else is thought not to matter. In particular the history

克里克的最後通牒，第 2 頁。

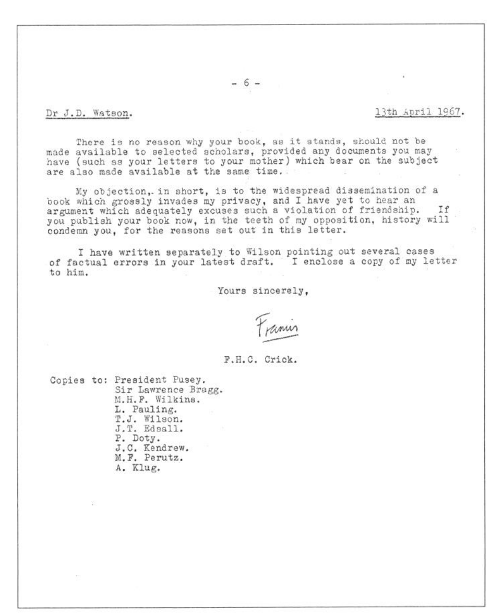

\- 6 -

Dr J.D. Watson. 13th April 1967.

There is no reason why your book, as it stands, should not be made available to selected scholars, provided any documents you may have (such as your letters to your mother) which bear on the subject are also made available at the same time.

My objection, in short, is to the widespread dissemination of a book which grossly invades my privacy, and I have yet to hear an argument which adequately excuses such a violation of friendship. If you publish your book now, in the teeth of my opposition, history will condemn you, for the reasons set out in this letter.

I have written separately to Wilson pointing out several cases of factual errors in your latest draft. I enclose a copy of my letter to him.

Yours sincerely,

Francis

F.H.C. Crick.

Copies to: President Pusey.
Sir Lawrence Bragg.
M.H.F. Wilkins.
L. Pauling.
T.J. Wilson.
J.T. Edsall.
P. Doty.
J.C. Kendrew.
M.F. Perutz.
A. Klug.

克里克的最後通牒，第 6 頁。

他加入新成立的商業出版社，名為雅典出版社（Atheneum）。拜華生與哈佛之賜，他帶著《誠實的吉姆》一起離開。

但雅典出版社的律師看到書上的誹謗語氣，他們也憂心忡忡，希望能說服華生，刪除更多令人不快的文字。他們的提議簡直是吹毛求疵，例如將「我從來沒看過克里克謙虛的樣子」，改成法律上比較站得住腳的「我不記得看過克里克謙虛的樣子」。到最後，華生聘請著名的言論自由律師倫頓（Ephraim London），他有本事讓雅典出版社放心，這本書（現已改名為《雙螺旋》）並沒有誹謗任何人。

書在美國問世之前，曾於 1968 年 1 月及 2 月號的《大西洋月刊》（*The Atlantic Monthly*）雜誌連載。英國版本由 W&N（Weidenfeld and Nicolson）出版社發行，出版時間稍有延遲，部分是因為華生要求銷毀、換掉原來的書皮封套，因為封底上有克里克的相關評論（例如「哪一位諾貝爾獎得主的嗓門超大，簡直震耳欲聾？」等等）。

這本書獻給娜歐蜜．米奇森，她非常高興（後來她投桃報李，將她的科幻小說《三號解決方案》（*Solutions Three*）獻給「吉姆．華生，他最先提議這個可怕的點子。」）。一看到《雙螺旋》的印刷書，她立刻寫信給華生：

> 「親愛的吉姆：
>
> 看到《誠實的吉姆》果真印製成書，實在是太高興了，不過我覺得，現在的書名絕對更浪漫——聽起來就像是塞爾特（Celtic）童話故事。我已經看過不少書評，包括《新科學人》（*New Scientist*）雜誌上那篇，寫得極好，我感覺書簡直就像是我的孩子一樣。
>
> 這本書有個奇特的效應，我孫子格雷姆（Graeme）讀過初稿之後，竟然與拓樸學分道揚鑣，跑去布瑞納（Brenner）那裡了。不過說真的，它是前所未有的一大突破。你大概再也不會寫這種

東西了，那也沒關係，反正你已經畢其功於一役。

我真希望，你和克里克別再爭吵了。看起來挺傻的。有那麼多真正的事情可以爭吵，而且仔細想想，克里克說的也沒錯。

卡拉代爾這幾天有足夠的暖氣……地毯下面有熱毯，所以你只要躺在上面就好……

感激不盡——書上竟然有我的名字，實在是太恭維我了！

娜歐蜜」

這本書無論在大眾或科學媒體均受到廣泛評論，例如大名鼎鼎的梅達沃（Peter Medawar）與布魯諾斯基（Jacob Bronowski）的書評。書大致上獲得好評，但並非一致好評，在附錄五中會有進一步的討論。諾頓出版社（Norton）的《雙螺旋》評述版中，轉載了多篇較重要的書評。

查加夫在《科學》期刊上發表書評，負評大概是免不了的。查加夫不同意諾頓版《雙螺旋》轉載，但本書附錄五轉載了這篇書評。查加夫在書評中聲稱，佩魯茲拿給華生和克里克看的 MRC 報告是保密的，因此佩魯茲犯了嚴重錯誤。這項指控引發佩魯茲、威爾金斯、華生紛紛致函《科學》期刊，這些信函也都轉載於附錄五。

一旦書終於問世，克里克作何反應？他很快就放下之前的激烈反對，他與華生的友誼，終究還是禁得起考驗。1969 年夏天，華生和他的新婚妻子莉茲（Liz）去劍橋時，住在克里克夫婦家；1972 年，克里克同意在 BBC 的紀錄片裡現身說法，暢談 DNA 結構的發現過程。

鏡頭將兩人帶回他們在劍橋當時經常出沒的地方，包括老鷹酒吧，他們在影片中複述，他們的 DNA 研究是如何展開的。克里克甚至多次提到華生的書。兩年後，在《自然》期刊上，為了慶祝發現雙螺旋二十一週年而寫的文章裡，克里克開了《雙螺旋》風格一個小玩笑：「說到書呢，老實說，我真的想好書名（《鬆螺絲》），還挖空心思，寫了吸引人的開場白（『吉姆老是笨手笨腳的。只要看他剝橘子就知道了。』）但我發現，自己沒那個胃口繼續寫下去了。」

後來克里克寫了他自己的回憶錄《瘋狂的追尋》，記錄他的研究生涯。書上有一章提到發現 DNA 結構的相關書籍與影片，他評論《雙螺旋》：

「我還記得吉姆在寫這本書時，有一次，我們去哈佛廣場附近的小餐館聚餐，他讀了一章給我聽。我發現，很難將他的記述當一回事。『有誰，』我自問，『會想要閱讀這種東西？』我壓根兒沒想到！這麼多年來，我只顧著自己感興趣的分子生物學問題，在某些方面竟然導致我活在象牙塔裡。因為我遇見的所有人，主要關心的都是這些問題的學術意義，不用說也知道，我必然是假設大家都像那個樣子。

「現在我比較懂了。一般成年人之所以喜歡某樣東西，通常只是因為那樣東西跟他已知的東西有關；但人們所知道的科學相關事物，在很多情況下少得可憐。幾乎每個人都熟悉的，正是人類行為的變化無常。人們發現，欣賞競爭、挫折、仇恨的故事，又有派對、外國女孩、撐船遊河的背景襯托，比欣賞牽涉到的科學細節要容易多了。

「現在我才明白，吉姆有多高明，他不僅使這本書讀來有如偵探故事（不少人跟我說過，這本書令他們愛不釋手），而且還有辦法涵蓋多得驚人的科學內容，不過，數學較難的部分當然得排除掉。」

《雙螺旋》一出版，立刻成為暢銷書，儘管從來沒有衝上排行榜榜首，但它連續十六週登上《紐約時報》暢銷書排行榜，後來賣了一百多萬冊，還翻譯成二十多種語言。其重要性也深受肯定，名列美國現代圖書公司（Modern Library）二十世紀最佳非小說類作品排行榜第七名，2012 年名列美國國會圖書館八十八本「塑造美國之書籍」名單之一。

附錄五：查加夫的書評及引發之爭議

圍繞著《雙螺旋》出版之種種爭議（詳見附錄四），推波助瀾使這本書成為 1968 年出版界一大盛事。眾多書評出現在性質相異的刊物中，例如英國的《自然》期刊與《每日郵報》（*The Daily Mail*），美國的《科學》期刊與《芝加哥太陽報》（*Chicago Sun Times*）等等。

評論家的意見也很多元化，史坦特曾在 1980 年提出討論。許多人批評華生對於研究進行方式的刻畫，有人對他的描寫感到憤慨，有人稱頌讚美。這本書的文學性備受評議，有人罵得一文不值，有人說華生夠資格拿諾貝爾文學獎。斷言這本書注定會大賣特賣、或賣不出去的都有。

查加夫發表於《科學》期刊的書評，史坦特當時無法轉載，這篇書評如以下幾頁所示，另外還有佩魯茲、威爾金斯、華生對於該書評之回應信函。從查加夫在《雙螺旋》書中的樣子來看，可以猜得出來，他對這本書並不熱中。

查加夫利用其書評痛斥當代科學家，說他們沽名釣譽、扭曲了研究工作的崇高精神。華生書中的英雄是「……新類型的科學家，這種類型是科學變成大眾職業之前根本料想不到的，他們受制於傳播媒體的一切庸俗行為，並逐漸與其同流合汙。」他寫道，「如今的科學，淪為觀賞性的體育活動，」他不知道「……在哪個文獻中有如此清晰的呈現。」

查加夫對這本書的風格沒有好感，認為它缺乏「……斯特恩那種碎語散文的香檳泡沫，」華生能企及的，頂多是蘇打水氣泡罷了。事實上，查加夫認為書的風格屬於「分子界的尼克博克」。*

* 譯注：尼克博克（Cholly Knickerbocker）為赫茲媒體集團（Hearst newspapers）報系八卦專欄作家的化名。

Book Reviews

A Quick Climb Up Mount Olympus

The Double Helix. A Personal Account of the Discovery of the Structure of DNA. JAMES D. WATSON. Atheneum, New York, 1968. xvi + 238 pp., illus. $5.95.

Unfortunately, I hear it very often said of a scientist, "He's got charisma." What is meant by "charisma" is not easy to say. It seems to refer to some sort of ambrosial body odor: an emanation that can be recognized most easily by the fact that "charismatic" individuals expect to be paid at least two-ninths more than the rest, unless Schweitzer or Einstein chairs are available. But what does one do if two men share one charisma?

This would certainly seem to be the case with the two who popularized base-pairing in DNA and conceived the celebrated structural model that has become the emblem of a new science, molecular biology. This model furnishes the title of this "personal account," and Watson describes it, without undue modesty, as "perhaps the most famous event in biology since Darwin's book." Whether Gregor Mendel's ghost concurred in this rodomontade is not stated. The book as a whole testifies, however, to a regrettable degree of strand separation which one would not have thought possible between heavenly twins; for what is Castor without Pollux?

This is the beginning of chapter 1 of Watson's book:

> I have never seen Francis Crick in a modest mood. Perhaps in other company he is that way, but I have never had reason so to judge him. It has nothing to do with his present fame. Already he is much talked about, usually with reverence, and someday he may be considered in the category of Rutherford or Bohr. But this was not true when, in the fall of 1951, I came to the Cavendish Laboratory of Cambridge University. . . .

As we read on, the impression grows that we are being taken on a sentimental journey; and if the book lacks the champagne sparkle of Sterne's garrulous prose, it bubbles at least like soda water: a beverage that some people are reported to like more than others. The patter is maintained throughout, and habitual readers of gossip columns will like the book immensely: it is a sort of molecular Cholly Knickerbocker. They will be happy to hear all about the marital difficulties of one distinguished scientist (p. 26), the kissing habits of another (p. 66), or the stomach troubles of a third (p. 136). The names are preserved for posterity; only I have omitted them here. Do you wish to accompany the founders of a new science as they run after the "Cambridge popsies"? Or do you want to share with them an important truth? "An important truth was slowly entering my head: a scientist's life might be interesting socially as well as intellectually."

In a foreword to Watson's book Sir Lawrence Bragg praises its "Pepys-like frankness," omitting the not inconsiderable fact that Pepys did not publish his diaries; they were first printed more than a hundred years after his death. Reticence has not been absent from the minds of many as they set out to write accounts of their lives. Thus Edward Gibbon, starting his memoirs:

> My own amusement is my motive and will be my reward; and, if these sheets are communicated to some discreet and indulgent friends, they will be secreted from the public eye till the author shall be removed beyond the reach of criticism or ridicule.

But less discreet contemporaries would probably have been delighted had there been a book in which Galilei said nasty things about Kepler. Most things in Watson's book are, of course, not exactly nasty—except perhaps the treatment accorded the late Rosalind Franklin—and some are quite funny, for instance, the description of Sir Lawrence's futile attempts to escape Crick's armor-piercing voice and laughter. It is a great pity that the double helix was not discovered ten years earlier: some of the episodes could have been brought to the screen splendidly by the Marx brothers.

As we read about John and Peter, Francis and Herman, Rosy, Odile, Elizabeth, Linus, and Max and Maurice, we may often get the impression that we are made to look through a keyhole at scenes with which we have no business. This is perhaps unavoidable in an autobiography; but then the intensity of vision must redeem the banality of content. This requirement can hardly be said to be met by Watson's book, which may, however, have a strong coterie appeal, as our sciences are dominated more than ever by multiple cliques. Some of those will undoubtedly be interested in a book in which so many names, and usually first names, appear that are known to them.

This is then a scientific autobiography; and to the extent that it is nothing else, it belongs to a most awkward literary genre. If the difficulties facing a man trying to record his life are great—and few have overcome them successfully—they are compounded in the case of scientists, of whom many lead monotonous and uneventful lives and who, besides, often do not know how to write. Though I have no profound knowledge of this field, most scientific autobiographies that I have seen give me the impression of having been written for the remainder tables of the bookstores, reaching them almost before they are published. There are, of course, exceptions; but even Darwin and his circle come to life much more convincingly in Mrs. Raverat's charming recollections of a Cambridge childhood than in his own autobiography, remarkable a book though it is. When Darwin, hypochondriacally wrapped in his shivering plaid, wrote his memoirs, he was in the last years of his life. This touches on another characteristic facet: scientists write their life's history usually after they have retired from active life, in the solemn moment when they feel that they have not much else to say. This is what makes these books so sad to read: the eagerness has gone: the beaverness remains. In this respect, Watson's book is quite exceptional: when it begins he is 23, and 25 when it ends; and it was written by a man not yet 40.

There may also be profounder reasons for the general triteness of scientific autobiographies. *Timon of Athens* could not have been written, *Les Demoiselles d'Avignon* not have been painted, had Shakespeare and Picasso not existed. But of how many scientific achievements can this be claimed? One could almost say that, with very few exceptions, it is not the men that make science; it is science that makes the men. What A does today, B or C or D could surely do tomorrow.

Hence the feverish and unscrupulous haste that Watson's book reflects on nearly every page. On page 4: "Then DNA was still a mystery, up for grabs, and no one was sure who would get it and whether he would deserve it. . . . But now the race was over and, as one of the winners, I knew the tale was not simple. . . ." And on page 184: "I explained how I was racing Peter's father [Pauling] for the Nobel Prize." Again on page 199: "I had probably beaten Pauling to the gate." These are just a few of many similar instances. I know of no other document in which the degradation of present-day science to a spectator sport is so clearly brought out. On almost every page, you can see the protagonists racing through the palaestra, as if they were chased by the Hound of Heaven—a Hound of Heaven with a Swedish accent.

There were, of course, good reasons for the hurry, for these long-distance runners were far from lonely. They carried, however, considerably less baggage than others whom they considered, sometimes probably quite wrongly, as their competitors. Quite a bit was known about DNA: the discovery of the base-pairing regularities pointed to a dual structure; the impact of Pauling's α-helix prepared the mind for the interpretation of the x-ray data produced by Wilkins, Franklin, and their collaborators at King's College without which, of course, no structural formulation was possible. The workers at King's College, and especially Miss Franklin, were naturally reluctant to slake the Cavendish couple's thirst for other people's knowledge, before they themselves had had time to consider the meaning of their findings. The evidence found its way, however, to Cambridge. One passage must be quoted. Watson goes to see the (rather poor) film *Ecstasy* (p. 181):

> Even during good films I found it almost impossible to forget the bases. The fact that we had at last produced a stereochemically reasonable configuration for the backbone was always in the back of my head. Moreover, there was no longer any fear that it would be incompatible with the experimental data. By then it had been checked out with Rosy's precise measurements. Rosy, of course, did not directly give us her data. For that matter, no one at King's realized they were in our hands. We came upon them because of Max's membership on a committee appointed by the Medical Research Council to look into the research activities of Randall's lab. Since Randall wished to convince the outside committee that he had a productive research group, he had instructed his people to draw up a comprehensive summary of their accomplishments. In due time this was prepared in mimeograph form and sent routinely to all the committee members. As soon as Max saw the sections by Rosy and Maurice, he brought the report in to Francis and me. Quickly scanning its contents, Francis sensed with relief that following my return from King's I had correctly reported to him the essential features of the B pattern. Thus only minor modifications were necessary in our backbone configuration.

Rosy is Rosalind Franklin, Max stands for Perutz.

As can be gathered from this astonishing paragraph, Watson's book is quite frank. Without indulging in excesses of self-laceration, he is not a "stuffed shirt" and seems to tell what he considers the truth, at any rate, so far as it concerns the others. In many respects, this book is less a scientific autobiography than a document that should be of interest to a sociologist or a psychologist, who could give an assessment that I am not able to supply. Such an analysis would also have to take account of the unrelieved persiflage concerning "Rosy" (not redeemed by a cloying epilogue) which goes on throughout the book. I knew Miss Franklin personally, as I have known almost all the others appearing in this book; she was a good scientist and made crucial contributions to the understanding of the structure of DNA. A careful reading even of this book will bear this out.

It is perhaps not realized generally to what extent the "heroes" of Watson's book represent a new kind of scientist, and one that could hardly have been thought of before science became a mass occupation, subject to, and forming part of, all the vulgarities of the communications media. These scientists resemble what Ortega y Gasset once called *the vertical invaders*, appearing on the scene through a trap door, as it were. "He [Crick] could claim no clear-cut intellectual achievements, and he was still without his Ph.D." "Already for thirty-five years he [Crick] had not stopped talking and almost nothing of fundamental value had emerged." I believe it is only recently that such terms as the stunt or the scoop have entered the vocabulary of scientists, who also were not in the habit before of referring to each other as smart cookies. But now, the modern version of King Midas has become all too familiar: whatever he touches turns into a publicity release. Under these circumstances, it is a wonder that what is produced may resemble a Horatio Alger story, but will not be a *Sidereus Nuncius*? To the extent, however, that Watson's book may contribute to the much-needed demythologization of modern science, it is to be welcomed.

ERWIN CHARGAFF
Department of Biochemistry, Columbia University, New York City

Alaska: The Measureless Wealth

Glacier Bay. The Land and the Silence. DAVE BOHN. DAVID BROWER, Ed. Sierra Club, San Francisco, 1967. 165 pp., illus. $25.

In *Glacier Bay*, the Sierra Club once again turns to the task of stimulating public awareness of the natural world and of imparting respect for the land. This magnificently illustrated and sensitively written volume, along with such earlier Sierra Club books as those on the Grand Canyon, the Big Sur coast, and the High Sierra, allow one to see and to marvel.

The wondrous scenes these volumes contain are themselves the best of all arguments for resisting needless encroachment on them by the mining companies, the loggers, and the dam builders. Although economic analysis is becoming increasingly useful in shaping policy on the use and conservation of natural resources, economists know no way to make benefit-cost analysis adequately reflect the intangible values of wilderness and other natural environments. A view of, say, the Grand Canyon's inner gorge is indisputably of value, but it is not a marketable masterpiece to be sold at auction. Indeed, to put a price on such a scene is to play into the hands of those who would plug the gorge with concrete and flood it. In the realm of benefit-cost analysis, as in the marketplace, the demand is not for abstractions but for ready coin.

Although some of them are keenly appreciative of natural values, economists seem not to have had much suc-

1448 SCIENCE, VOL. 159 29 MARCH 1968 1449

查加夫的《雙螺旋》書評，刊登於 1968 年 3 月 29 日發行的《科學》期刊。

佩魯茲花了一年多的時間，策畫威爾金斯、華生及他本人針對查加夫書評的回應。
他們的信函刊登於 1969 年 6 月 27 日的《科學》期刊。

致謝

隨手翻閱這本書的任何一頁，都能看得出來，我們欠了世界各地諸多人士及檔案室的人情。

華生鼓勵我們接下這份工作，隨我們自由發揮，從不過問。由於他在看本書校樣時，重新喚起了他的記憶，因此他為我們提供新的調查線索。葛斯林對於他的時間、記憶與評論，向來最不吝惜。我們格外感謝他特地為本書所寫的文字。這些文字使我們深入瞭解他與威爾金斯、富蘭克林共同進行的研究，並且有助於我們體會倫敦國王學院 MRC 生物物理學組的動態。

我們非常榮幸，能與故事裡的其他角色接觸：弗雷澤、古特弗倫德、赫胥黎、米奇森、瑞奇慷慨提供照片。這些照片是那段時期的回味，為華生的敘述提供相應的視覺感受。我們下了好大一番偵探工夫，在巴黎找到了佛卡德，與他相談甚歡。我們非常感謝邁可．克里克提供他父親寫給他的美妙信函，信函中描述了雙螺旋的發現及其意義。

克雷格（Angela Creager）、葛斯林、格萊茲（Walter Gratzer）、以及歐爾比（Robert Olby）閱讀了書稿，他們的意見與建議，對於改善我們的注解有極大的幫助。

檔案管理人員花了很多工夫，將文獻編目及數位化，非常寶貴，要是沒有他們的辛勞，我們的計畫恐怕無法完成。

華生與布瑞納的論文保存於冷泉港實驗室檔案館，主管為波拉克（Ludmila Pollock），我們非常感謝札里洛（John Zarillo），他的華生檔案知識誰也比不上。我們多次要求資訊與圖片，札里洛有無窮的耐心，無論多麼晦澀難解，他都能迅速回應。

在為威爾金斯的論文編目時，倫敦國王學院的奧佛（Christopher Olver）非常幫忙，主管為布洛維爾（Geoff Browell）。克里克的論文保存於維康信託基金會（Wellcome Trust），維康圖書館檔案與手稿室的海恩絲（Jennifer Haynes）與維克莉（Helen Wakely）寄送素材與資訊給我們，主管為查普林（Simon Chaplin）。

戴爾布魯克經常與華生通信，因此尤為可貴的是，加州理工學院檔案與特藏室的歐文（Shelley Erwin，檔案室主管）與卡克琳絲（Loma Karklins）將戴爾布魯克在劍橋時期收到的華生來信寄給我們。感謝奧勒岡州立大學特藏與檔案研究中心的彼得森（Chris Petersen）大力協助。關於我們所涵蓋的這段時期，鮑林夫婦檔案室（Linus and Ava Pauling Archives）是非常特殊的資料來源，線上資料十分有助於我們瞭解鮑林在故事中的角色。

富蘭克林在這段時期的信函很少，主要是因為她住在倫敦，所以她會去探望父母，而不是寫信給他們。不過，塞爾將她撰寫《富蘭克林與 DNA》時用到的資料，存放在馬里蘭大學巴爾的摩分校（University of Maryland, Baltimore Campus）的美國微生物學協會（American Society of Microbiology）檔案室。我們非常感謝卡爾（Jeff Karr）擔任我們的嚮導。劍橋大學邱吉爾學院檔案中心存有富蘭克林、蘭德爾等人的論文。我們非常感謝派克伍德（Alan Packwood）主任與布里吉絲（Sophie Bridges）的協助。

還有其他多位人士提供資訊與插圖，我們都在資料來源與圖表清單中一一致謝。其中包括：

Enrico Alleva and Claudia Di Somma（Stazione Zoologica Anton Dohrn）; Liz Allsopp and Maggie Johnston（Rothamsted Research, United Kingdom）; Liz Bass（Stony Brook University）; Richard Beyler（Portland State University）; Janet Browne（Harvard University）; Maurizio Brunori（University of Rome）; Donald Caspar（Florida State University）; Jean-Pierre Changeux（Institut Pasteur）;

John Collinge（University of London）；Peter Collins（Royal Society, London）；Helen Drury（Oxfordshire County Council）；Jack Dunitz（Swiss Federal Institute of Technology）；Jose Elguero（Instituto de Quimica Medica, Spain）；George Elliott（King's College, London）；Annette Faux（MRC Laboratory of Molecular Biology, Cambridge）；Jonathan Ford（Athenaeum Club, London）；Janice F. Goldblum（National Academy of Sciences Archives）；Tom Hager（Oregon State University）；Kersten Hall, Adam Nelson, and Bruce Turnbull（University of Leeds）；Stephen Harding（University of Nottingham）；Ken Holmes（MPIMF Heidelberg）；Gareth Jones（King's College, London）；John Krige（Georgia Institute of Technology）；John Lagnardo（London）；Debra Lyons and Gill Shapland（Cambridgeshire Archives）；Kristie Macrakis（Georgia Institute of Technology）；Brenda Maddox; Neil Mitchison（European Commission Office, Scotland）；Val Mitchison; Luke O'Neill（Trinity College, Dublin）；Gail Oskin（Harvard University）；Mike Petty; Jeffrey Reznick and Paul Theerman（National Library of Medicine）；Daniel Salsbury（National Academy of Sciences）；Don Stone（University of Wisconsin, Madison）；Gary Todoroff（North Coast Photos, Eureka, California）；Inder Verma（Salk Institute）；Judy Wilson（Cambridge, United Kingdom）；Michael Woolfson（University of York）；and Anne Cabot Wyman（Cambridge, Massachusetts）

我們要感謝以下出版社，同意我們轉載資料：西蒙舒斯特公司（Simon & Schuster, Inc.）與 W&N 公司（Weidenfeld & Nicolson），提供《雙螺旋》的原始文字，克諾夫出版公司（Alfred A. Knopf）與牛津大學出版社（Oxford University Press），提供《避免無聊人士》的摘錄章節。

我們在書中使用了大量插圖，感謝以下機構同意我們使用圖片，並減免或降低使用費：

The Athenaeum Club, London; California Institute of Technology; Cambridge

University Archives; Churchill College, Cambridge; Hearst Newspapers; King's College, London; MRC Laboratory for Molecular Biology, Cambridge; Medical Research Council, London; Nature; Oregon State University; Mike Petty; Proceedings of the National Academy of Sciences; Science; Smithsonian Institute; University of California, San Diego; Wellcome Trust; John Wiley

最後，我們要感謝冷泉港實驗室出版社（CSHL Press）團隊。這本書的製作不同於一般，由於注解和插圖與原文密不可分，因此需要立即排版。多虧懷絲（Denise Weiss）的頁面設計又快又正確，以及她對設計的持續監督，我們才有辦法做得到。莎菲爾（Susan Schaefer）將我們的注釋與圖片轉化成適當的頁面。簡直沒完沒了的更改，她都應付自如、不知疲倦。感謝布朗（Carol Brown）及薩利亞諾（Inez Saliano）擔起艱巨任務，取得所有資料的使用許可。沒有他們的辛勞，這本書恐怕會大為遜色。整體的出書計畫，是在圖書開發主任阿根廷（Jan Argentine）及冷泉港實驗室出版社執行主任英格利斯（John Inglis）的督導下完成的。

參考書目

Andrew C. 2009. *Defend the realm: The authorized history of MI5*. Alfred A. Knopf, New York.

Appel TA. 2000. *Shaping biology: The National Science Foundation and American Biological Research, 1945–1975*. Johns Hopkins University Press, Baltimore.

Benton J. 1990. *Naomi Mitchison: A biography*. Pandora, London.

Berg P, Singer M. 2003. *George Beadle: An uncommon farmer.* Cold Spring Harbor Laboratory Press, Cold Spring Harbor, NY.

Bernal JD. 1939. *The Social Function of Science*. Routledge & Kegan Paul Ltd., London.

Beskow B. 1969. *Dag Hammarskjöld: Strictly personal: A portrait*. Doubleday, New York.

Binder M. 2011. *Halliwell's Horizon: Leslie Halliwell and his film guides*. lulu.com.

Brown A. 2005. *J.D. Bernal: The Sage of Science*. Oxford University Press, Oxford.

Bullard M. 1952. *A Perch in Paradise*. Hamish Hamilton, London.

Cairns J, Stent GS, Watson JD, eds. 1992. *Phage and the Origins of Molecular Biology,* expanded edition. Cold Spring Harbor Laboratory Press, Cold Spring Harbor, NY.

Carlson EA. 1981. *Genes, Radiation, and Society: The life and work of H. J. Muller.* Cornell University Press, Ithaca, NY.

Chargaff E. 1963. *Essays on Nucleic Acids*. Elsevier, Amsterdam.

Chargaff E. 1978. *Heraclitean Fire: Sketches from a life before nature*. The Rockefeller University Press, New York.

Chomet S, ed. 1995. *DNA: Genesis of a discovery.* Newman-Hemisphere Press, London.

Coyne JS. 1855. *Pippins & Pies, or, Sketches out of School: Being the adventures and misadventures of Master Frank Pickleberry during that month he was home for the holidays*. G. Routledge & Co., London.

Creager ANH. 2002. *The Life of a Virus: Tobacco mosaic virus as an experimental model, 1930–1965*. University of Chicago Press, Chicago.

Crick FHC. 1988. *What Mad Pursuit: A personal view of scientific discovery*. Basic Books, New York.

Crowther JG. 1974. *The Cavendish Laboratory, 1874–1974*. Macmillan, New York.

Davidson JN. 1950. *The Biochemistry of the Nucleic Acids*. Methuen & Co. Ltd., London.

de Chadarevian S. 2002. *Designs for Life: Molecular biology after World War II*. Cambridge University Press, Cambridge.

Dubos RJ. 1976. *The Professor, the Institute, and DNA. Oswald T. Avery: His life and scientific achievements*. The Rockefeller University Press, New York.

Eden RJ. 1998. *Clare College and the Founding of Clare Hall*. Clare Hall, Cambridge.

Edwards P. 2000. *Wyndham Lewis: Painter and writer*. Yale University Press, New Haven.

Ellicot D. 1975. *Our Gibraltar: A short history of the rock*. Gibraltar Museum, Gibraltar.

Fell HB. 1962. *History of the Strangeways Research Laboratory (formerly Cambridge Research Hospital) 1912–1962*. Strangeways Research Laboratory, Cambridge.

Ferry G. 1998. *Dorothy Hodgkin: A life*. Granta Books, London.

Ferry G. 2007. *Max Perutz and the Secret of Life*. Cold Spring Harbor Laboratory Press, Cold Spring Harbor, NY.

Finch J. 2008. *A Nobel Fellow on Every Floor: A history of the Medical Research Council Laboratory of Molecular Biology*. MRC Laboratory of Molecular Biology, Cambridge.

Fischer EP, Lipson C. 1988. *Thinking about Science: Max Delbrück and the origins of molecular biology*. W.W. Norton, New York.

Friedberg EC. 2005. *The Writing Life of James D. Watson*. Cold Spring Harbor Laboratory Press, Cold Spring Harbor, NY.

Gamow G. 1970. *My World Line: An informal autobiography*. Viking Press, New York.

Glynn J. 2012. *My Sister Rosalind Franklin*. Oxford University Press, Oxford.

Goldwasser E. 2011. *A Bloody Long Journey: Erythropoietin (Epo) and the person who isolated it*. Xlibris Corporation, Dartford, UK.

Hager T. 1995. *Force of Nature: The life of Linus Pauling*. Simon & Schuster, New York.

Hoffmann D, Ehlers J, Renn J, eds. 2007. *Pascual Jordan (1902–1980). Mainzer Symposium zum 100. Geburtstag*, preprint 329. Max Planck Institute for the History of Science, Berlin.

Inglis J, Sambrook J, Witkowski J, eds. 2003. *Inspiring Science: Jim Watson and the age of DNA*. Cold Spring Harbor Laboratory Press, Cold Spring Harbor, NY.

Jacob F. 1988. *The Statue Within*. Basic Books, New York.

Jones RV. 1978. *Most Secret War: British scientific intelligence 1939–1945*. Hamish Hamilton, London.

Judson HF. 1996. *The Eighth Day of Creation: The makers of the revolution in biology*. Cold Spring Harbor Laboratory Press, Cold Spring Harbor, NY.

Kamminga H, de Chadarevian S. 2002. *Representations of the Double Helix*. Whipple Museum of the History of Science, Cambridge.

Kilmister CW, ed. 1987. *Schrödinger: Centenary celebration of a polymath*. Cambridge University Press, Cambridge.

Kohler RE. 1991. *Partners in Science: Foundations and natural scientists, 1900–1945*. University of Chicago Press, Chicago.

Lessing D. 1997. *Walking in the Shade: Volume two of my autobiography, 1949 to 1962*. Harper Collins, London.

Luria SE. 1984. *A Slot Machine, a Broken Test Tube: An autobiography*. Harper & Row, New York.

Maddox B. 2002. *Rosalind Franklin: The dark lady of DNA*. Harper Collins, London.

Marage P, Wallenborn G, eds. 1999. *The Solvay Councils and the Birth of Modern Physics*. Birkhäuser, Basel, Switzerland.

Martin A. 2002. *Herring Fishermen of Kintrye and Ayshire*. Bell & Bair, Glasgow.

McCarty M. 1990. *The Transforming Principle: Discovering that genes are made of DNA*. W.W. Norton, New York.

McElheny VK. 2003. *Watson and DNA: Making a scientific revolution*. Perseus Publishing, Cambridge, MA.

McElroy WD, Glass B, eds. 1957. *The Chemical Basis of Heredity*. Johns Hopkins Press, Baltimore.

Monk R. 1990. *Ludwig Wittgenstein: The duty of genius*. The Free Press, New York.

Monod J, Borek E. 1971. *Of Microbes and Life*. Columbia University Press, New York.

Morton F. 1962. *The Rothschilds: A family portrait*. Atheneum, New York.

Nobel Foundation. 1963. *Nobel Lectures: Physiology or medicine, 1942–1962*. Elsevier, Amsterdam.

Norrington ALP. 1983. *Blackwell's 1879–1979: The history of a family firm*. Blackwell Publishers, Oxford.

Olby R. 1994. *The Path to the Double Helix: The discovery of DNA*. Dover, Mineola, NY.

Olby R. 2009. *Francis Crick: Hunter of life's secrets*. Cold Spring Harbor Laboratory Press, Cold Spring Harbor, NY.

Pauling L. 1939. *The Nature of the Chemical Bond and the Structure of Molecules and Crystals*. Cornell University Press, Ithca, NY.

Perutz M. 1997. *Science Is not a Quiet Life: Unravelling the atomic mechanism of haemoglobin*. World Scientific, Singapore.

Perutz M. 2002. *I Wish I'd Made You Angry Earlier: Essays on science, scientists, and humanity,* expanded edition. Cold Spring Harbor Laboratory Press, Cold Spring Harbor, NY.

Ray N. 1994. *Cambridge Architecture: A concise guide*. Cambridge University Press, Cambridge.

Ridley M. 2006. *Francis Crick: Discoverer of the genetic code*. Harper Collins, London.

Roach JPC, ed. 1959. *A History of the County of Cambridge and the Isle of Ely: Volume 3: The city and University of Cambridge*.

Roberts SC. 2010. *Adventures with Authors*. Cambridge University Press, Cambridge.

Rocca J. 2007. *Forging a Medical University—The establishment of Sweden's Karolinska Institutet*. Karolinska Institutet Press, Stockholm.

Sayre A. 1975. *Rosalind Franklin and DNA*. W.W. Norton, New York.

Shearer SM. 2010. *Beautiful: The life of Hedy Lamarr.* Thomas Dunne Books, New York.

Soderqvist T. 2003. *Science as Autobiography: The troubled life of Niels Jerne.* Yale University Press, New Haven.

Stoff J. 2009. *John F. Kennedy International Airport.* Arcadia Publishing, South Carolina.

Swann B, Aprahamian F. 1999. *J.D. Bernal: A life in science and politics.* Verso, London.

Thomas JM, Phillips D, eds. 1990. *Selections and Reflections: The legacy of Sir Lawrence Bragg.* The Royal Institution of Great Britain, London.

Todd A. 1973. *A Time to Remember: The autobiography of a chemist.* Cambridge University Press, Cambridge.

Watson JD. 1968. *The Double Helix: A personal account of the discovery of the structure of DNA.* Atheneum, New York.

Watson JD. 1980. *The Double Helix,* The Norton Critical Edition (ed. Stent G). W.W. Norton, New York.

Watson JD. 2001. *Genes, Girls and Gamow.* Oxford University Press, Oxford.

Watson JD. 2001. *A Passion for DNA: Genes, genomes, and society.* Cold Spring Harbor Laboratory Press, Cold Spring Harbor, NY.

Watson JD. 2007. *Avoid Boring People.* Oxford University Press, Oxford.

Werskey G. 1978. *The Visible College: A collective biography of British scientists and socialists of the 1930s.* Allen Lane, London.

Wilkins M. 2003. *The Third Man of the Double Helix.* Oxford University Press, Oxford.

Wilson J. 2010. *Cambridge Grocer: The story of Matthew's of Trinity Street 1832–1962.* Bertram, Cambridge.

Witkowski JA. 2000. *Illuminating Life: Selected papers from Cold Spring Harbor (1903–1969).* Cold Spring Harbor Laboratory Press, Cold Spring Harbor, NY.

Wyman AC. 2010. *Kipling's Cat: A memoir of my father.* Protean Press, Rockport, MA.

Wyman J. 2010. *Alaska Journal 1951.* Protean Press, Rockport, MA.

Wyman J. 2010. *Letters from Japan 1950.* Protean Press, Rockport, MA.

各章注釋出處

● 典藏地點縮寫

ASM American Society of Microbiology Archive, University of Maryland, Baltimore Campus.
CALTA California Institute of Technology Archives.
CAV Cavendish Laboratory, Department of Physics, Cambridge.
CCAC Churchill College Archives Centre.
CSHLA Cold Spring Harbor Laboratory Archives.
KCLA King's College, London, Archives.
OSUSC Ava Helen and Linus Pauling Papers, 1873–2011, Oregon State University Special Collections.
WL Crick, Francis Harry Compton (1916–2004), The Wellcome Library.

● 原版《雙螺旋》前言

注1：「席茲的一席話……」William E. Seeds was a colleague of Maurice Wilkins in the Medical Research Council Biophysics Unit at King's College, London. Seeds published papers with Wilkins on light microscopy and on the structure of DNA; Watson, 2001. *A passion for DNA: Genes, genomes, and society,* p. 21.

● 第1章

注1：Crowther, 1974.
注2：da C Andrade EN, Lonsdale K. 1943. William Henry Bragg. 1862–1942. *Obit Not Fell R Soc* **4:** 276–300; Phillips D. 1979. William Lawrence Bragg. 31 March 1890–1 July 1971. *Biogr Mems Fell R Soc* **25**:74–143.
注3：作者的觀察
注4：*WL.*
注5：Cambridge University Senior Tutors'Committee. *The Educational Provision of the Cambridge Colleges*, 2005.
注6：Roach, 1959, pp. 376–408.

● 第2章

注1：Perutz M. 1987. *Erwin Schrödinger's* What is Life? *and molecular biology* (ed. Kilmister CW), pp. 234–251; Crick to Schrödinger, August 12, 1953, the Dublin Institute of Advanced Studies Archive.
注2：Avery O, MacLeod CM, McCarty V. 1944. Studies on the chemical nature of the substance inducing transformation of pneumococcal types. Induction of transformation by a desoxyribonucleic acid fraction isolated from pneumococcus type III. *J Exp Med* **79:** 137–159; Dubos, 1976.
注3：Hearnshaw, 1929.

注4：Maddox, 2002, p. 110; Wilkins, 2003, p. 165.

注5：Maddox, 2002, p. 160.

注6：Maddox, 2002, pp. 114–115; Wilkins, 2003, pp. 148–150.

注7：「國王學院的聯誼室……」Ray Gosling, BBC Today program, September 30, 2010; Judson, 1996, pp.625–627.「令富蘭克林反感的，不只是國王學院……」Franklin to Anne Sayre, March 1, 1952, *ASM*.

注8：Oster to Pauling, August 9, 1951; Randall to Pauling, August 28, 1951; Pauling to Randall, September 25, 1951, *OSUSC*.

注9：Wilkins, 2003, p. 83.

● 第3章

注1：Struttura Submicroscopia del Protoplasma. Napoli, May 22–25, 1951.

注2：Watson, 2007, p. 31.

注3：Watson, 2007, p. 45.

注4：Luria, 1984, pp. 32–35; for essays on the contributions of research on phage to molecular biology, see Cairns et al., 1992.

注5：Witkowski, 2000, p. ix.

注6：See Appendix 3 for details.

注7：「凱爾喀已經和妻子梅耶分居……」Watson, 2007, pp. 81–82.；「華生寫了一封長信給戴爾布魯克……」Watson to Delbrück, March 22, 1951, *CALTA*.

注8：Maienschein J. 1985. First impressions: American biologists at Naples. *Biol Bull* (suppl.) **168:** 187–191.

● 第4章

注1：「蘭德爾在伯明罕大學時……」Wilkins MHF. 1987. John Turton Randall. March 23, 1905–June 16, 1984. *Biogr Mems Fell R Soc* **33:** 492–535.

注2：The papers presented at the meeting were published in *Pubbl Staz Zool Napoli* 23, Supplement **115:** 1–206, 951. F Buchtal wrote on rheology (p. 115) and RD Preston on *Valonia* (p. 184).

注3：Gosling R, personal communication, January 28, 2012.

注4：Gosling R, personal communication, June 2, 2011.

● 第5章

注1：Pauling L. 1955. The stochastic method and the structure of proteins. *Am Sci* **43:** 285–297, pp. 293–294; Hager, 1995, pp.323–324.

注2：Watson JD, Crick FHC. 1953. Genetical implications of the structure of deoxyribonucleic acid. *Nature* **171:** 964–967.

注3：Luria to Watson, August 9, 1951, *CSHLA*.

注4：Watson to Elizabeth Watson, July 14, 1951, *CSHLA*.

注5：Watson JD, personal communication, 2012; Soderqvist, 2003.

● 第6章

注1：Perutz, 2002, pp.189–191; Perutz MF. 1951. New X-ray evidence on the configuration of polypeptide chains. *Nature* **167:** 1053–1054.

注2：Watson to Elizabeth Watson, September 1951, *CSHLA*.

注3：「華生在寫給妹妹的信函上所描述的小布拉格……」Watson to Elizabeth Watson, September 1951, *CSHLA*.；「雅典娜紳士俱樂部……」Perutz MF. 1970. Bragg, protein crystallography and the Cavendish Laboratory. *Acta Cryst* **26:** 183–185.

注4：Kalckar to Lapp, October 5, 1951, *CSHLA*.

注5：Watson to Elizabeth Watson, October 16, 1951, *CSHLA;* Watson to Elizabeth Watson, November 28, 1951, *CSHLA*.

注6：Luria to Watson, October 20, 1951, *CSHLA*; Matthews REF. 1989. Roy Markham: Pioneer in plant pathology. *Annu Rev Phytopathol* **27:** 13–22.

注7：「我住的地方還過得去……」Watson to Elizabeth Watson, October 9, 1951, *CSHLA*. "「我住的地方算不上安穩……」" Watson to Elizabeth Watson, January 28, 1952 (This is misdated as "1951."), *CSHLA*.

注8：Watson to Elizabeth Watson, November 4, 1951, *CSHLA*.

- **第7章**

注1：「華生提到克里克時顯得很興奮……」Watson to Delbrück, December 9, 1951, *CALTA*.；「克里克也明確提到……」Crick, 1988, p. 75.

注2：「肯德魯從1947年開始研究肌紅素……」Kendrew JC. 1964. Myoglobin and the structure of proteins. In *Nobel lectures, chemistry 1942–1962*, pp. 676–698. Elsevier, Amsterdam; Holmes KC. 2001. Sir John Cowdery Kendrew. March 24, 1917– August 23, 1997. *Biogr Mems Fell R Soc* **47:** 311–332.

注3：「托德是劍橋大學有機化學教授……」Todd, 1973; Brown DM, Kornberg H. 2000. Alexander Robertus Todd, O.M., Baron Todd of Trumpington. October 2, 1907–January 10, 1997. *Biogr Mems Fell R Soc* **46:** 515–532.

注4：Bell FO. 1939. "X-ray and related studies of the structure of the proteins and nucleic acids." Ph.D. thesis, University of Leeds; Gosling R, personal communication, January 28, 2012.

注5：「阿斯特伯里在英國皇家研究院……」Bernal JD. 1963. William Thomas Astbury. 1898–1961. *Biogr Mems Fell R Soc* **9:** 1–35.；「貝爾於1937年加入……」Hall K. 2011. William Astbury and the biological significance of nucleic acids, 1938–1951. *Stud Hist Philos Biol Biomed Sci* **42:**119–128.

注6：「華生寫信給妹妹……」Watson to Elizabeth Watson, November 14, 1951, *CSHLA*.

注7：Wilkins, 2003, pp. 157 and 177.

- **第8章**

注1：「這項研究成果……」Crick is acknowledged in Bragg WL, Perutz MF. 1952. The external form of the haemoglobin molecule. I. *Acta Cryst* **5:** 277–283, p. 283. The other papers are: Bragg L, Perutz MF. 1952. The structure of haemoglobin. *Proc Roy Soc Lond Series A* **213:** 425–435; Bragg WL, Perutz MF. 1952. The external form of the haemoglobin molecule. II. *Acta Cryst* **5:** 323–328.

注2：Olby, 2009, p. 43.

注3：「希爾是肌肉生理學家……」Katz B. 1978. Archibald Vivian Hill. *Biogr Mems Fell R Soc Lond* **24:** 71–149.

注4：Fell, 1962.

注5：「克里克在史傳濟威實驗室……」Crick FHC, Hughes AFW. 1950. The physical properties of cytoplasm. A study by means of the magnetic particle method. Part I. Experimental. *Exp Cell Res 1:* 37–80; Crick FHC. 1950. The physical properties of cytoplasm. A study by means of the magnetic particle method. Part II. Theoretical treatment. *Exp Cell Res 1:* 505–533.

注6：「希爾聽到消息，回了一封信……」A. V. Hill to Crick, March 11, 1949, WL.；「克里克與佩魯茲合作……」Olby, 2009, pp. 94–96.

注7：「小布拉格認為克里克是希爾的門生……」Bragg to A. V. Hill, January 18, 1952, quoted in Olby, 2009, p. 136.

- **第9章**

注1：「范德……」*Physics Today*. July 1968, 115.「柯可倫……」Woolfson M. 2005. William Cochran. July 30, 1922–August 28, 1962. *Biogr Mems Fell R Soc* **51:** 67–85.
「柯可倫不太想研究螺旋理論……」Cochran to Olby, July 19, 1968, quoted in Olby, 1994.

注2：Olby, 2009, pp. 54–55.

注3：Crick to Watson, March 31, 1966, *CSHLA*.

注4："This I'm bound to say: four sweeter lovelier popsies, never blessed···" in Coyne, 1855.

注5：Olby, 2009, p. 427.

注6：Cochran W in Thomas and Phillips, 1990, p. 105.

注7：Crick to Watson, March 31, 1966, *WL*.

- **第10章**

注1：Watson to his parents, November 20, 1951, *CSHLA*.

注2：Raymond Gosling, BBC Radio 4, September 30, 2010.

注3：Rosalind Franklin's notebook, *CCAC*.

注4：Franklin to Sayre, March 1, 1952, *ASM*.

注5：Darlington CD. 1955. The chromosome as a physicochemical entity. *Nature* **176:** 1139–1144.

注6：Werskey, 1978.

- **第11章**

注1：Dodson G. 2002. Dorothy Mary Crowfoot Hodgkin, O.M. May 12, 1910–July 29, 1994. *Biogr Mems Fell R Soc* **48:** 179–219.

注2：Crick, 1988, p. 65.

注3：Bragg L, Kendrew JC, Perutz MF. 1950. Polypeptide chain configurations in crystalline proteins. *Proc Roy Soc Lond Series A* **203:** 321–357.

注4：Crick, 1988, p. 50.

注5：Pauling, 1939. The second edition used by Watson was published in 1940.

注6：Watson to Elizabeth Watson, November 28, 1951, *CSHLA*.

注7：Watson to Delbrück, December 9, 1951, *CALTA*.

注8：Olby, 2009, p. 58.

- **第12章**

注1：Holmes, 2001, p. 317.

注2：Olby, 1994, p. 336.

注3：Bullard, 1952; Bertrand Russell to Margaret Bullard, April 10, 1952, quoted in Blackwell K. 1995. Two days in the dictation of Bertrand Russell. *Russell: The journal of the Bertrand Russell Archives*, Summer 1995, 37–52, p. 44.

注4：Ellicot, 1975.

注5：Joshi H. 1998. Obituary: Eprime Eshag. *The Independent (London)*, December 15, 1998.

注6：*WL*.

注7：Todd, 1973, p. 21.

● 第13章

注 1：Stokes AR. 1995. Why did we think DNA was helical? In Chomet, 1995, pp. 27–42.

注 2：Gosling R, personal communication, January 28, 2012.

● 第14章

注 1：「現在我們得知……」Gann A, Witkowski JA. 2010. The lost correspondence of Francis Crick. *Nature* **467:** 519–524.；「三螺旋模型一敗塗地之後的書信往來……」Wilkins to Crick, December 11, 1951, *CSHLA*.；「這也是威爾金斯寫給克里克的信函……」Wilkins to Crick, December 11, 1951,*CSHLA*.；「收到前面兩封威爾金斯的來信之後……」Crick to Wilkins, December 13, 1951, *CSHLA*.

注 2：Bragg WL, Nye JF. 1947. A dynamical model of a crystal structure. *Proc Roy Soc A* **190:** 474–481.

注 3：「模具是用來……」Wilkins, 2003, pp. 175–176. The Merriam-Webster dictionary defines a jig as: "a device used to maintain mechanically the correct positional relationship between a piece of work and the tool or between parts of work during assembly."

注 4：Olby, 2009, pp. 144–145.

● 第15章

注 1：Watson to Elizabeth Watson, December 1952, *CSHLA*.

注 2：Edwards, 2000, pp. 374 and 388.

注 3：Lessing, 1997, p. 125.

注 4：Watson to his parents, January 8, 1952 (misdated 1951); Watson to Elizabeth Watson, January 17, 1952, *CSHLA*.

注 5：Luria to Watson, March 5, 1952, *CSHLA*.

● 第16章

注 1：Watson to Delbrück, May 20, 1952, *CALTA*.

注 2：Brown, 2005; Bernal, 1939;Finney JL. 2007. *Journal of Physics: Conference Series* **57:** 40–52.

注 3：Macrakis K. 1993. The survival of basic biological research in National Socialist Germany. *J Hist Biol* **26:** 519–543; Lewis J. 2004. From virus research to molecular biology: Tobacco mosaic virus in Germany, 1936–1956. *J Hist Biol* **37:** 259–301, pp. 275–276.

注 4：Roughton to Bragg, August 5, 1951, Royal Institution of Great Britain; Gibson QH. 1973. Francis John Worsley Roughton. 1899–1972. *Biogr Mems Fell R Soc* **19:** 63–582; Deutsch T. 1995. Dr. Alice Roughton, *The Independent,* June 29, 1995.

注 5：Astbury WT. 1953. Introduction. *Proc Roy Soc Lond Series B* **141:** 1–9, p. 5.

● 第17章

注 1：Stoff, 2009.

注 2：Kahn J. 2011. The extraordinary Mrs. Shipley: How the United States controlled international travel before the age of terrorism. *Conn Law Rev* **43:** 819–888.

注 3：*Los Angeles Examiner,* May 12, 1952; *The Times,* May 2, 1952.

注 4：「給妹妹的信函上……」Watson to Elizabeth Watson, April 3, 1952, *CSHLA*.；「有左傾態度的科學家……」The National Archives, United Kingdom. Wilkins' files references KV 2/3382 and KV 2/3383.

注 5：Jacob, 1988, p. 264.

注6：Pirie NW. 1973. Frederick Charles Bawden (1908–1972). *Biogr Mems Fell R Soc* **19:** 19–63; Pierpoint WS. 1999. Norman Wingate Pirie. July 1, 1907–March 29, 1997. *Biogr Mems Fell R Soc* **45:** 397–415; Jacob, 1988, p. 263.

● 第18章

注1：Chargaff, 1978, pp. 85–86; Chargaff, 1963, p. 176.

注2：「查加夫在《實驗》期刊上發表論文……」Chargaff, 1950. Chemical specificity of nucleic acids and mechanism of their enzymatic degradation. *Experientia* **6:** 201–209.；「DNA現在成了神奇的名字……」Chargaff, 1963, p. 162.

注3：Watson to Delbrück, December 9, 1951, *CALTA*.

注4：Bondi H. 2006. Thomas Gold. May 22, 1920–June 22, 2004. *Biogr Mems Fell R Soc* **52:** 117–135; Roxburgh IW. 2007. Hermann Bondi. November 1, 1919–September 10, 2005. *Biogr Mems Fell R Soc* **53:** 45–61.

注5：Quoted in Beyler RH. 2007. Exporting the quantum revolution: Pascual Jordan's biophysical initiatives. In Hoffmann et al., 2007; Beyler RH. 1996. Targeting the organism: The scientific and cultural context of Pascual Jordan's quantum biology, 1932–1947. *Isis* **87:** 248–273.

注6：Pauling L, Delbrück M. 1940. The nature of the intermolecular forces operative in biological processes. *Science* **92:** 77–79.

注7：Griffith to Crick, March 2, 1953, *CSHLA*.

注8：Chargaff, 1978, p. 101; Judson, 1996, p. 119.

● 第19章

注1：「查加夫回想起這件事……」Chargaff E. 1974. Building the Tower of Babble. *Nature* **248:** 776–779.；「上圖所示為大會精心設計的金屬胸章……」Watson to Delbrück, January 4, 1954, *CALTA*.

注2：Roman H. 1980. Boris Ephrussi. *Ann Rev Genet* **14:** 447–450; Ravin AW. 1968. Harriett Ephrussi–Taylor. April 10, 1918–March 30, 1968. *Genetics* (suppl.) **60:** p. 24; Berg and Singer, 2003, pp. 101–113.

注3：Hager, 1995, pp. 406–407.

注4：Wilkins, 2003, pp. 181 and 187.

注5：Watson to Crick, August 11, 1952, WL.

注6：Alberty RA, di Cera E. 2003. Jeffries Wyman 1901–1994. *Biog Mem Natl Acad Sci* **83:** 2–17; Wyman AC, 2010.

注7：Watson to Crick, August 11, 1952, *CSHLA*.

注8：Morton, 1962.

注9：Watson to Elizabeth Watson, August 26, 1952, *CSHLA*.

注10：Garfield E. 1983. They stand on the shoulders of giants: Sol Spiegelman, a pioneer in molecular biology. *Essays of an information scientist* **6:** 164–171.

● 第20章

注1：Broda P, Holloway B. 1996. William Hayes. January 18, 1913–January 7, 1994. *Biogr Mems Fell R Soc* **42:** 172–189.

注2：Zinder N. 1992. Forty years ago: The discovery of bacterial transduction. *Genetics* **132:** 291–294, p. 293.

注3：Ephrussi B, Leopold U, Watson JD, Weigle J. 1953. Terminology in bacterial genetics. *Nature* **171:** 701; Watson, 2001. Genes, girls and Gamow, p. 12.

注4：Watson to Elizabeth Watson, October 27, 1952, *CSHLA*.

注5：Wilkins to Crick, undated but early 1952, *CSHLA*.

注6：Watson to Delbrück, May 20, 1952, *CALTA*.

注7：「克里克、鮑林與捲曲螺旋」：Crick FHC. 1952. Is α-keratin a coiledcoil? *Nature* **170:** 882–883; Pauling L, Corey RB. 1953. Compound helical configurations of polypeptide chains: Structure of proteins of the α-keratin type. *Nature* **171:** 59–61; Peter Pauling to Linus Pauling, January 13, 1953.
「事件後來愈演愈烈……」Linus Pauling to Perutz, March 29, 1953, *OSUSC*.；
「克里克在4月14日回信……」Crick to Linus Pauling, April 14, 1953, *OSUSC*.

注8：Hauptman HA. 1998. David Harker. 1906–1991. *Bio Mem Natl Acad Sci* **74:** 126–143.

注9：Broda and Holloway, 1996. See note 1 above.

注10：Maddox, 2002, p. 183; Franklin to Sayre, March 1, 1952; Sayre to Franklin, March 8, 1952; Franklin to Sayre, June 2, 1952, ASM; Franklin to Bernal, June 19, 1952, *CCAC*.

• 第21章

注1：「克萊爾學院成立於……」Eden, 1998.；華生寫信給妹妹：Watson to Elizabeth Watson, October 8, 1952, *CSHLA*.

注2：Transcript of interview of Sir Denys Wilkinson by CJ Meyer, 1964, Niels Bohr Library & Archives, American Institute of Physics, College Park, Maryland. http://www.aip.org/history/ohilist/876.html.

注3：Clogg R. 2001. Nicholas Hammond. *The Guardian*, Wednesday April 4, 2001.

注4：Watson JD, personal communication; Monk, 1990, pp. 576–579.

注5：Watson to Delbrück, December 9, 1951, *CALTA*.

注6：「常常提到法文課……」Watson to Elizabeth Watson, October 8, 1952, *CSHLA*.；
「普萊爾夫人……」Roberts, 2010.

注7：「鮑林的筆記」：Linus Pauling, notebook, November 26, 1952, *OSUSC*.

注8：Peter Pauling to Linus Pauling, January 13, 1953, *OSUSC*.

注9：Linus Pauling to Randall, December 31, 1952, *OSUSC*.

• 第22章

注1：Hager, 1995.

注2：Franklin to Adrienne Weill, March 10, 1953, ASM; Franklin to Ann Sayre, December 17, 1953.

注3：Randall to Franklin, April 17, 1953, *CCAC*.

注4：Quoted in Dunitz J. 1997. Linus Pauling. February 1901–August 19, 1994. *Bio Mem Natl Acad Sci* **71:** 221–261, p. 243.

注5：Hager, 1995, pp. 449–458 and 546–554.

• 第23章

注1：Klug A. 1968. Rosalind Franklin and the discovery of the structure of DNA. *Nature* **219:** 808–844; Olby, 1994, pp. 370–376; Crick to Wilkins, June 5, 1953, *CSHLA*.

注2：Wilkins, 2003, p. 196.

注3：*KCLA*.

注4：Wilkins to Crick, undated but early 1952, *WL*.

注5：Fraser's unpublished manuscript was printed 50 years later. Fraser RDB. 2004. The structure of deoxyribose nucleic acid. *J Struct Biol* **145:** 184–186.

注6：Gosling R, personal communication, January 28, 2012; Wilkins, 2003, pp. 197–198.

注 7：Peter Pauling to Linus Pauling, January 13, 1953, *OSUSC*.

注 8：Wilkins to Crick, June 3 1953, *CSHLA*.

注 9：Wilkins to Crick, probably February, 1953, *CSHLA*.

● 第24章

注 1：Watson to Elizabeth Watson, December 11, 1952, *CSHLA*.

注 2：Bertrand Fourcade, personal communication, March 28, 2012; Russell J. 1987. Xavier Fourcade dead at 60; Dealer in contemporary art. *The New York Times*, April 29, 1987; Vogel C.1992. Vincent Fourcade, 58, decorator known for his ornate interiors. *The New York Times*, December 25, 1992.

注 3：Watson JD, personal communication; Crossette B. 2003. Geoffrey Bawa, 83, architect who blended Asian styles, dies. *The New York Times*, May 31, 2003.

注 4：「屋主理查森……」Watson JD, personal communication; "Sir Albert Richardson: The Complete Georgian." *The Times* obituary, February 4, 1964.

注 5：Reeve S. 1994. Nathaniel Mayer Victor Rothschild, G. B. E., G. M. Third Baron Rothschild. October 31, 1910–March 20, 1990. *Biogr Mems Fell R Soc* **39:** 364–380; Andrew, 2009, pp. 269–270 and 377.

注 6：Wilkins, 2003, pp. 205–206.

● 第25章

注 1：Watson to Elizabeth Watson, April 27, 1952; Watson to Elizabeth Watson, July 8, 1952, *CSHLA*.

注 2：Binder, 2011.

注 3：Shearer, 2010.

注 4：Perutz MF, Wilkins MHF, Watson JD. 1969. DNA helix. *Science* **164:** 1537–1539.

注 5：Klug A. 1968. Rosalind Franklin and the discovery of the structure of DNA. *Nature* **219:** 808–844; Olby, 2009, pp. 161–163.

注 6：Haworth RD. 1948. John Masson Gulland 1898–1947. *Obit Not Fell R Soc* **6:** 67–82; Harding SE, Winzor DJ. 2010. James Michael Creeth (1924–2010). *Macromol Biosci* **10:** 696–699; Manchester KL. 1995. Did a tragic accident delay the discovery of the double helical structure of DNA? *Trends Biochem Sci* **20:** 126–128; Trench AC, Wilson GRS. 1948. Report on the derailment which occurred on October 26, 1947, at Goswick on the London and North Eastern Railway, His Majesty's Stationery Office, London.

● 第26章

注 1：「儘管態度有所保留……」Delbrück to E.B. Wilson, February 25, 1953, *CSHLA*.；
「戴爾布魯克將投稿信……」Delbrück to Watson, February 25, 1953, *CSHLA*.

注 2：Davidson, 1950, p. 6.

注 3：Pauling, Solvay Conference Notebook, April 8, 1953, *OSUSC*.

注 4：Crick, 1988, p. 77.

● 第27章

注 1：Ray, 1994.

注 2：Ray, 1994.

注 3：Wilson, 2010.

注 4：MRC Laboratory of Molecular Biology, Cambridge.

注 5：Kamminga and de Chadarevian, 2002.

注 6：Crick to David Harker, January 21, 1953, *WL*; Olby, 2009, pp. 119–129.

注 7：Wilkins to Crick, March 7, 1953, *WL*.

注 8：Judson, 1996, p. 151; Judson's interview with Crick, September 10, 1975.

- **第28章**

注 1：Wilkins, 2003, p. 212.

注 2：Donohue J. 1969. Fourier analysis and the structure of DNA. *Science* **165:** 1091–1096; Crick FHC. 1970. DNA: Test of structure? *Science* **167:** 1694.

注 3：Wilkins, 2003, p. 214.

注 4：Franklin's notebook, February 23, 1953, *CCAC*.

注 5：Franklin and Gosling draft, March 17, 1953, *CCAC*.

注 6：Linus Pauling to Peter Pauling, February 18, 1953, *OSUSC*.

注 7：「鮑林的得力助手柯瑞……」Marsh RE. 1997. Robert Brainard Corey. 1897–1971. *Bio Mem Natl Acad Sci* **72:** 50–68.；
「舒梅克……」Trueblood K. 1997. Verner Schomaker (1914–1997). *J Appl Cryst* **30:** 526.

注 8：Antony Barrington Brown Obituary. *The Telegraph (London)*, February 14, 2012; de Chadarevian S. 2003. Portrait of a discovery: Watson, Crick, and the double helix. *Isis* **94:** 90–105.

注 9：Todd, 1973, p. 89.

注 10：Delbrück to Watson, May 12, 1953, *CSHLA*; Delbrück M, Stent G. 1957. On the mechanism of DNA replication. In McElroy and Glass, 1957, pp. 699–736; Ray Gosling interviewed by Jane Callander, June 24, 1985, cited by Maddox, 2002; Wang JC. 1971. Interaction between DNA and an Escherichia coli protein ω. *J Mol Biol* **55:** 523–526.

- **第29章**

注 1：Watson to Delbrück, March 12, 1953, *CALTA*.

注 2：Marage and Wallenborn, 1999.

注 3：Watson to Delbrück, March 22, 1953, *CALTA*.

注 4：「懷亞特與科恩的論文」：Wyatt GR, Cohen SS. 1953. The bases of the nucleic acids of some bacterial and animal viruses: The occurrence of 5-hydroxy-cytosine. *Biochem J* **55:** 774–782.

注 5：Crick to Wilkins, March 17, 1953, CSHLA; Wilkins to Crick, March 18, 1953, quoted in Olby, 1994, p. 417; Wilkins to Crick, March 23, 1953, *WL*.

注 6：Witkowski JA. 2002. Mad hatters at the DNA tea party. *Nature* **415:** 473–474.

注 7：Pauling to Ava Pauling, April 6, 1953; Pauling to Delbrück, April 20, 1953, *OSUSC*.

注 8：Watson to Delbrück, March 22, 1953, *CALTA*.

- **原版《雙螺旋》後記**

注 1：Kennedy EP. 1996. Herman Moritz Kalckar. 1908–1991. *Bio Mem Natl Acad Sci* **69:** 148–164.

注 2：Holmes KC. 2001. Sir John Cowdery Kendrew. March 24, 1917–August 23, 1997. *Biogr Mems Fell R Soc* **47:** 311–332; Kendrew JC. 1980. The European molecular biology laboratory. *Endeavour* **4:** 166–170; Krige J. 2002. The birth of EMBO and the difficult road to EMBL. *Stud Hist Phil Biol & Biomed Sci* **33:** 547–564.

注 3：Ferry, 2007; Perutz, 2002. Perutz made a definitive collection of his papers on haemoglobin, together with essays on his research and the attendant controversies, in Perutz, 1997.
注 4：Phillips D. 1979. William Lawrence Bragg. March 31, 1890–July 1, 1971. *Biogr Mems Fell R Soc* **25:** 74–143.
注 5：Huxley H, personal communication, 2012.
注 6：Ridley, 2006; Olby, 2009.
注 7：Wilkins, 2003; Burhop EHS. 1971. The British Society for Social Responsibility in Science. *Phys Educ* **6:** 140–142.
注 8：Hager, 1995.
注 9：Maddox, 2002; Glynn, 2012; Wolstenholme GEW, Millar ECP, eds. 1957. *The nature of viruses CIBA foundation symposium*. J. & A. Churchill Ltd, London. Harrington's remark is on page 285.

- **諾貝爾獎**

注 1：Rocca, 2007.
注 2：Forster RE. 1999. Charles Brenton Huggins (September 22, 1901–January 12, 1997). *Proc Am Philos Soc* **143:** 325–331; Dulbecco R. 1976.
Francis Peyton Rous. October 5, 1879–February 16, 1970. *Bio Mem Natl Acad Sci* **48:** 275–306.
注 3：*CSHLA*.
注 4：Crick to Watson, October 30, 1962, *CSHLA*.
注 5：Yarrow AL. 2001 Nathan Pusey, Harvard President through growth and turmoil alike, dies at 94. *The New York Times,* November 15, 2001.
注 6：Mosteller DP. 1999. Former history prof., activist Hughes dies at 83. The *Harvard Crimson*, Monday, October 25, 1999.
注 7：Finch, 2008.
注 8：Watson, 2001. *Genes, girls and Gamow*; Gamow G. 1970. *My world line: An informal autobiography*. Viking, New York; Hufbauer K. (forthcoming) George Gamow. 1904–1968. *Bio Mem Natl Acad Sci*.
注 9：*CSHLA*.
注 10：Watson JD, personal communication, 2012.
注 11：*CSHLA*.
注 12：Pace E. 1991. J. Graham Parsons is dead at 83; former envoy to Laos and Sweden. *The New York Times,* October 22, 1991.
注 13：Weller TH, Robbins FC. 1991. John Franklin Enders (1897–1985). *Bio Mem Natl Acad Sci* **60:** 47–65.
注 14：Eriksson SA. 2002. Christmas traditions and performance rituals: A look at Christmas celebrations in a Nordic context. *Applied Theatre Researcher 3*.
注 15：Beskow, 1969.

圖片來源

●**前言** p. 15 左圖 , Courtesy of the Cold Spring Harbor Laboratory Library Archives.

●**第1章** p. 17 左圖 , with permission from the University of Cambridge; p. 17 右上圖 , origin unknown; p. 17 右下圖 , Smithsonian Institution Archives, Image #SIA2007-0340; p. 19, ©Frederick Gordon Spear; p. 20, Wikipedia, ©Jorge Royan.

●**第2章** p. 21 上圖 , courtesy of the Tennessee State Library and Archives; p. 21 中圖 , Queen Mary University, London (http://www.ph.qmul.ac.uk/~phy319/lectures/lect2002.htm); p. 21 下圖 , with permission from Cambridge University Press; p. p. 22, U.S National Library of Medicine; p. 23, with permission from King College London Archives; pp. 24–25, U.S. National Library of Medicine; p. 26, p. 27 左圖 , with permission from the Ava Helen and Linus Pauling Papers, Special Collections, Oregon State University; p. 27 右圖 with permission from Oxford University Press.

●**第3章** pp. 28-29, Courtesy of the James D. Watson Collection, Cold Spring Harbor Laboratory Archives; p. 30, U.S. National Library of Medicine, The Salvador E. Luria Papers; pp. 31-32, courtesy of the Cold Spring Harbor Laboratory Library Archives; p. 33, courtesy of Gunther S. Stent; p. 34, from Maaløe and Watson (1951), *Proc Natl Acad Sci 37:* 507; p. 34 左 , Wikipedia.

●**第4章** p. 35, With permission from King's College London Archives; p. 36, courtesy of Jeff Kerwin (Flickr); p. 38, with permission from King's College London Archives; p. 39, Wikipedia; p. 40 上圖 , top, courtesy of the James D. Watson Collection, Cold Spring Harbor Laboratory Archives; p.40 下圖 , courtesy of Gunther S.Stent.

●**第5章** p. 41 上圖 , Reprinted from *The Bacteriophage Lambda* photograph by Robert Walker. ©Cold Spring Harbor Laboratory Press; p. 41 下圖 , with permission from the Ava Helen and Linus Pauling Papers, Special Collections, Oregon State University; p. 42 下圖 , from Pauling et al. (1951), *Proc Natl Acad Sci 37:* 205–211 p. 43, *Proc Natl Acad Sci (1951) 37:* (5) Contents; p. 44,©MRC Laboratory of Molecular Biology ; p. 45, Carl Mydans/ Time & Life Pictures/Getty Images p. 46.Courtesy of the James D. Watson Collection, Cold Spring Harbor Laboratory Archives.

●**第6章** pp. 47-48, ©Andrew Dunn (Wikipedia); p. 49, courtesy of Athenaeum, London; p. 50, courtesy of the James D. Watson Collection, Cold Spring Harbor Laboratory Archives; p. 51, courtesy of the Cold Spring Harbor Laboratory Library Archives; p. 52, courtesy of the James D. Watson Collection, Cold Spring Harbor Laboratory Archives.

●**第7章** p. 54, With permission from Wellcome Library, London; p. 55 上圖 , courtesy of Herbert Gutfreund; p. 55 下圖 , ©MRC Laboratory of Molecular Biology; p. 56, with permission from the Ava Helen and Linus Pauling Papers, Special Collections, Oregon State University; p. 57, with permission from the Ava Helen and Linus Pauling Papers, Special Collections,

Oregon State University; p. 59 左圖, University of Leeds Library Archives; p. 59 右圖, with permission from King's College London Archives; p. 60, University of Leeds Library Archives; p. 61, University of Leeds International Textiles Archive: Textile Department Archive 2011.9; p. 62, with permission from King's College London Archives.

● **第8章** p. 64, The Cambridgeshire Collection, Cambridge Central Library; p. 65 上圖, courtesy of the Crick family; p. 65 下圖, Elliot & Fry/Hulton Archive/Getty Images; p. 66, with permission from Wellcome Library, London; p. 67 左上圖, from Crick and Hughes (1950), Exp Cell Res 1: 37; p. 67 右上圖, from Crick (1950) *Exp Cell Res 1*: 505; p. 67 下圖, with permission from Wellcome Library, London.

● **第9章** p. 68 上圖, ©IUCr; p. 68 下圖, ©Godfrey Argent Studio; p. 69 左圖, courtesy of the Crick family; p. 69 右圖, courtesy of Mike Petty; p. 70, with permission from The Cambridgeshire Collection, Cambridge Central Library; p. 72, courtesy of the Sydney Brenner Collection, Cold Spring Harbor Laboratory Archives; p. 73, Cochran and Crick (1952), *Nature 169:* 234–235, with permission from Macmillan.

● **第10章** p. 74, Courtesy of Jenifer Glynn; p. 75 左圖, photograph by Alice Oberl, from *The Dark Lady of DNA*, by Brenda Maddox; p. 75 右圖, with permission from the American Society for Microbiology, Anne Sayre Collection; p. 76, courtesy of Jenifer Glynn; p. 77 左圖, http://rackandruin.blogspot.com/2009/02/foggy-day-in-london-town.html; p. 77 右圖, with permission from the American Society for Microbiology, Anne Sayre Collection; p.78, with permission from King's College London Archives; p. 79, ©BBC.

● **第11章** p. 80, Photograph by Gordon Cox, courtesy of Judith Howard, from Dorothy Hodgkin, by Georgina Ferry, ©Cold Spring Harbor Laboratory Press; p. 82 上圖, with permission from News International Trading Ltd.; p.82 下圖, Bragg et al. (1950), *Proc R Soc Lond A Math Phys Sci 203:* 321–357, with permission from The Royal Society; p. 84 左上圖、右上圖, with permission from the Ava Helen and Linus Pauling Papers, Special Collections, Oregon State University; p. 84 下圖, with permission from ©Oxfordshire County Council, Oxfordshire History Centre; p. 85 右圖, ©Rockefeller University Press, originally published in (2006), *J Exp Med 203:* 809–818, with permission; p. 85 左圖, ©Prabhu B. Doss; p. 86, with permission from University of California, San Diego, Mandeville Special Collections Library.

● **第12章** p. 87, With permission from The British Library Board, *The Times*, October 20, 1951; p. 88 左圖, courtesy of Bjørn Pedersen; p. 89 左上圖, Furberg (1949), *Nature 164:* 22, with permission from Macmillan; p. 89 下圖, H. Hamilton, publisher, with permission from Penguin Group; p.91, courtesy of Herbert Gutfreund; p.93, with permission from Wellcome Library, London; p. 94, courtesy of Bruce Fraser.

● **第13章** p. 95, p. 96 左圖, With permission from King's College London Archives; p. 96 右圖, ©NRM/Science and Society Picture Library; p. 98 左圖, ©Science and Society/SuperStock; p. 98 右圖, with permission from King's College London Archives.

● **第14章** p. 99, Photograph by Norton Hintz, courtesy of AIP Emilio Segre Visual Archives, Hintz Collection; pp. 100－102, courtesy of Cold Spring Harbor Laboratory Archives; p. 103, Bragg and Nye (1947), *Proc R Soc Lond A 190:* 474－481, with permission from The Royal Society.

●**第15章** p. 105 左圖 , ©Picture Post/Malcolm Dunbar/Getty Images; p. 105 右圖 , with permission from www. britishcouncil.org/film; p. 106 上圖 , source unknown; p. 106 左下圖 、右下圖 , courtesy of the James D. Watson Collection, Cold Spring Harbor Laboratory Archives; p.107 左圖 , http://www. kintyreonrecord.co.uk; p. 107 右圖 , with permission from Eleanor and Clyde Moore (www.PhotosByEleanor.com); p. 108 左圖 , portrait by Percy Wyndham Lewis, with kind permission from Avrion Mitchison; p. 108 中圖 , Percy Wyndham Lewis, (Lady) Naomi Mitchison, Scottish National Portrait Gallery, purchased with assistance from the Art Fund and the Patrons of the National Galleries of Scotland 2003; p. 108 右圖 , W.P. Stern Rare Books; p.109 左圖 , with permission from Neil Mitchison; p. 109 右圖 , ©Anne Burgess; p. 110, courtesy of Avrion Mitchison; p. 111, courtesy of Jan Witkowski.

●**第16章** p. 112, ©IUCr; p. 113, courtesy of the Sydney Brenner Collection, Cold Spring Harbor Laboratory Archives; p. 114, with permission from Schramm (1947), *Z Naturforsch 2b:* 112 – 121; p. 115 右圖 , p.116, with permission from *J Gen Physiol 25:* 147 – 165, ©1941 Rockefeller University Press; p. 117 上圖 , Jones R.V. (1978), *Most secret war: British scientific intelligence 1939–1945*. H. Hamilton, with permission from the estate of R.V. Jones; p. 117 下圖 , with permission from Royal Society of Chemistry.

●**第17章** p. 119, http://www.postcardpost.com/enell.htm, with permission from Larry Myers; p. 120, with permission from the Ava Helen and Linus Pauling Papers, Special Collections, Oregon State University; p. 121 左圖 , *Los Angeles Examiner,* May 2, 1952, with permission from Hearst Newspapers; p. 121 右圖 , *The Times*, May 2, 1952, with permission from NI Syndication; p. 122 右上圖 、左上圖 , with permission from the Society for General Microbiology; p. 122 下圖 , with permission from The National Archives; p. 123 左上圖 、右上圖 , courtesy of Cold Spring Harbor Symposia on Quantitative Biology Collection, Cold Spring Harbor Laboratory Archives; p. 123 右下圖 , courtesy of the James D. Watson Collection, Cold Spring Harbor Laboratory Archives; p. 124 左圖 , *J Gen Microbiol* (1972), *72(1)*, with permission; p. 124 右圖 , with permission from Lebrecht Music & Arts; p. 125, courtesy of the James D. Watson Collection, Cold Spring Harbor Laboratory Archives.

●**第18章** p. 126, p.128 左上圖 、右上圖 , Watson (1954), *Biochim Biophys Acta 13:* 10–19, with permission from Elsevier; p. 127, courtesy of the Cold Spring Harbor Laboratory Library Archives; p. 128 注 2 圖 , Chargaff (1950), *Experientia 6:* 201 – 209, with kind permission from Springer Science + Business Media B.V.; p. 129, copyright unknown; p. 130, with permission from John Wiley & Sons; p. 131 上圖 , ©Fotothek, SLUB, Dresden; p. 131 下圖 , bottom, with permission from American Association for the Advancement of Science; p. 132, courtesy of the Sydney Brenner Collection, Cold Spring Harbor Laboratory Archives; p. 133, courtesy of the James D. Watson Collection, Cold Spring Harbor Laboratory Archives.

●**第19章** p. 134, Courtesy of Jan Witkowski; p. 135 上圖 , ©Esther M. Zimmer Lederberg Memorial Website (www. estherlederberg.com); p.135 下圖 , with permission from the Ava Helen and Linus Pauling Papers, Special Collections, Oregon State University; p. 136, Wikipedia; p.137, courtesy of the James D. Watson Collection, Cold Spring Harbor Laboratory Archives; p. 138, Weyman and Gill (1987), *Annu Rev Biophys Biophys Chem 16:* 1–24, with permission from Annual Reviews; p. 139, with permission from the Ava Helen and Linus Pauling Papers, Special Collections, Oregon State University; p. 140 上圖 , with permission from INFA; p. 140 左下圖 、左上圖 , courtesy of the James D. Watson Collection, Cold Spring Harbor Laboratory Archives; p. 141 左圖 , ©Esther M. Zimmer Lederberg Memorial Website (www.estherlederberg. com); p. 141 右圖 , courtesy of the James D. Watson Collection, Cold Spring Harbor Laboratory Archives.

●**第20章** p. 142, ©Esther M. Zimmer Lederberg Memorial Website (www.estherlederberg.com); p. 143. courtesy of the Cold

Spring Harbor Laboratory Library Archives; p. 143 下圖 . Ephrussi B et al. (1953), *Nature 171:* 701, with permission from Macmillan; p. 144, ©Esther M. Zimmer Lederberg Memorial Website (www. estherlederberg.com); p. 146, Pauling and Corey (1953), *Nature 171:* 59－61, with permission from Macmillan; p. 148, courtesy of Jan Witkowski; p. 150, courtesy of Jenifer Glynn.

● **第21章** p. 151, With permission from www.cambridge2000.com; p. 152, courtesy of Angelo Nardoni (Flickr); p. 153 上圖 , kindly provided by Stephen Harris; p. 153 下圖 , courtesy of Stuart Williams (Flickr); pp. 154－155, courtesy of Herbert Gutfreund; p. 156 左下圖 、右下圖 , p.157, with permission from the Ava Helen and Linus Pauling Papers, Special Collections, Oregon State University; p. 158 右下圖 , courtesy of Hugh Huxley.

● **第22章** p. 159, With permission from the Ava Helen and Linus Pauling Papers, Special Collections, Oregon State University; p. 161, Churchill Archives Centre, The Papers of Rosalind Franklin, FRKN 1/2; pp. 163-164, with permission from the Ava Helen and Linus Pauling Papers, Special Collections, Oregon State University.

● **第23章** p. 167, ©Rachel Glaeser/American Society for Microbiology; p. 168, courtesy of Raymond Gosling; p.169 上圖 , ©University of Dundee Archive Services, with permission; p. 169 中圖 , with permission from King's College London Archives;169 下圖 , with permission from Wellcome Library, London; p. 170, courtesy of Bruce Fraser; p. 171, with permission from King's College London Archives; p. 172, with permission from the Ava Helen and Linus Pauling Papers, Special Collections, Oregon State University.

● **第24章** p. 173, With permission from University of California, San Diego, Mandeville Special Collections Library; p. 174, with permission from Cambridge University Archives; p. 175 上圖 , courtesy of Herbert Gutfreund; p. 175 下圖 , photograph by Pierre Boulat, with permission from Annie Boulat; p. 177 上圖 , with permission from Beds & Luton Archives Service; p. 177 下圖 , National Portrait Gallery, London, with permission; p. 179, courtesy of Miriam Murphy.

● **第25章** p. 181 上圖 , With permission from Cambridge Newspapers Ltd.; p. 181 下圖 , Wikipedia; p. 182 上圖 , reproduced, with permission, from the Medical Research Council; p. 182 下圖 , with permission from King's College London Archives; p. 183, ©1950 Springer, with permission; p. 184 左下圖 , with permission from Harding and Winzor (2010), James Michael Creeth (1924－2010). *The Biochemist 32:* 44–45; p. 184 左上圖 , courtesy of Steve Harding, University of Nottingham; p. 184 右上圖 , from Haworth R.D. (1948), John Masson Gulland 1898－1947. *Obituary Notices Fell R Soc 6:* 67－82.p. 184 右下圖 , bottom left, photograph from *The Illustrated London News*.

● **第26章** pp. 188-189, Courtesy of the James D. Watson Collection, Cold Spring Harbor Laboratory Archives; p. 190, ©1950 Springer, with permission; p. 191, with permission from the Ava Helen and Linus Pauling Papers, Special Collections, Oregon State University; p. 194, courtesy of the James D. Watson Collection, Cold Spring Harbor Laboratory Archives; p. 195, Wikipedia.

● **第27章** 197 左圖 , ©Free Stock Photos; p. 197 中圖 , ©txllxt, from panoramio.com, with permission; p. 197 右圖 , flickr. com.photos; p. 198 上圖 , ©A. Barrington Brown/Photo Researchers, Inc.; p. 198 下圖 , ©MRC Laboratory of Molecular Biology; p. 200, p.202, with permission from Wellcome Library, London.

● **第28章** p. 205, Courtesy of Jenifer Glynn; p. 207, courtesy of the Archives, California Institute of Technology; p. 208, ©A. Barrington Brown/Photo Researchers, Inc.

● **第29章** p. 211 上圖 , With permission from the Ava Helen and Linus Pauling Papers, Special Collections, Oregon State University; p. 211 下圖 , p.212, ©Biochemical Society, with permission; pp. 214 – 216, courtesy of the Sydney Brenner Collection, Cold Spring Harbor Laboratory Archives; p. 217, courtesy of Rockefeller Archive Center;; p.218, with permission from the Ava Helen and Linus Pauling Papers, Special Collections, Oregon State University; p. 219 左圖 , from livejournal.com p.219 右圖 , ©A. Barrington Brown/Photo Researchers, Inc.

● **原版《雙螺旋》後記** p. 222, courtesy of Don Caspar.

● **諾貝爾獎** p. 224, Getty Images/AFP; p. 225, courtesy of the James D. Watson Collection, Cold Spring Harbor Laboratory Archives; p. 226 上圖 , with permission from CSU Archives/Everett Collection; p. 226 左下圖 、右下圖 , courtesy of the James D. Watson Collection, Cold Spring Harbor Laboratory Archives; p. 228, Hans Boye/MRC Laboratory of Molecular Biology; p. 229 上圖 , http://quages.com/others/Lev-Landau.html; p. 229 中圖 , bottom right, courtesy of Cold Spring Harbor Laboratory Library Archives; p. 229 下圖 , Harvard University; pp.230 – 233, courtesy of the James D. Watson Collection, Cold Spring Harbor Laboratory Archives;p.234 左圖 , Jan Ehnemark/Kamera Bild, Stockholm; p. 234 右圖 , Pool/Scanpix Sweden/ Sipa USA.p.235 右上圖 , Scanpix Sweden/Sipa USA; p. 235 左上圖 , Lennart Edling/Kamera Bild, Stockholm; p. 235 下圖 , Lennart Edling/Scanpix Sweden/Sipa USA; p. 236 上圖 , Ragnhild Haarsta/SVD/Scanpix Sweden/Sipa USA; p. 236 下圖 , courtesy of the James D. Watson Collection, Cold Spring Harbor Laboratory Archives; p. 237, courtesy of the James D. Watson Collection, Cold Spring Harbor Laboratory Archives; p. 238, Jan Delden/Scanpix Sweden/Sipa USA.

● **附錄** pp. 240–241, Courtesy of Michael Crick; p.242, p.246, courtesy of the James D. Watson Collection, Cold Spring Harbor Laboratory Archives; p.251, courtesy of National Academy of Sciences Archives; p.257,p.259 上圖 , p.261, courtesy of the James D. Watson Collection, Cold Spring Harbor Laboratory Archives; p. 266 左上圖 、右上圖 , with permission from the American Association for the Advancement of Science; p. 266 下方三圖 , from Perutz MF (1969), *Science 164:* 1538, courtesy of Vivien Perutz.

科學文化 190

解密雙螺旋

DNA 結構發現者華生的告白

The Annotated and Illustrated

Double Helix

原著 — 華生（James D. Watson）
主編 — 甘恩（Alexander Gann）、維特考斯基（Jan Witkowski）
譯者 — 黃靜雅
審訂 — 周成功
科學文化叢書策劃群 — 林和、牟中原、李國偉、周成功

事業群發行人／CEO／總編輯 — 王力行
資深行政副總編輯 — 吳佩穎
編輯顧問 — 林榮崧
責任編輯 — 林韋萱
封面設計暨美術編輯 — 江儀玲
校對 — 魏秋綢

出版者 — 遠見天下文化出版股份有限公司
創辦人 — 高希均、王力行
遠見・天下文化・事業群 董事長 — 高希均
事業群發行人／CEO — 王力行
天下文化社長／總經理 — 林天來
國際事務開發部兼版權中文總監 — 潘欣
法律顧問 — 理律法律事務所陳長文律師
著作權顧問 — 魏啟翔律師
社 址 — 台北市 104 松江路 93 巷 1 號 2 樓
讀者服務專線 — 02-2662-0012 傳真 — 02-2662-0007；02-2662-0009
電子信箱 — cwpc@cwgv.com.tw
直接郵撥帳號 — 1326703-6 號 遠見天下文化出版股份有限公司

製版廠 — 東豪印刷事業有限公司
印刷廠 — 柏皓彩色印刷有限公司
裝訂廠 — 聿成裝訂股份有限公司
登記證 — 局版台業字第 2517 號
總經銷 — 大和書報圖書股份有限公司 電話／（02）8990-2588
出版日期 — 2019 年 9 月 26 日第一版第 1 次印行

國家圖書館出版品預行編目(CIP)資料

解密雙螺旋：DNA結構發現者華生的告白／
華生(James D. Watson)著；黃靜雅譯. -- 第
一版. -- 臺北市：遠見天下文化, 2019.09
面；　公分. -- (科學文化；190)
譯自：The annotated and illustrated double
helix
ISBN 978-986-479-800-1(平裝)

1. DNA　2. 遺傳工程　3. 分子生物學

399.842　108013336

定價 — NT 450 元
書號 — BCS190
ISBN — 978-986-479-800-1
天下文化官網 — bookzone.cwgv.com.tw

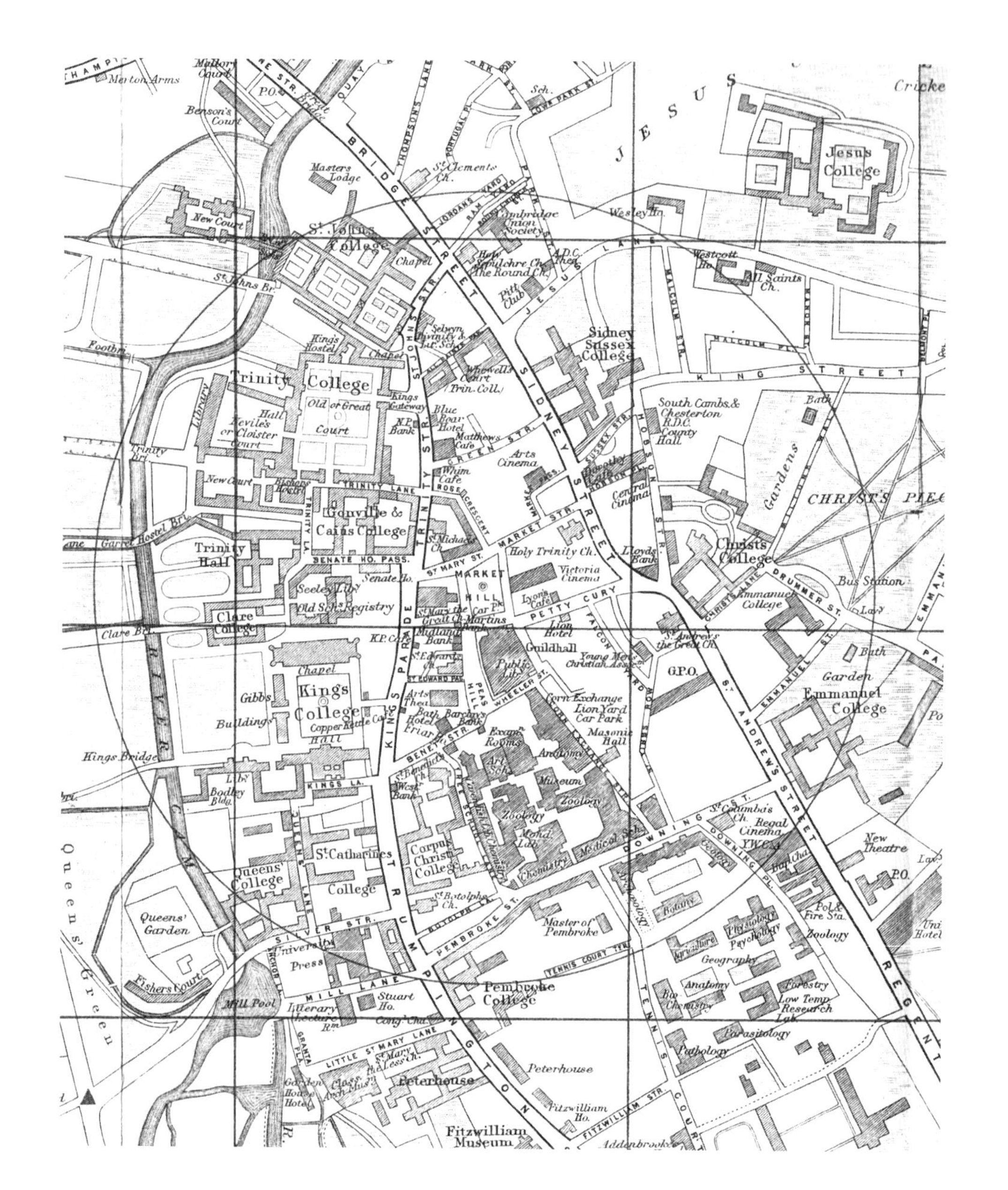

天下文化
BELIEVE IN READING